U0592125

复杂油气藏开发丛书

页岩气渗流机理及数值模拟

郭　肖　编著

科学出版社

北　京

内 容 简 介

实现页岩气高效开发，需要解决4项科学问题，即页岩气储层多尺度定量描述与表征、纳米级孔隙及微裂隙流体渗流规律、页岩气水平井井壁稳定机理、页岩气储层体积改造理论。本书主要聚焦于页岩气渗流机理及数值模拟研究。具体内容主要包括：页岩气藏特征、页岩气吸附模型和实验、页岩气赋存-运移机理、页岩气藏井底压力动态分析、页岩气体积压裂、页岩气藏渗流数学模型以及数值模拟研究。

本书可供油气田开发研究人员、油藏工程师以及油气田开发管理人员参考，同时也可作为大专院校相关专业师生的参考书。

图书在版编目(CIP)数据

页岩气渗流机理及数值模拟 / 郭肖编著. —北京：科学出版社，2016.3
　（复杂油气藏开发丛书）
　ISBN 978-7-03-042924-7

Ⅰ.①页…　Ⅱ.①郭…　Ⅲ.①油页岩–渗流–数值模拟–研究
Ⅳ.①TE312

中国版本图书馆 CIP 数据核字（2016）第 309823 号

责任编辑：杨　岭　罗　莉 / 责任校对：陈　敬
责任印制：余少力 / 封面设计：墨创文化

科学出版社出版

北京东黄城根北街16号
邮政编码：100717
http://www.sciencep.com

四川煤田地质制图印刷厂印刷
科学出版社发行　各地新华书店经销

*

2016 年 3 月第 一 版　　开本：787×1092 1/16
2016 年 3 月第一次印刷　　印张：14
字数：332 千字

定价：119.00 元

丛书编写委员会

主　　编：赵金洲

编　　委：罗平亚　周守为　杜志敏

　　　　　张烈辉　郭建春　孟英峰

　　　　　陈　平　施太和　郭　肖

丛 书 序

石油和天然气是社会经济发展的重要基础和主要动力，油气供应安全事关我国实现"两个一百年"奋斗目标和中华民族伟大复兴中国梦的全局。但我国油气资源约束日益加剧，供需矛盾日益突出，对外依存度越来越高，原油对外依存度已达到 60.6%，天然气对外依存度已达 32.7%，油气安全形势越来越严峻，已对国家经济社会发展形成了严重制约。

为此，《国家中长期科学和技术发展规划纲要(2006—2020 年)》对油气工业科技进步和持续发展提出了重大需求和战略目标，将"复杂油气地质资源勘探开发利用"列为位于 11 个重点领域之首的能源领域的优先主题，部署了我国科技发展重中之重的 16 个重大专项之一《大型油气田及煤层气开发》。

国家《能源发展"十一五"规划》指出要优先发展复杂地质条件油气资源勘探开发、海洋油气资源勘探开发和煤层气开发等技术，重点储备天然气水合物钻井和安全开采技术。国家《能源发展"十二五"规划》指出要突破关键勘探开发技术，着力突破煤层气、页岩气等非常规油气资源开发技术瓶颈，达到或超过世界先进水平。

这些重大需求和战略目标都属于复杂油气藏勘探与开发的范畴，是国内外油气田勘探开发工程界未能很好解决的重大技术难题，也是世界油气科学技术研究的前沿。

油气藏地质与开发工程国家重点实验室是我国油气工业上游领域的第一个国家重点实验室，也是我国最先一批国家重点实验室之一。实验室一直致力于建立复杂油气藏勘探开发理论及技术体系，以引领油气勘探开发学科发展、促进油气勘探开发科技进步、支撑油气工业持续发展为主要目标，以我国特别是西部复杂常规油气藏、海洋深水以及页岩气、煤层气、天然气水合物等非常规油气资源为对象，以"发现油气藏、认识油气藏、开发油气藏、保护油气藏、改造油气藏"为主线，油气并举、海陆结合、气为特色，瞄准勘探开发科学前沿，开展应用基础研究，向基础研究和技术创新两头延伸，解决油气勘探开发领域关键科学和技术问题，为提高我国油气勘探开发技术的核心竞争力和推动油气工业持续发展作出了重大贡献。

近十年来，实验室紧紧围绕上述重大需求和战略目标，掌握学科发展方向，熟知阻碍油气勘探开发的重大技术难题，凝炼出其中基础科学问题，开展基础和应用基础研究，取得理论创新成果，在此基础上与三大国家石油公司密切合作承担国家重大科研和重大工程任务，产生新方法，研发新材料、新产品，建立新工艺，形成新的核心关键技术，以解决重大工程技术难题为抓手，促进油气勘探开发科学进步和技术发展。在基本覆盖石油与天然气勘探开发学科前沿研究领域的主要内容以及油气工业长远发展急需解决的主要问题的含油气盆地动力学及油气成藏理论、油气储层地质学、复杂油气藏地球物理勘探理论与方法、复杂油气藏开发理论与方法、复杂油气藏钻完井基础理论与关键技术、复杂油气藏增产改造及提高采收率基础理论与关键技术以及深海天然气水合物开发理论及关键技术等方面形成了鲜明特色和优势，持续产生了一批有重大影响的研究成果和重大关键技术并实现工业化应用，取得了显著经济和社会效益。

我们组织编写的复杂油气藏开发丛书包括《页岩气藏缝网压裂数值模拟》《复杂油气藏储层改造基础理论与技术》《页岩气渗流机理及数值模拟》《复杂油气藏随钻测井与地质导向》《复杂油气藏相态理论与应用》《特殊油气藏井筒完整性与安全》《复杂油气藏渗流理论与应用》《复杂油气藏钻井理论与应用》《复杂油气藏固井液技术研究与应用》《复杂油气藏欠平衡钻井理论与实践》《复杂油藏化学驱提高采收率》等 11 本专著，综合反映了油气藏地质及开发工程国家重点实验室在油气开发方面的部分研究成果。希望这套丛书能为从事相关研究的科技人员提供有价值的参考资料，为提高我国复杂油气藏开发水平发挥应有的作用。

丛书涉及研究方向多、内容广，尽管作者们精心策划和编写、力求完美，但由于水平所限，难免有遗漏和不妥之处，敬请读者批评指正。

国家《能源发展战略行动计划(2014—2020 年)》将稳步提高国内石油产量和大力发展天然气列为主要任务，迫切需要稳定东部老油田产量、实现西部增储上产、加快海洋石油开发、大力支持低品位资源开发、加快常规天然气勘探开发、重点突破页岩气和煤层气开发、加大天然气水合物勘探开发技术攻关力度并推进试采工程。国家《能源技术革命创新行动计划(2016—2030 年)》将非常规油气和深层、深海油气开发技术创新列为重点任务，提出要深入开展页岩油气地质理论及勘探技术、油气藏工程、水平井钻完井、压裂改造技术研究并自主研发钻完井关键装备与材料，完善煤层气勘探开发技术体系，实现页岩油气、煤层气等非常规油气的高效开发；突破天然气水合物勘探开发基础理论和关键技术，开展先导钻探和试采试验；掌握深-超深层油气勘探开发关键技术，勘探开发埋深突破 8000 m 领域，形成 6000~7000 m 有效开发成熟技术体系，勘探开发技术水平总体达到国际领先；全面提升深海油气钻采工程技术水平及装备自主建造能力，实现 3000 m、4000 m 超深水油气田的自主开发。近日颁布的《国家创新驱动发展战略纲要》将开发深海深地等复杂条件下的油气矿产资源勘探开采技术、开展页岩气等非常规油气勘探开发综合技术示范列为重点战略任务，提出继续加快实施已部署的国家油气科技重大专项。

这些都是油气藏地质及开发工程国家重点实验室的使命和责任，实验室已经和正在加快研究攻关，今后我们将陆续把相关重要研究成果整理成书，奉献给广大读者。

2016 年 1 月

前　言

页岩气作为一种典型的非常规能源，在全球范围内分布广泛，开发潜力巨大。据测算，全球页岩气资源量约为 $456 \times 10^{12} \, \mathrm{m}^3$。我国富有机质页岩分布广泛，全国海相页岩气资源 $37.4 \times 10^{12} \, \mathrm{m}^3$，其中南方海相 $32 \times 10^{12} \, \mathrm{m}^3$，其值略小于美国。与北美相比，南方海相页岩储层具有构造改造强、地应力复杂、埋藏较深、地表条件特殊等复杂特征。

页岩气以游离气和吸附气赋存于微米—纳米级孔隙及裂缝中，开采过程中存在吸附、滑脱、扩散等物理化学现象，同时由于压力场、温度场以及地应力场耦合作用，从而引起一系列非线性渗流复杂问题。常规测试手段不能正确揭示内在规律，传统意义上经典的渗流理论不再适应页岩气藏，建立在传统渗流理论基础上的数值模拟技术难以预测开发动态。

实现页岩气高效开发，需要解决 4 项科学问题，即页岩气储层多尺度定量描述与表征、纳米级孔隙及微裂隙流体渗流规律、页岩气水平井井壁稳定机理、页岩气储层体积改造理论。本书主要聚焦于页岩气渗流机理及数值模拟研究。具体内容主要包括：页岩气藏特征、页岩气吸附模型和实验、页岩气赋存-运移机理、页岩气藏井底压力动态分析、页岩气体积压裂、页岩气藏渗流数学模型以及数值模拟研究。本书理论与实际相结合，图文并茂，内容翔实。

本书撰写过程中得到国家重点基础研究发展计划（973 计划）"中国南方海相页岩气高效开发的基础研究"（2013CB228000）资助，本人研究生王伟峰、谢川、黄婷、仼影、苏明、王彭、杜鹏斌、邹高峰等帮助整理部分稿件并参与校核工作，油气藏地质及开发工程国家重点实验室对本书提出了有益建议，在此一并表示感谢。

本书能为油气田开发研究人员、油藏工程师以及油气田开发管理人员提供参考，同时也可作为大专院校相关专业师生的参考书。限于编者的水平，本书难免存在不足和疏漏之处，恳请同行专家和读者批评指正。

编者

2015 年 7 月

目　　录

第一章 绪 论

第一节 页岩气藏开发科学问题

页岩气作为一种典型的非常规能源，在全球范围内分布广泛，开发潜力巨大。据测算，全球页岩气资源量约为 $456 \times 10^{12} \mathrm{m}^3$。我国富有机质页岩分布广泛，全国海相页岩气资源 $37.4 \times 10^{12} \mathrm{m}^3$，其中南方海相 $32 \times 10^{12} \mathrm{m}^3$，其值略小于美国。与北美相比，南方海相页岩储层具有构造改造强、地应力复杂、埋藏较深、地表条件特殊等复杂特征。

页岩气以游离气和吸附气赋存于微米—纳米级孔隙及裂缝中，开采过程中存在吸附、滑脱、扩散等物理化学现象，同时由于压力场、温度场以及地应力场耦合作用，从而引起一系列非线性渗流复杂问题。常规测试手段不能正确揭示内在规律，传统意义上经典的渗流理论不再适应页岩气藏，建立在传统渗流理论基础上的数值模拟技术难以预测开发动态。

实现页岩气高效开发，一般需要解决四项科学问题，即页岩气储层多尺度定量描述与表征、纳米级孔隙及微裂隙流体渗流规律、页岩气水平井井壁稳定机理、页岩气储层体积改造理论。为解决这些科学问题，需要开展六个方面的基础研究和技术攻关，即页岩气储集空间定量描述与表征方法、页岩气藏非线性多场耦合渗流理论研究、页岩气储层水平井钻完井关键基础研究、页岩气储层增产改造基础理论研究、页岩气气藏工程理论与方法研究，以及南方古生界典型区块开发先导试验及关键技术应用研究(图 1-1)。

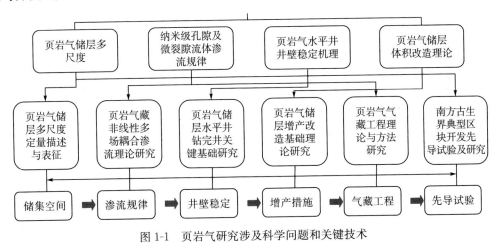

图 1-1 页岩气研究涉及科学问题和关键技术

(一)页岩气储集空间定量描述与表征方法

通过页岩多重孔隙介质观测、宏观页岩岩相分析、岩石物理及岩石力学实验等研究工作，解决多尺度多属性页岩储层表征参数体系与方法难题，揭示页岩储层孔隙、裂缝分布特征及控制因素、不同页岩岩相与物性参数间的关系、不同页岩的可改造程度及遇水膨胀性，建立页岩储层多尺度多属性表征方法、储层优选的物性参数体系、工程应用的判别标准及页岩储层地质建模方法，形成一套适合我国的页岩储层表征方法。

（二）页岩气藏非线性多场耦合渗流理论研究

针对影响页岩气藏开采的多尺度流体流动机理、多场耦合作用机理和分段压裂水平井非线性渗流理论等关键问题进行深入的研究，揭示页岩气纳米及微米裂隙介质尺度流动规律，搞清页岩裂隙介质气、水非线性渗流特征，阐明页岩介质在渗流场、应力场、温度场共同耦合作用机理，建立页岩气多尺度流动多场耦合非线性渗流理论，构建页岩储层多级压裂水平井非线性渗流理论，形成多场耦合非线性渗流数值模拟方法。

（三）页岩气储层水平井钻完井关键基础研究

通过对页岩力学参数和地应力、页岩理化性能及井壁围岩受力状态的分析，结合室内实验及机理模拟，综合研究多种因素耦合作用下的页岩井壁稳定性影响规律，揭示页岩井壁失稳机理，同时深入开展页岩水平井地质导向、钻井液、固完井相关基础理论研究，形成能够确保钻成优质页岩水平井眼的基础理论及关键技术。

（四）页岩气储层增产改造基础理论研究

针对我国南方页岩储层特征，开展页岩室内模拟和数模研究以及现场测试研究，揭示页岩气储层压裂裂缝起裂与扩展机理，认识形成压裂缝网的储层条件及其工程可控因素，通过室内岩心实验分析，阐明压裂流体与页岩储层作用机理，研发新型环保低损害、低成本压裂液体系；建立包括井层评估、改造体积优化和提高改造体积（stimulated reservoir volume，SRV）的页岩气藏体积改造设计方法；形成包括微地震裂缝诊断与解释、测斜仪测试及压裂压力分析的压后评估基础理论。

（五）页岩气气藏工程理论与方法研究

面向国内纳米级别渗透性的页岩气藏，立足于非常规井型的非规则井网立体式开发特点，通过试井基础理论、单井数值模拟方法、产能预测方法以及储层动用表征研究，建立适合我国页岩气高效开发的气藏工程基础理论与方法，力争在页岩气气藏工程理论上有所突破，在页岩气储层动用评价指标与方法上有创新，实现页岩气藏高效开采。

（六）南方古生界典型区块开发先导试验及关键技术应用研究

结合南方海相页岩气示范区页岩储层特征，采用自主研发与借鉴国外页岩气开发经验相结合，重点针对页岩气储层评价技术、页岩气储层有利区域优选现场试验、页岩气藏压裂技术、配套工艺技术及工具、压裂液体系等关键科学问题开展技术攻关及现场试验，加大关键工艺技术自主研发力度，最终形成具有自主知识产权的页岩气增产改造关键技术系列及配套工艺技术系列，突破提高单井产量的技术瓶颈，为页岩气规模有效开发提供技术支撑。

第二节 国内外研究进展

一、页岩气开发利用现状

随着美国页岩气开发革命的成功，全球非常规油气开发获得战略性突破，页岩气的勘探开发同时也成为世界关注的焦点，新的世界能源格局开始出现。据美国能源信息署(EIA)在2013年6月发布的全球页岩油气资源评价结果显示，页岩气资源在全球分布广泛，主要分布在北美、拉美、中亚、中国、非洲南部和中东等国家和地区。美国和加拿大已经实现了页岩气的商业性开发，中国、欧洲、拉美和中亚等其他国家正在加紧相关的研究工作。全球页岩气的技术可采资源量排名前十位的资源国页岩气资源量合计达$163×10^{12}m^3$，约占全球页岩气资源总量的79%，如表1-1所示。

表 1-1 2013年全球页岩气技术可采资源量排名前十位国家(EIA发布，2013年)

排名	国家	页岩气技术可采资源量/($×10^{12}m^3$)
1	中国	31.57
2	阿根廷	22.71
3	阿尔及利亚	20.02
4	美国	18.83
5	加拿大	16.23
6	墨西哥	15.43
7	澳大利亚	12.37
8	南非	11.04
9	俄罗斯	8.07
10	巴西	6.94

美国是率先对页岩气进行大规模商业性开采的国家，早在1821年美国第一口工业性页岩气井钻采成功，标志着美国开始进入页岩气开发的初始阶段。目前，美国的页岩气主要产自于五个盆地的页岩层，分别是沃斯堡(Fort Worth)盆地的巴尼特(Barnett)页岩、伊利诺伊(Illionois)盆地的新奥尔巴尼(New Albany)页岩、密歇根(Michigan)盆地的安特里姆(Antrim)页岩、圣古胺(San Juan)盆地的刘易斯(Lewis)页岩、阿巴拉契亚(Appa-lachian)盆地的俄亥俄(Ohio)页岩，其中沃斯堡盆地的巴尼特页岩是美国进行页岩气开采的主力层位。21世纪以来，随着美国在页岩气勘探开发理念认识上的突破，以及多段压裂、水平井等开发技术的创新与进步，美国的页岩气产量占天然气总产量的比重从2000年的2.1%上升至2011年的28%，预计在未来十年，页岩气所占比重将会达到50%左右。

作为北美地区的第二大天然气产出国，加拿大同时也是世界上第二个成功对页岩气进行商业性开发的国家。蒙特尼(Montney)页岩已于2001年开始进行商业性生产，最近几年受美国页岩气大规模开采的启发，加拿大部分科研工作者对其西部的部分盆地进行了深入研究。目前，蒙特尼页岩和位于不列颠哥伦比亚的霍恩河（Horn River）盆地内的马斯夸（Muskwa）页岩已成为加拿大的页岩气开采热点地区，其中蒙特尼页岩得到了大规模开发，而霍恩河盆地内的马斯夸页岩还处于开发早期阶段，仅这两个页岩层在 2009 年的产量就达到了 $72.3 \times 10^8 \text{m}^3$。据预测，到 2020 年，加拿大的页岩气年产量将达到 $620 \times 10^8 \text{m}^3$，占加拿大天然气总产量的一半左右。

欧洲页岩气资源分布广泛，但不均匀，主要分布在法国、乌克兰、波兰和保加利亚，四国的技术可采资源总量约为 $13 \times 10^{12} \text{m}^3$。2009 年年初，德国国家地学实验室启动了"欧洲页岩项目"，对欧洲的页岩气资源储量进行评估。2010 年，欧洲又新增启动了多个页岩气勘探开发项目。德国、波兰和乌克兰等国家均已开展不同程度的页岩气开发研究和试验性开采，多个跨国公司开始在欧洲展开页岩气勘探开发工作。2010 年，埃克森美孚公司在匈牙利部署了第一口页岩气探井，法国道达尔石油公司与 Devon 能源公司建立合作关系，获得了在法国钻探页岩气的许可，波兰天然气公司于 2014 年对页岩气资源实现了工业性开采。

我国页岩气资源量虽然十分丰富，但由于我国对页岩气藏的勘探开发起步较晚，还处于初级阶段，页岩气勘探和开采的许多关键技术还不够成熟。近年来，我国加大了对页岩气的勘探开发力度，我国页岩气主要分布在四川、陕西、重庆等地，中石油、中石化等企业相继在长宁、威远、涪陵和昭通等地取得重大突破。目前，位于四川盆地的海相地层页岩气勘查工作已有了重大进展，四川盆地、柴达木盆地和鄂尔多斯盆地等陆相地层的页岩气勘查同样也取得了重要发现。2014 年，中国页岩气的总产量为 $15 \times 10^8 \text{m}^3$，预计到 2015 年有望达到或超过 $65 \times 10^8 \text{m}^3$ 年产气量的规划目标。通过近几年在页岩气开发生产过程中取得的经验和认识，我国在页岩气开采技术方面取得了一系列重大的突破。2014 年，我国自主研发用于地下水平井分段的"分割器"——桥塞商用成功，这使我国成为世界上第三个能使用自主研发技术装备对页岩气进行商业开采的国家，中国已经进入了页岩气开发技术研究的热点阶段。

二、页岩气储层物性参数测试方法研究进展

目前室内页岩气岩心实验测试大多基于致密砂岩或煤层气的实验测试方法和流程，是否适合于页岩气还需要进一步探索[1,2]。

美国 Intertek[3,4]实验室开展了页岩渗透率和孔隙度实验测试、特殊岩心分析与岩石学分析。特殊岩心分析主要包括毛管压力、相对渗透率、核磁测井标定、力学性质、流体敏感性/地层伤害、CT 扫描评价；岩石学实验主要包括岩性描述、层理产状、扫描电镜、薄片鉴定、X 衍射矿物学。近年来，国外学者[5-7]开展了页岩储层孔隙结构特征及基础物性参数实验测试研究，但测试方法仍主要基于常规低渗储层物性参数测试方法。

国内吉利明[8]等对黏土样品微孔隙进行了研究；邹才能[9]等应用场发射扫锚电子显微镜与纳米 CT 重构技术研究了我国非常规油气储层特征，首次发现了小于 $1\mu\text{m}$ 的油气纳米孔，改变了微米级孔隙是油气储层唯一微观孔隙的传统认识。

美国得克萨斯州大学奥斯汀分校 Mehmani[10]等基于扫描电子显微镜所获取的纳米级

图像构建了跨尺度(1nm~1μm)页岩微观孔隙模型，并研究了纳米级孔隙内的解吸迟滞现象的影响机理，同时也为微尺度下的气体流动机理研究奠定了基础。

三、页岩气分子吸附、解吸与扩散动力学研究进展

Chalmers 和 Bustin[11] 2008 年开展了页岩气吸附实验，实验表明页岩中有机碳含量与页岩气的生气率具较好的正相关性；2010 年 Mengal[12] 研究了页岩气吸附/脱附对生产动态的影响，研究表明如果忽略脱附的影响，动态分析结果将产生较大的偏差；2010 年，Song[13] 建立了计算时间漂移的经验模型，研究了 Albany 页岩气脱附对生产动态的影响；2010 年 Tian[14] 研究认为页岩气解吸是吸附的逆过程，与煤层气解吸机理类似；2010 年 Freeman 等[15] 认为天然气以溶解态存储于干酪根内部，以表面扩散、晶体扩散等运移至干酪根表面，然后解吸、扩散、渗流到页岩气井；2011 年 Faruk[16] 研究认为：由于页岩气藏有机物与无机物基质孔径分布范围较大，导致多种扩散机理在页岩气基质中运移同时存在，但主要以 Knudsen 扩散为主。

张金川等[17]认为现代概念的页岩气是主体上以吸附和游离状态同时赋存于具有生烃能力泥岩及页岩等地层中的天然气聚集，具有自生自储、吸附成藏、隐蔽聚集等地质特点；聂海宽等[18]开展了巴尼特页岩气藏特征研究，结果表明页岩气藏在钻井及压裂之前地层压力处于平衡状态，吸附气的孔隙压力等于岩石的毛细管压力，但钻井压裂之后平衡被打破，气体开始从页岩颗粒表面解吸进入裂缝，最终流入井筒产出地面。

刘洪林等[19]开展了页岩含气量测定过程中解吸温度、损失时间以及计算方法等因素对损失气量的影响研究；欧成华等[20]开展了页岩气吸附特征研究；王德龙等[21]建立了考虑吸附层体积变化的页岩气物质平衡方程，方程仍采用 Langmuir 吸附模型。

Liming Ji 等[22]研究了不同黏土矿物吸附甲烷的能力，发现吸附能力蒙脱石最强，高岭石次之，伊利石最弱，且甲烷吸附能力与比表面积呈良好的线性关系，朗格缪尔平衡常数的对数与温度的倒数呈良好的线性关系，计算得出黏土矿物吸附热和吸附熵比干酪根的小，干酪根对甲烷的吸附能力大于黏土矿物。

Santos 等[23]通过改变围压测量了不同有效应力条件下页岩岩样吸附气量及其渗透率；Ghanizadeh 等[24]使用氦气、氩气、甲烷和水作为流体介质，围压 5~30MPa 和温度 45℃条件下，研究了湿度、非均质性、各向异性、有效应力、孔隙压力对岩样渗透率的影响，实验表明氦气测定的渗透率比甲烷和氩气的高，氦气和甲烷测定的干岩样渗透率比湿岩样高 6 倍，湿度对岩样渗透率的影响大于有效应力，水平渗透率比垂向渗透率大超过 1 个数量级，并随着有效应力增大，岩样渗透率非线性降低，渗透率与有效应力呈良好的指数关系。

从以上分析中可以看出：有关页岩气吸附、解吸、扩散的研究工作主要集中在实验测试方面，有关理论模型主要借用 Langmuir 模型。目前页岩气解吸-扩散的动力学机理和作用规律认识尚不清楚。

四、页岩气藏多级压裂水平井试井分析与产能评价研究进展

Kucuk[25]于 1980 年首次提出了分析裂缝性储层参数的解吸模型，指出常规试井分析

方法不适合裂缝性页岩气藏；Gatens 等[26]通过分析 898 口页岩气井生产数据，提出了用于生产数据分析的经验解吸模型。

Salamy 等[27]对页岩气藏水平井增产前后的产量和压力进行试井分析，研究表明如不考虑页岩气藏吸附、解吸、扩散特征的影响，采用常规水平井特征曲线分析得出的泥盆系页岩储存能力比预期更低；Lewis 等[28]考虑页岩气藏吸附、解吸的影响，改进了物质平衡时间，运用平均产量数据方法，对两口巴尼特页岩气井进行试井评价；Brown 等[29]在假设基质为条块状的基础上，建立了基质页岩气向裂缝运移的三线性流模型；Aboaba 等[30]运用常规拟压力导数、拟压力与时间、时间平方关系曲线，对早期生产数据进行参数估计，并运用压力非稳态分析技术准确估计了页岩气藏基质渗透率及裂缝半长。

段永刚等[31]研究了双重介质页岩气藏渗流机理，同时分析了 Langmuir 体积、Langmuir 压力、弹性储容比、窜流系数等因素对页岩气藏压裂井产能递减规律的影响；Guo Jingjing 等[32]以点源函数方法为基础，应用菲克扩散模型，利用半解析解的方法开展了页岩气无限导流垂直裂缝下的压裂水平井不稳定压力特征研究；Wang Haitao[33]考虑了裂缝与水平井筒角度的影响，利用半解析法研究页岩气压裂水平井试井特征，但忽略了 SRV 的影响；Zhao Yulong 等[34]将 SRV 区视为内区，利用三重介质模型研究了页岩气压裂水平井不稳定压力特征。

Tian Leng[35]和 Li Xiaoping 等[36]分别建立考虑吸附解吸和基质双扩散模型以及两相流下的页岩气压裂水平井试井分析模型；Huang Ting[37]等提出了一种同时考虑吸附解析、扩散、滑脱的新的双孔隙试井模型，该模型能准确描述页岩气从储层的形成到井筒的流动规律。

国外在页岩气藏试井及产能评价方面做了较多的研究，但是考虑页岩气藏解吸、扩散和渗流共同作用的页岩气藏水平井、多级压裂水平井渗流模型鲜有报道。

五、页岩气渗流理论与数值模拟研究进展

页岩气渗流数学模型按赋存-运移特征大致分为三类：经验模型、平衡吸附模型、非平衡吸附模型。

(一)经验模型

Lidine 模型、Aireg 模型及 McFall 模型等均为经验模型，其模型主要是对可观察的物理现象进行简要的数学描述，在模型应用时输入的参数较少，但此模型理论基础不足，精度较低。

(二)平衡吸附模型

Kissell 模型、Mckee 模型及 Bumb 模型等为平衡吸附模型，其中最典型的为 Bumb 模型，此模型假设储层介质为单孔隙介质，吸附气在页岩气藏数值模拟中不能被忽略，采用兰氏等温吸附方程对吸附页岩气进行描述，并假设气体扩散是瞬间完成的，即吸附气与游离气压力时刻保持平衡状态。但模型由于忽略了吸附页岩气的解吸过程，所以不能反映客观存在的解吸时间，其预测的产量高于实际产量。

（三）非平衡吸附模型

　　页岩气的吸附解吸、扩散和渗流为一个相互影响相互制约的整体过程，扩散模型认为扩散不可忽略。非平衡模型又可分为基于菲克第一扩散定律的拟稳态模型（包括 Psu-1 模型、Psu-2 模型、Psu-3 模型及 Comet 模型等）以及基于菲克第二扩散定律的非稳态模型（包括 Smith 模型、Sugarwat 模型、Chen 模型等）。

　　按多孔介质特征，页岩气数值模拟模型包括双重介质模型、多重介质模型和等效介质模型[38]。其中双重介质模型采用得最多，模型假设页岩由基岩和裂缝两种孔隙介质构成。气体在页岩中以游离态和吸附态两种形式存在，裂缝中仅存在游离态气，基岩中不仅存在游离态气，还有部分气体吸附于基岩孔隙表面。模型一般假设页岩气在裂缝中流动是达西流动和高速非达西流（Forchheimer 流），在基岩孔隙中的运移机制是菲克扩散或考虑克林肯伯格效应的非达西流动。

　　Watson 等[39]采用理想双孔隙介质模型对 Devonian 页岩气井产能进行研究，预测了页岩气井累积产气量随时间的变化规律；Ozkan 等[40]采用双重介质模型对页岩气运移规律进行了研究；Wu 等[41]建立了考虑应力敏感和克林肯伯格效应的致密裂缝性气藏多重介质模型，研究了克林肯伯格效应对产能的影响，并比较了双重介质模型和多重介质模型的差别；Moridis 等[42]建立了考虑多组分吸附的页岩气等效介质模型，假设气体在介质中流动是达西流或高速非达西流，考虑克林肯伯格效应和扩散的影响；Freeman 等[43,44]基于 TOUGH+数值模拟器研究了超致密基岩渗透率、水力压裂水平井、多重孔隙和渗透率场等因素对气井生产的影响；Zhang 等[45]利用 Eclipse 模拟器，在考虑多组分解吸和多孔隙系统基础上，分析了油藏参数和水力压裂参数对页岩气井产能的影响；Cipolla[46]等用油藏数值模拟软件分析了裂缝导流能力、裂缝间距及解吸等压裂参数对页岩气产能的影响。Huang[47]等基于水力压裂后纳米孔中解吸、扩散和滑脱规律提出了一种考虑解吸、扩散和滑脱的双孔隙模型，研究了页岩气天然裂缝性的储层气体运移规律。

　　近年来，渗流机理模型的研究已经从早期的简单耦合 Langmuir 解吸方程[48]，过渡到在页岩的基质-裂缝系统中同时考虑解吸扩散作用[49]，并基于此方法，分析吸附系数、封闭边界半径、弹性储容系数等页岩气特征参数对产能曲线的影响程度[50]。

第三节　章节内容安排

　　本书第一章为绪论，主要阐述页岩气藏开发科学问题和国内外研究进展；第二章为页岩气藏基本特征，主要阐述页岩气藏的成因、页岩气藏基本特征、页岩气的形成、页岩气的储集与保存以及页岩气储层评价标准；第三章为页岩气吸附模型与实验，主要阐述页岩气的吸附模型及对比、页岩气吸附和解吸实验及其影响因素；第四章为页岩气的赋存-运移机理，主要阐述页岩气藏气体赋存方式、页岩气藏微观运移特征、页岩气储层的多尺度流动、页岩气的达西渗流、页岩气的解吸机理、页岩气的扩散机理、页岩气非线性渗流机理；第五章为页岩气井井底压力动态分析，主要阐述井底压力动态分析的三种不同模型，即双重介质模型、三重介质模型和三线型渗流模型；第六章为页岩气藏数值模拟，主要阐述页岩气藏气-水两相渗流数学模型、页岩气藏气-水两相渗流数值模型以及页岩气藏水平井开采机理，分析滑脱、吸附、天然裂缝渗透率、岩石压缩系数、气体扩散系数、基质-裂缝耦合因子(Sigma)、Langmuir 压力常数、Langmuir 体积常数、分段压裂裂缝间距、裂缝半长、裂缝导流能力等参数对开采动态的影响；第七章为页岩气藏体积压裂，主要阐述页岩气藏体积压裂的概念、页岩气藏体积压裂中常用的工艺技术、缝网模型以及线网模型，页岩气藏压裂水平井产能评价模型，以及页岩气藏体积压裂模拟的应用实例；第八章为页岩气藏开发设计实例，选自 2015 年的石油工程设计大赛，主要阐述古生界奥陶系中的页岩气储层的地质特征、力学特征及地质参数，通过建立地质模型和模拟地层压裂的分析，从而确定合理的气田开发方案。

参 考 文 献

[1] 许明鹤，陈钢，杜靖华，等.页岩气开发现状及影响 [J].科技创新导报，2012，12：233.

[2] Shangbin Chen，Yanming Zhu，Hongyan Wang，et al. Shale gas reservoir characterization：a typical case in the southern Sichuan Basin of China [J]. Elsevier，2011，36(11)：6609-6606.

[3] Cui X，Bustin R M，Brezovski R，et al. A new method to simultaneously measure in-situ permeability and porosity under reservoir conditions：implications for characterization of unconventional gas reservoirs [C]. SPE 138148，2010，10.

[4] Soeder D J. Porosity and permeability of eastern Devonian gas shale [C]. SPE Formation Evaluation，1988，3：116-124.

[5] Javadpour F，Fisher D，Unsworth M. Nanoscale gas flow in shale gas sediments [C]. JCPT，2007，46(10).

[6] Sakhaee-Pour A，Bryant S L. Gas permeability of Shale [C]. SPE 146944，2011.

[7] Pitcher J，Buller D，Mullen M. Shale exploration methodology and workflow [C]. SPE 153681，2012.

[8] 吉利明，邱军利，夏燕青，等.常见黏土矿物电镜扫描微孔隙特征与甲烷吸附性 [J].石油学报，2012，03：249-256.

[9] 邹才能，朱如凯，白斌，等.中国油气储层中纳米孔首次发现及科学价值 [J].岩石学报，2011，27(6).

[10] Mehmani A，Prodanović M. The application of sorption hysteresis in nano-petrophysics using multiscalemultiphysics network models [J]. International Journal of Coal Geology，2014，128：96-108.

[11] Chalmers G R L，Bustin R M. Lower Cretaceous gas shales in northeastern British Columbia，Part II：evaluation of regional potential gas resources [J]. Bulletin of Can. Petrol. Geo. ，2008，56(1)：22-61.

[12] Mengal S A. Accounting for adsorbed gas and its effect on production behavior of shale gas reservoirs [D]. Texas A & M University Master Thesis，2010.

[13] Song B. Pressure transient analysis and production analysis for new Albany shale gas wells [D]. Texas A & M University Master Thesis，2010.

[14] Tian Y. An investigation of regional variations of Barnett shale reservoir properties，and resulting variability of hydrocarbon composition and well performance [D]. Texas A & M University Master Thesis，2010.

[15] Freeman C M，Moridis G J，Blasingame T A. A numerical study of microscale flow behavior in tight gas and shale gas [J]. Transp Porous Med，2011，90：253-268.

[16] Faruk C. Shale gas permeability and diffusivity inferredby improved formulation of relevant retentionand transport mechanisms [J]. Transp Porous Med，2011，86：925-944.

[17] 张金川，汪宗余，聂海宽，等.页岩气及其勘探研究意义 [J].现代地质，2008，22(4)：640-646.

[18] 聂海宽，张金川，张培先，等.福特沃斯盆地 Barnett 页岩气藏特征及启示 [J].地质科技情报，2009，28(2)：87-93.

[19] 刘洪林，邓泽，刘德勋，等.页岩含气量测试中有关损失气量估算方法 [J].石油钻采工艺，2010，32

（S）：156-158.

[20] 欧成华，曾悠悠. 吸附储层中 CO2 封存与强化采气研究展望 [J]. 化工进展，2011，30(2)：258-263.

[21] 王德龙，郭平，陈恒，等. 新吸附气藏物质平衡方程推导及储量计算 [J]. 岩性油气藏，2012，24(2)：83-86.

[22] Ji L，Zhang T，Milliken K L，et al. Experimental investigation of main controls to methane adsorption in clay-rich rocks [J]. Applied Geochemistry，2012，27(12)：2533-2545.

[23] Santos J M，Akkutlu I Y. Laboratory measurement of sorption isotherm under confining stress with pore-volume effects [C]. SPE Journal，2013，18(05)：924-931.

[24] Ghanizadeh A，Gasparik M，Amann-Hildenbrand A，et al. Experimental study of fluid transport processes in the matrix system of the European organic-rich shales：I. Scandinavian Alum Shale [J]. Marine and Petroleum Geology，2014，51：79-99.

[25] Kucuk F，Sawyer W K. Transient flow in naturally fractured reservoirs and its application to Devonian gas shales [C]. SPE，1980，9397：21-24.

[26] Gatens J M，Lee W J，Lane H S，et al. Analysis of eastern Devonian gas shales production data [J]. Journal of petroleum technology，1989，41(5)：519-525.

[27] Salamy S P，Aminian K，Koperna G J，et al. Pre- and post-stimulation well test data analysis from horizontal wells in the devonian shale [C]. SPE 23449，1991.

[28] Lewis A M，Hughes R G. Production data analysis of shale gas reservoirs [C]. SPE 116688，2008.

[29] Brown M，Ozkan E，Raghavan R，et al. Practical solutions for pressure transient responses of fractured horizontal wells in unconventional reservoirs [C]. SPE 125043，2009.

[30] Aboaba A，Cheng Y. Estimation of fracture properties for a horizontal well with multiple hydraulic fractures in gas shale [C]. SPE 138524，2010.

[31] 段永刚，魏明强，李建秋，等. 页岩气藏渗流机理及压裂井产能评价 [J]. 重庆大学学报，2011，34(4)：62-66.

[32] Guo J，Zhang L，Wang H，et al. Pressure transient analysis for multi-stage fractured horizontal wells in shale gas reservoirs [J]. Transport in Porous Media，2012，93(3)：635-653.

[33] Wang H T. Performance of multiple fractured horizontal wells in shale gas reservoirs with consideration of multiple mechanisms [J]. Journal of Hydrology，2014，510：299-312.

[34] Zhao Y，Zhang L，Zhao J，et al. "Triple porosity" modeling of transient well test and rate decline analysis for multi-fractured horizontal well in shale gas reservoirs [J]. Journal of Petroleum Science and Engineering，2013，110：253-262.

[35] Tian L，Xiao C，Liu M，et al. Well testing model for multi-fractured horizontal well for shale gas reservoirs with consideration of dual diffusion in matrix [J]. Journal of Natural Gas Science and Engineering，2014，21：283-295.

[36] Xie W，Li X，Zhang L，et al. Two-phase pressure transient analysis for multi-stage fractured horizontal well in shale gas reservoirs [J]. Journal of Natural Gas Science and Engineering，2014，21：691-699.

[37] Huang T，Guo X，Chen F. Modeling transient flow behavior of a multiscale triple porosity model for shale gas reservoirs [J]. Journal of Natural Gas Science and Engineering，2015，23：33-46.

[38] 孙海，姚军，孙致学，等. 页岩气数值模拟技术进展及展望 [J]. 油气地质与采收率，2012，19(1)：46-49.

[39] Ted W A，Michael G III J，John L W，et al. An analytical model for history matching naturally fractured reservoir production data [R]. SPE 18856，1990.

[40] Ozkan E，Raghavan R. Modeling of fluid transfer from shale matrix to fracture network [R]. SPE 134830，2009.

[41] Wu Yushu，George Moridis，Bai Baojun. A multi-continuum method for gas production in tight fracture reservoirs [R]. SPE 118944，2009.

[42] Moridis G J，Blasingame T A，Freeman C M. Analysis of mechanisms of flow in fractured tight gas and shale gas reservoirs [R]. SPE 139250，2010.

[43] Freeman C M，Moridis G，Ilk D，et al. A numerical study of transport and storage effects for tight gas and shale gas reservoirs [R]. SPE 131583，2010.

[44] Freeman C M，Moridis G，Ilk D，Blasingame T A. A numerical study of performance for tight gas and shale gas

reservoir systems〔R〕. SPE 124961，2009.

〔45〕 Zhang X，Du C，Deimbacher F，et al. Sensitivity studies of horizontal wells with hydraulic fractures in shale gas reservoirs〔C〕. The Proceedings of International Petroleum Technology Conference. International Petroleum Technology Conference，2009.

〔46〕 Cipolla C L，Lolon E P，Mayerhofer M J，et al. Fracture design consideration in horizontal wells drilled in unconventional gas reservoirs〔R〕. SPE 119366，2009.

〔47〕 Huang Ting，Guo Xiao，Chen Feifei. Modeling transient pressure behavior of a fractured well for shale gas reservoirs based on the properties of nanopores〔J〕. Journal of Natural Gas Science and Engineering，2015，23：387-398.

〔48〕 段永刚，魏明强，等. 页岩气藏渗流机理及压裂井产能评价〔J〕. 重庆大学学报，2011，34(4)：62-65.

〔49〕 程远方，董丙响，时贤，等. 页岩气藏三孔双渗渗流机理〔J〕. 开发工程，2012，82(9)：1-4.

〔50〕 李亚洲，李勇明. 页岩气渗流机理与产能研究〔J〕. 断块油气田，2013，(2)：186-190.

第二章 页岩气藏基本特征

页岩气是以吸附态、游离态为主要方式，存在于暗色泥页岩或高碳泥页岩中的天然气聚集。在页岩气藏中，天然气也存在于夹层状的粉砂岩、粉砂质泥岩、泥质粉砂岩、甚至砂岩地层中，为天然气生成后在烃源岩层内就近聚集的结果，是储集在页岩层中自生自储式的天然气[1]。页岩气储层具有不同于常规天然气储层的特殊性，页岩气层中的富烃页岩不仅是天然气的烃源岩，也是储存和富集天然气的储集层和盖层，是生物成因、热成因或者两者混合的多成因的连续性聚集，无运移或运移距离很短，为典型的"自生自储、原地滞留"聚集模式。天然气在页岩储层中的赋存状态多种多样，其中游离态气体赋存于页岩基质孔隙或有机质纳米孔隙中，吸附态气体则主要吸附在干酪根、黏土矿物颗粒和孔隙内表面[2]。广泛分布的富有机质页岩按沉积环境分为海相富有机质页岩、海陆过渡相与煤系富有机质页岩、湖相富有机质页岩。本章主要从页岩气藏成因、储层基本特征和形成、储集条件来分析，并总结对比国内外页岩储层开发的评价标准。

第一节 页岩气藏的成因

页岩气藏中的天然气在演化阶段与常规油气藏存在差异。北美发现的页岩气藏存在三种气源成因(图 2-1)，即生物成因、热成因以及二者的混合成因。其中以热成因为主(最典型代表是沃斯堡盆地的巴尼特页岩气藏)，生物成因及混合成因仅存在于美国东部个别盆地(密歇根盆地安特里姆页岩的生物成因气藏、伊利诺伊盆地新奥尔巴尼页岩的混合成因气藏等)[3]。

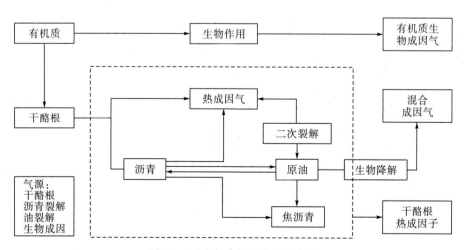

图 2-1 页岩气藏气源成因示意图

　　热成因型页岩气由埋藏较深或温度较高的干酪根通过热降解作用或低熟生物气再次裂解作用形成，以及油和沥青达到高成熟时二次裂解生成[4]。热成因型页岩气可分为3个亚类：①高热成熟度型，如美国沃斯堡盆地的巴尼特页岩气藏；②低热成熟度型，如伊利诺伊盆地的新奥尔巴尼页岩气藏；③混合岩性型，即大套页岩与砂岩和粉砂岩夹层共同储气，如：东得克萨斯(East Texas)盆地的博西尔(Bossier)页岩气藏。页岩的热成熟度是热成因页岩气成藏的主控因素，热成熟度不仅决定天然气的生成方式，还决定气体的组分构成。绝大部分巴尼特页岩气井分布在镜质体反射率(R°)$\geqslant 1.1\%$的范围内。当$0.6\% \leqslant R^{\circ} < 1.1\%$时，页岩会产正常的黑色石油。由于石油分子直径较大，容易阻塞页岩孔吼，不利于页岩气的成藏。在$R^{\circ} \geqslant 1.1\%$的区域，发现存在裂解气。这不仅提供了新的气源，而且使页岩孔喉更加畅通。

　　生物成因型页岩气由埋藏阶段的早期成岩作用或侵入的大气降水中富含的厌氧微生物活动生成。生物成因型页岩气藏分两类：①早成型，气藏的平面形态为毯状，从页岩沉积形成初期就开始生气，页岩气与伴生地层水的绝对年龄较大，可达66Ma，如：美国威利斯顿(Williston)盆地上白垩统卡莱尔(Carlile)页岩气藏；②晚成型，气藏的平面形态为环状，页岩沉积形成与开始生气间隔时间很长，主要表现为后期构造抬升埋藏变浅后开始生气，页岩气与伴生地层水的绝对年龄接近现今，如美国密歇根盆地的安特里姆页岩气藏。

　　生物成因型页岩气藏以安特里姆页岩气藏最有代表性，安特里姆页岩为晚泥盆世海相深水页岩，厚约244 m，埋深0~1 006 m。该页岩由富含有机质的黑色页岩、灰色和绿色页岩以及碳酸盐岩互层构成，自下而上可分为4个小层：诺伍德(Norwood)、伯克斯顿(Paxton)、拉欣(Lachine)和上安特里姆，其中下部的3个小层又称为安特里姆下段。诺伍德和拉欣层为页岩气主力产层，平均叠合厚度约49 m，干酪根属Ⅱ型，总有机碳(total organic carbon，TOC)为$0.5\% \sim 24\%$，石英含量$20\% \sim 41\%$，含有丰富的白云岩和石灰岩团块及碳酸盐岩、硫化物和硫酸盐胶结物；伯克斯顿段为泥状灰岩和灰色页岩互层，总有机碳含量为$0.3\% \sim 8\%$，硅质含量$7\% \sim 30\%$。安特里姆页岩在盆地北部边缘的R°为$0.4\% \sim 0.6\%$，在盆地中心Ro可达1.0%。主力产层平均基质孔隙度为9%，平均基质渗透率为$0.1 \times 10^{-3} \mu m^2$。表现有双重成因，即干酪根经热成因而形成的低熟气和甲烷菌代谢活动形成的生物成因气[5]。

　　混合成因型页岩气是生物成因作用和热成因作用形成的天然气共同存在于页岩中，也就是低成熟度和高成熟度有机质形成的气体同时存在于页岩中。美国伊利诺伊盆地新奥尔巴尼页岩的有机质成熟度随着埋深的不同存在高、低成熟度混合，为典型的混合成因页岩。其南部深层的天然气是热成因，北部的浅层则是热成因和生物成因的混合。

第二节　页岩气藏基本特征

一、页岩的岩石矿物特征

　　页岩岩石矿物特征在很大程度上影响了页岩基质孔隙和微裂缝的发育程度、压裂改造方式及储层的含气性。页岩储层中的矿物主要有黏土矿物、石英、长石、云母、方解石和黄铁矿等脆性矿物，其中黏土矿物因具有较大的微孔隙体积和比表面积，能吸附大量的天然气，基质系统内吸附气含量的高低很大程度上取决于黏土矿物含量的多少；石英等脆性矿物含量越多，页岩对气体的吸附能力越低，但岩石的脆性会越高，天然裂缝和诱导裂缝越容易形成，越有利于进行人工压裂形成有效的网状结构缝，有利于页岩气的开采[6]。

美国产气页岩中矿物组成中石英含量达 28%~52%，碳酸盐含量达 4%~16%，总脆性矿物含量达 46%~60%。但各盆地主要产气页岩的矿物组成存在不同程度的差异，例如：沃斯堡盆地的巴尼特页岩，其脆性矿物主要为石英、长石和黄铁矿，总含量为 20%~80%，其中石英含量最高，达到了 40%~60%；碳酸盐矿物含量低于 25%，黏土矿物含量通常小于 50%，以伊利石为主。博西尔页岩中石英、长石和黄铁矿含量低于 40%，碳酸盐岩含量大于 25%，黏土矿物低于 50%。费耶特维尔（Fayettevile）页岩硅质含量达 14%~35%，钙质含量达 30%~50%[7]。

中国海相、湖相和海陆过渡相三类页岩的脆性矿物含量总体较高，均达到 40% 以上。如四川盆地须家河组石英等脆性矿物含量高达 22%~86%，十分有利于进行储层压裂；鄂尔多斯盆地中生界湖相页岩中仅石英一种脆性矿物的含量就为 27%~47%，脆性矿物总含量达到了 58%~70%。四川盆地龙马溪组和筇竹寺组页岩储层的黏土矿物组成也是以伊利石为主，其中筇竹寺组页岩储层的伊利石含量很高，平均值为 83.5%。岩石矿物组成对页岩气后期开发中的压裂改造等工作至关重要，脆性矿物和黏土矿物含量的高低在一定程度上决定了该页岩是否具有商业开发价值，一般要求其页岩中的黏土矿物含量要低于 30%，含气丰富，脆性矿物含量要高于 40%，易于形成裂缝[8]。

二、页岩的有机质特征

页岩气储层中含有丰富的有机质，其中有机质的类型、有机质丰度和有机质的成熟度对页岩气的资源量具有重要影响。TOC 含量是衡量页岩有机质丰度的重要指标，有经济开发价值的页岩油气区的最低 TOC 含量一般在 2% 以上。TOC 含量不仅是页岩生气的物质基础，决定页岩的生烃强度；也是页岩吸附气的载体之一，决定页岩的吸附气量的大小；同时还是页岩孔隙空间增加的重要因素之一，决定页岩新增游离气的能力。TOC 含量的高低很大程度上决定了储层中吸附气含量的多寡，页岩气含量与 TOC 含量具有较好的正相关性。以美国五大含气页岩层为例，页岩中的 TOC 含量均较高，其中巴尼特页岩中的 TOC 含量为 2%~7%，安特里姆和新奥尔巴尼页岩中的 TOC 含量部分甚至超过了 20%。中国上扬子地区寒武系筇竹寺组、志留系龙马溪组黑色页岩是目前海相页岩较为有利的勘探开发区块，其中寒武系筇竹寺组页岩的 TOC 含量为 0.14%~22.15%，平均为 3.50%~4.71%；志留系龙马溪组页岩 TOC 含量为 0.51%~25.73%，平均为 2.46%~2.59%。

有机质类型的研究对于确定页岩气的有利远景区带是必不可少的，其与 TOC 含量和热成熟度共同决定着烃源岩的生气潜力。研究普遍认为，富氢有机质主要生油，而含氢量较低的有机质以生气为主，且不同类型干酪根在不同演化阶段生气量有较大区别。海洋或湖泊环境下形成的有机质类型主要以Ⅰ型和Ⅱ型为主，易于生油；海陆过渡相环境下形成的有机质类型主要以Ⅱ型和Ⅲ型为主，易于生气。

有机质成熟度也是衡量有机质是生油还是生气或有机质向烃类转化程度的关键指标，镜质体反射率(R°)反映了有机质成熟度的高低。北美主要产气页岩的R°通常为$0.4\%\sim4.0\%$，中国古生界海相页岩的成熟度普遍很高，R°一般为$2.0\%\sim4.0\%$，处于过成熟阶段，主要生干气[9]。页岩气成因包括生物成因、热成因和两种混合成因，以干酪根热裂解、原油热裂解等热成因为主，有机质的成熟度越高，储层的含气量与产气量就越大。

三、页岩的物性特征

页岩气储层具有孔隙度低和渗透率极低的物性特征。岩石孔隙是储存油气的主要空间，平均50%左右的页岩气储存在页岩的基质孔隙中，孔隙度是衡量游离气含量的重要参数。页岩储层的孔隙度一般低于10%，渗透率一般低于0.1mD[10]。页岩储层以发育多种类型微米级和纳米级孔隙为特征，主要包括粒间微孔、粒内溶蚀孔、颗粒溶孔和有机质孔等，中国富有机质黑色页岩的微孔—纳米孔十分发育，主要为粒内孔、粒间孔和有机质孔三种类型。美国主要产气页岩储层的岩心分析孔隙度主要分布在2.0%和14.0%之间，平均为5.36%，测井孔隙度分布在1.0%和7.5%之间，平均为5.2%。

我国页岩的基质孔隙度为$0.5\%\sim6.0\%$，众多数为$2\%\sim4\%$。我国四川盆地威远地区龙马溪组页岩孔隙度为$2.43\%\sim15.72\%$，平均4.83%；筇竹寺组页岩孔隙度为$0.34\%\sim8.10\%$，平均3.02%。鄂尔多斯盆地中生界陆相页岩实测孔隙度为$0.4\%\sim1.5\%$，渗透率为$0.012\times10^{-3}\sim0.653\times10^{-3}\mu m^2$。中国海相富有机质页岩微米—纳米孔十分发育，既有粒间孔，也有粒内孔和有机质孔，尤其有机质成熟后形成的纳米级孔喉甚为发育，这些纳米级孔喉是页岩气赋存的主要空间[11]。

裂缝既可以为页岩气提供一定的储集空间，也可以为页岩气在储层中的运移提供通道，从而有效提高页岩气产量。石英等脆性矿物含量的高低影响着裂缝的发育程度，石英含量越高，页岩脆性越好，裂缝发育程度就越高。中国海相、海陆过渡相和湖相页岩的脆性矿物含量较高，均具有较好的脆性特征。页岩气勘探过程中，必须寻找易于压裂形成复杂网状裂缝的页岩储层，即要求页岩的脆性矿物含量丰富，以及黏土矿物含量足够低，一般要求低于30%。

四、页岩储层的储集空间特征

页岩气储层的储集空间包括基质孔隙和裂缝，其中基质孔隙可细分为残余原生孔隙、有机质生烃形成的微孔隙、黏土矿物形成的微孔隙和不稳定矿物溶蚀形成的溶蚀孔隙等。目前有研究认为，页岩孔隙以有机质生烃形成的微孔隙（有机质孔隙）为主，其直径一般为$0.01\sim1\mu m$。干酪根在降解过程中会形成次生微孔和微裂缝，储层的孔隙度变大。黏土矿物之间的相互转化会形成微孔隙，如在蒙皂石转化为伊利石的过程中，储层孔隙体积会逐渐减小而形成微孔隙。同时，地层流体在储层流动过程中会与不稳定矿物发生溶蚀作用而形成溶蚀孔隙。

页岩储层中的裂缝多以微裂缝形式存在，裂缝的发育可为页岩气提供充足的储集空间，同时裂缝也是页岩气流入井筒的唯一通道。裂缝的产生可能与有机质生烃时产生的使储层破裂的压力有关，同时也有可能与断层和褶皱等构造运动及差异水平压力有关[12]。微裂缝的发育对页岩气的产能影响很大，首先，微裂缝的发育大大增加了储层中游离气的含量，气井的初始产气量高，同时也加速了吸附气的解吸；其次，地层水会通过微裂缝进入页岩储层，使气井发生水淹，含水率上升，从而降低页岩气井的产量。

五、页岩气的赋存特征

页岩气的成分以甲烷为主，含有少量轻烃气体。在裂缝和孔隙构成的泥页岩储集空间中，页岩气存在多种赋存相态，包括吸附态、游离态和溶解态，但以吸附态和游离态为主要赋存形式，溶解态的气体仅少量存在。大量的吸附态页岩气吸附于有机质颗粒、干酪根颗粒、黏土矿物颗粒以及孔隙表面之上，游离态的页岩气主要分布在孔隙和裂缝中，少量的溶解态气体则溶解于干酪根、沥青质、残留水及液态原油中[13]。在不同的页岩层系中，吸附气、游离气和溶解气所占的比例存在一定的差异，在异常高压气藏中，以游离气为主；在埋藏较浅的低压气藏中，则以吸附气为主。据统计，吸附态页岩气的含量可以占页岩气总含量的20%～85%。气体在页岩储层中以何种相态存在，很大程度上还取决于流体饱和度的大小，当储层中的气体处于未饱和状态时，只存在吸附态和溶解态的气体；当气体一旦达到饱和之后，储层中就会出现游离态的气体。页岩气在生成过程中首先会以吸附态的形式吸附在有机质和岩石颗粒表面，随着吸附气和溶解气的饱和，富余的天然气就会以游离态在孔隙和裂缝中运移、聚集。

六、页岩的沉积分布特征

中国主要有八套页岩地层，由三大海相页岩（南方古生界海相页岩、华北地区下古生界海相页岩和塔里木盆地寒武—奥陶系海相页岩）和五大陆相页岩（松辽盆地白垩系湖相页岩、准噶尔盆地中—下侏罗系湖相页岩、鄂尔多斯盆地上三叠统湖相页岩、吐哈盆地中—下侏罗统湖相页岩和渤海湾古近系湖相页岩）组成。按沉积环境将富有机质页岩分为三大类：海相富有机质页岩、海陆过渡相与煤系富有机质页岩、湖相富有机质页岩[14]。

海相富有机质页岩主要发育在前古生代及早古生代，区域上分布于华北、南方、塔里木和青藏4个地区，层系上为盆地的下部层位。古生代是中国海相富有机质页岩发育的最主要时期，形成了多套海相富有机质页岩，其中早古生代寒武纪和志留纪页岩最为典型。寒武纪在扬子台地、塔里木台地和华北台地三大主要海相沉积区，都发育了较好的页岩地层，例如：南方扬子地区的筇竹寺组页岩（或沧浪铺组、牛蹄塘组、水井沱组、巴山组、荷塘组、幕府山组页岩）和塔里木盆地玉尔吐斯组与萨尔干组页岩。志留纪页岩在扬子地区发育较好，以早志留世龙马溪组页岩为主，分布于整个扬子地区，是四川盆地五百梯、罗家寨、建南等石炭系气田的主力烃源岩。

煤系富有机质页岩主要为中生代三叠—侏罗系浅湖、沼泽沉积环境下形成的含煤页岩。这类页岩的共同特征是有机质以陆源高等植物为主，页岩与煤层共存，砂岩与页岩互层。三叠—侏罗系煤系页岩是四川盆地、塔里木盆地、吐哈盆地重要的烃源岩，已发现了克拉 2 号、迪那 2 号、新场等一批与此相关的大气田，在吐哈盆地发现了大量工业性油藏。石炭—二叠纪是中国大陆沉积环境由海向陆转化的重要阶段，在中国大陆形成了广泛的海陆交互相富有机质页岩。目前，石炭—二叠纪页岩已被证实为准噶尔盆地陆东—五彩湾、鄂尔多斯盆地苏里格、渤海湾盆地苏桥、四川盆地普光、罗家寨等气田的主要烃源岩。

　　湖相富有机质页岩主要形成于二叠纪、三叠纪、侏罗纪、白垩纪和古近纪、新近纪的陆相裂谷盆地、拗陷盆地。二叠纪湖相富有机质页岩发育在准噶尔盆地，分布于准噶尔盆地西部—南部拗陷，包括风城组、夏子街组、乌尔禾组 3 套页岩。三叠纪湖相页岩发育在鄂尔多斯盆地，为晚三叠世大型拗陷湖盆沉积。侏罗纪在中—西部地区为大范围含煤建造，但在四川盆地为内陆浅湖—半深水湖相沉积，早—中侏罗世发育了自流井组页岩，在川中、川北和川东地区广泛分布。白垩纪湖相页岩发育在松辽盆地，包括下白垩统青山口组、嫩江组、沙河子组和营城组页岩，在全盆地分布。古近纪湖相页岩在渤海湾盆地广泛发育，以沙河街组为主，分布于渤海湾盆地各凹陷，黄骅拗陷和济阳拗陷存在孔店组页岩。湖相富有机质页岩为中国陆上松辽、渤海湾、鄂尔多斯、准噶尔等大型产油区的主力源岩。

第三节　页岩气的形成、储集与保存

　　依据富有机质页岩生烃能力、排烃有效厚度及页岩气勘探开发要求，普遍认为形成商业价值页岩气具有"五高"特征，即高总有机碳含量（TOC>2%）、高热演化程度（镜质体反射率 R^o 为 2.0%～2.5%）、高石英含量、高脆性（易于水力压裂人工造缝，脆度> 80%）和高吸附气含量。

一、页岩气的形成条件

（一）有机碳含量

　　TOC 含量是衡量岩石有机质丰度的重要指标和页岩气形成的基础。也是衡量生烃强度和生烃量的重要参数。TOC 含量随岩性变化而变化，对于富含黏土的泥页岩来说，由于吸附量很大，TOC 含量最高。因此，泥页岩作为潜力源岩的 TOC 含量下限值就愈高，而当烃源岩的有机质类型愈好，热演化程度高时，相应的 TOC 含量下限值就低。对泥质油源岩中 TOC 含量的下限标准，目前国内外的看法基本一致，为 0.4%～0.6%，而泥质气源岩 TOC 含量的下限标准则有所不同。美国五大页岩气盆地的含气页岩 TOC 含量一般为 1.5%～20%。安特里姆页岩与新奥尔巴尼页岩的 TOC 含量是五套含气页岩中最高的，其最高值可达 25%，刘易斯页岩的 TOC 含量最低，也可达到 0.45%～2.5%，一般认为 TOC 含量在 0.5%以上就是有潜力的源岩。有经济开采价值的页岩气远景区带的页岩必须富含有机质。页岩气藏烃源岩多为沥青质或富含有机质的暗色、黑色泥页岩和高碳泥页岩类，TOC 含量大于 2% 的富有机质页岩地层比例高达 4%～30%，是常规油气烃源岩的 10～20 倍。页岩气的富集与成藏需要丰富的气源基础，对富有机质页岩中的有机质含量要达到一定标准。

(二)有机质类型

尽管 TOC 含量和热成熟度是决定源岩生气潜力的关键因素，但普遍认为富氢有机质主要生油，氢含量较低的有机质以生气为主，且不同干酪根、不同演化阶段生气量有较大变化。因此在确定页岩气有利远景区带时，有机质类型研究仍必不可少。海洋或湖泊环境下形成的有机质(Ⅰ型和Ⅱ型)易于生油。随热演化程度增加，原油裂解成气。陆相环境下形成的有机质(Ⅲ型)主要生气，中间混合型(尤其是Ⅱ型和Ⅲ型)在海相页岩中最为普遍，产气潜力大。要特别注意的是，当热成熟度较高时，所有类型有机质都能生成大量天然气。北美产气页岩有机质类型主要为Ⅱ型，中国古生界海相页岩有机质类型为Ⅰ～Ⅱ型、中新生代陆相页岩有机质类型为Ⅱ～Ⅲ型、石炭—二叠系与三叠—侏罗系炭质页岩有机质类型为Ⅲ型(表 2-1)，均有较好的产气潜力，成为形成页岩气的有利领域。

表 2-1 中国三类页岩有机地球化学参数

页岩类型	地区	地层及岩性	TOC/% 范围	TOC/% 平均	R^o/%	干酪根类型
海相	四川盆地	寒武系黑色页岩	1.00～5.50		2.30～5.20	Ⅰ～Ⅱ₁
		志留系龙马溪组黑色泥石页岩	2.00～4.00		1.60～3.60	Ⅰ～Ⅱ₁
	塔里木盆地	寒武系深灰色泥灰岩、黑色页岩	0.18～5.52	2.28	1.90～2.04	Ⅰ～Ⅱ₁
		下奥陶统黑色泥岩	0.17～2.13	1.15	1.74	
	上扬子东南缘	五峰组—龙马溪组底部	1.73～3.12	2.64	1.83～2.54	Ⅰ
海陆过渡相	河西走廊	石炭系暗色泥岩	0.19～37.98	4.20	0.60～1.90	Ⅲ
		炭质泥岩	0.27～50.52	5.44		Ⅲ
	鄂尔多斯盆地	黑色、深灰色炭质页岩	2.68～2.93		1.10～2.50	
湖相	鄂尔多斯盆地	三叠系延长组长7段黑色页岩	6.00～22.00	14.00	0.90～1.16	Ⅱ₁～Ⅲ
	松辽盆地	白垩系青山口组黑色页岩	0.50～4.50		0.60～1.20	Ⅱ₁～Ⅲ

(三)有机质热成熟度

有机质热成熟度是确定有机质生油、生气或有机质向烃类转化程度的关键指标。镜质体反射率 $R^o \geq 1.0%$ 为生油高峰，$R^o \geq 1.3%$ 为生气阶段。自然界中不同类型干酪根进入湿气和凝析油阶段的温度或热成熟度界限有一定差异，但一般 R^o 变化范围为 1.2%～1.4%。例如沃斯堡盆地巴尼特页岩气主体生成于 $R^o > 1.1%$ 的生气窗内。中国古生界海相页岩热成熟度普遍较高，R^o 一般为 2.0%～4.0%，处于高—过成熟、生干气为主的阶段；而中新生界陆相页岩热成熟度普遍偏低，R^o 一般为 0.8%～1.2%，处于成熟—高成熟以生油为主的阶段，兼生气。有机质热成熟度决定着页岩气的生成方式：对于热成因型页岩气藏，随着页岩 $R°$ 的增高，含气量将会逐渐增大，$R°$ 在 $1.1\%\sim3\%$ 的范围内是热成因型页岩气藏的有利分布区。对于生物成因型页岩气藏，页岩 $R°$ 越高，TOC 含量越低，越不利于生物气的形成，根据密歇尔盆地安特里姆页岩气藏和伊利诺伊盆地新奥尔巴尼页岩气藏的分布规律，生物成因型页岩气藏主要分布在 $R°<0.8\%$ 的范围内。有机质热成熟度还决定页岩气的组分构成以及气体的流动速度。随着热成熟度的增大，气体的产生速度也加快，因为高热成熟度的干酪根和已生成的原油均裂解产生大量天然气[15]。

(四)页岩气含气性

页岩含气包括游离气、吸附气及溶解气。哈利伯顿认为具商业开发远景区的页岩含气量最低为 $2.8m^3/t$ 页岩，目前北美商业开发的页岩含气量最低约为 $1.1m^3/t$ 页岩，最高达 $9.91m^3/t$ 页岩。实测发现，四川盆地寒武系筇竹寺组黑色页岩含气量为 $1.17\sim6.02m^3/t$ 页岩，平均为 $1.9m^3/t$ 页岩；龙马溪组黑色页岩含气量为 $1.73\sim5.1m^3/t$ 页岩，平均为 $2.8m^3/t$ 页岩，与北美产气页岩的含气量相比，均达到了商业性页岩气开发的下限，具备商业开发价值。

(五)有效页岩厚度

若形成商业性页岩气，页岩气有效厚度需达到一定的下限，以保证有足够的有机质及充足的储集空间。页岩厚度可由有机碳含量的增大和热成熟度的提高而适当降低，实践证明：当有效页岩厚度大于 $30\sim50m$(有效页岩连续发育时大于 $30m$ 即可，断续发育或 TOC 含量低于 2% 时，累计厚度需大于 $50m$)时，足以满足商业开发需要。有效页岩厚度越大，尤其是连续有效厚度越大，TOC 含量越高，天然气生成量越多，页岩气富集程度越高。北美页岩气富集区内有效页岩厚度最小为 $6m$(费邪特维尔页岩)，最厚高达 $304m$[马塞勒斯页岩(Marcellus)]，页岩气核心产区厚度都在 $30m$ 以上。中国上扬子区寒武系筇竹寺组与志留系龙马溪组黑色页岩中 TOC 含量大于 2.0% 的富有机质页岩厚度为 $80\sim180m$。

(六)矿物组成

页岩一般具有高含量的黏土矿物，但是暗色富有机质页岩的黏土矿物含量通常较低。页岩气勘探必须寻找能够压裂成缝的页岩，即页岩的黏土矿物含量足够低($<50\%$)、脆性矿物含量丰富，使其易于成功压裂。具备商业性开发价值的页岩，脆性矿物含量要高于 40%，黏土矿物含量小于 30%。

(七)孔渗特征与微裂缝

岩石孔隙是储存油气的重要空间，孔隙度是确定游离气含量的主要参数。有平均 50% 左右的页岩气存储在页岩基质孔隙中。页岩储层为特低孔、渗储集层，孔隙小于 $2\mu m$，比表面积大，结构复杂，丰富的内表面积可以通过吸附方式储存大量气体。一般页岩的基质孔隙度为 $0.5\%\sim6\%$，大多数为 $2\%\sim4\%$。裂缝的发育可以为页岩气提供充足的储集空间，也可以为页岩气提供运移通道，更能有效提高页岩气产量。中国海相页岩、海陆交互相炭质页岩和湖相页岩均具有较好的脆性特征，均发育较多的裂缝系统。

二、页岩气的储集条件

页岩既是源岩又是储集层，因此页岩气具有典型的"自生自储"成藏特征，这种气藏是在天然气生成之后在源岩内部或附近就近聚集的结果。由于储集条件特殊，天然气在其中以多种相态赋存，通常足够的埋深和厚度是保证页岩气储集的前提条件。页岩具有较低的孔隙度和渗透率，但天然裂缝的存在会改善页岩气藏的储集性能[16]。

(一)页岩的埋深及厚度

美国页岩气盆地有关资料表明，页岩气储层的埋藏深度范围比较广泛。埋深从最浅的 76m 到最深的 2439m，主要介于 762m 和 1372m 之间。一般的，页岩的厚度的为 91.5m~183m，页岩的厚度和埋深是控制页岩气成藏的关键因素[17]。泥页岩必须达到一定的厚度并具有连续分布面积，提供足够的气源和储集空间，才能成为有效的烃源岩层和储集层。页岩越厚，对气藏形成越有利。页岩厚度可由 TOC 含量的增大和热成熟度的提高而适当降低，到目前为止，具有经济价值页岩气藏的页岩厚度下限还没有被明确提出来。足够的埋藏深度能够保证有机质具备向油气转化所必需的温度和压力，多期的抬升与深埋使得页岩中有机质可以多次进入生烃门限，因此许多盆地中的页岩气是多期生成的。泥页岩的埋深不但影响页岩气的生产和聚集，还直接影响页岩气的开发成本。

(二)页岩孔隙度与渗透率

孔隙度是确定游离气含量和评价页岩渗透性的主要参数。作为储层，含气页岩显示出低的孔隙度（<10%），低的渗透率（通常<0.001μm^2）。Chalmers 等认为孔隙度与页岩气的总含量之间具有正相关性，也就是说页岩气的总含量随页岩孔隙度的增大而增大[18]。微孔对吸附态页岩气存储具有重要影响，微孔体积越大比表面积越大，对气体分子的吸附能力也就越强。渗透率在一定程度上影响页岩气的赋存形式，主要影响游离态气体的存储，页岩气渗透率越大，游离态气体的储集空间就越大。

(三)页岩的裂缝和不整合面

裂缝和不整合面为页岩气提供聚集空间，也为页岩气的生产提供运移通道。Hill 认为，由于页岩中极低的基质渗透率，开启的、相互垂直的或多套天然裂缝能增加页岩气储层的产量[19]。导能系数和渗透率升高的裂缝，可能是由干酪根向烃类转化的热成熟作用（内因）、构造作用力（外因）或是两者产生的压力引起。页岩气储层中倘若发育大量的裂缝群，那就意味着可能会存在足够进行商业生产的页岩气。阿巴拉契亚盆地产气量高的井，都处在裂缝发育带内，而裂缝不发育地区的井，则产气量低或不产气，说明天然气生产与裂缝密切相关。储层中压力的大小决定裂缝的几何尺寸，通常集中形成裂缝群。

控制页岩气产能的主要地质因素为裂缝的密度及其走向的分散性,裂缝条数越多,走向越分散,连通性越好,页岩气产量越高。

(四)页岩气富集规律

页岩气藏为典型自生自储式的连续型气藏,控制页岩气藏富集程度的关键因素主要包括页岩厚度、TOC 含量和页岩储层空间(孔隙、裂缝)三大因素;①富有机质页岩厚度越大,气藏富集程度越高;②有机碳含量越高,气藏富集程度越高;③页岩孔隙与微裂缝越发育,气藏富集程度越高。

三、页岩气的保存条件

页岩是一种致密的细粒沉积岩,本身可以作为页岩气藏的盖层,上覆或下覆的致密岩石也对页岩气具一定的封盖作用,使得页岩气难以从页岩中逸出。页岩气边形成边赋存聚集,不需要构造背景,为隐蔽圈闭气藏,它们在大面积内为天然气所饱和。由于致密页岩具有超低的孔隙度和渗透率,页岩体可以形成一个封闭不渗漏的储集体将页岩气封存在页岩层中,相当于常规油气藏中的圈闭。构造作用对页岩气的生成和聚集有重要的影响,主要体现在以下几个方面:首先,构造作用能够直接影响泥页岩的沉积作用和成岩作用,进而对泥页岩的生烃过程和储集性能产生影响;构造作用会造成泥页岩层的抬升和下降,从而控制页岩气的成藏过程;构造作用可以产生裂缝,可以有效改善泥页岩的储集性能,对储层渗透率的改善尤其明显。由于大约半数的页岩气是以吸附方式存在,而页岩又具有最优先的聚集和保存条件,因此它具有较强的抗构造破坏能力,能够在一般常规气藏难以形成或保存的地区形成工业规模聚集。即使在构造作用破坏程度较高的地区,只要有天然气的不断生成,就仍会有页岩气的持续存在。

第四节　页岩气储层评价标准

据巴尼特和海耶斯维尔等北美主要页岩气藏的地质特点,页岩气优质储层一般具备如表 2-2 所示的特点。中国页岩勘探开发尚处于起步阶段,页岩气地质条件与美国相比既有相似性,也存在着很多差异,中国页岩储层评价标准不能完全照搬北美页岩储层评价标准。四川盆地下古生界筇竹寺组和龙马溪组页岩储层的 TOC 含量普遍大于 2%,R° 值最低都大于 2%,石英及方解石等脆性矿物含量均超过 40%,黏土矿物含量低且不含蒙皂石,其渗透率和含水饱和度均满足下限标准,高伽马值黑色页岩厚度也在 30m 以上,因此四川盆地筇竹寺组和龙马溪组海相黑色页岩显示良好勘探开发价值。根据中国南方海相和北方海陆交互相页岩气富集特征,从厚度、地化指标、脆性矿物含量、储层物性、孔隙流体和力学性质[20]等方面确定的中国页岩储层评价标准(表 2-3)为:厚度大于 30m,R° 值为 1.1%～4.5%,TOC 含量>2%,具有较好脆性,有效孔隙度在 2% 以上,含油饱和度低于 5%,岩石杨氏弹性模量在 3.03MPa 以上,泊松比小于 0.25。

表 2-2 北美主要产气页岩储层特征

主要参数	基本标准
目的层埋深	干气窗的最浅深度
页岩厚度	>30m
R°	>1.4%
TOC	>2%
干酪根类型	I，II_1
矿物组成	石英或方解石大于40%
	黏土含量小于30%
	膨胀能力低
	生物和碎屑成因硅质
裂缝结构和类型	水平或垂直走向
	未充填或硅质、钙质充填
内部垂向非均质性	越小越好
气体填充孔隙度	>2%
渗透率	$>100\times10^{-3}m^3$
含水饱和度	<40%
含油饱和度	<5%
杨氏模量	>3.03MPa
泊松比	<0.25

表 2-3 中国页岩气储层评价标准

主要参数	基本标准	四川盆地龙马溪组	四川盆地筇竹寺组
页岩厚度	>30m	30~50m	30~66m
R°	1.1%~4.5%	2.4%~3.3%	2.33%~4.12%
TOC	>2%	2%~8%	2%~9.1%
矿物组成	石英、方解石等脆性矿物含量大于40%	石英、方解石等脆性矿物含量40%~57%	石英、方解石等脆性矿物含量47%~62%
	黏土含量小于30%	黏土含量26.5%~48.5%	黏土含量10.2%~43%
有效孔隙度	>2%	1.1%~7.9%	1.2%~6.0%
含水饱和度	<40%	<40%	<40%
含油饱和度	<5%	不含油	不含油
杨氏模量	>3.0MPa	1.2~3.6MPa	1.9~4.3MPa
泊松比	<0.25	0.12~0.22	0.12~0.29

参 考 文 献

[1] 张金川，等.四川盆地页岩气成藏地质条件 [J].天然气工业，2008，28(2)：151-156.

［2］ 徐国盛，等.页岩气研究现状及发展趋势［J］.成都理工大学学报(自然科学版)，2011，38(6)：603-610.

［3］ 陈更生，等.页岩气藏形成机理与富集规律初探［J］.天然气工业，2009，29(5)：17-21.

［4］ 米华英，等.我国页岩气资源现状及勘探前景［J］.复杂油气藏，2010，3(4)：10-13.

［5］ 李登华，等.页岩气藏形成条件分析［J］.天然气工业，2009，29(5)：22-26.

［6］ 杨恒林，等.含气页岩组构成与岩石力学特性［J］.石油钻探技术，2013，41(5)：31-35.

［7］ 朱彤，曹艳，张快.美国典型页岩气藏类型及勘探开发启示［J］.石油实验地质，2014，36(6)：718-724.

［8］ 王伟锋，等.页岩气成藏理论及资源评价方法［J］.天然气地球科学，2013，24(3)：429-438.

［9］ 蒋裕强，等.页岩气储层的基本特征及其评价［J］.天然气工业，2010，30(10)：7-1 2.

［10］ 许长春.国内页岩气地质理论研究进展［J］.特种油气藏，2012，19(1)：9-16.

［11］ 谢小国，杨筱.页岩气储层特征及测井评价方法［J］.煤田地质与勘探，2013，41(6)：27-30.

［12］ 屈策计，李江山，刘玉博.页岩气赋存机理研究［J］.中国石油和化工标准与质量，2013，33(15)：157.

［13］ 邹才能，等.中国页岩气形成机理、地质特征及资源潜力［J］.石油勘探与开发，2010，37(6)：641-653.

［14］ 邹才能，等.中国页岩气形成条件及勘探实践［J］.天然气工业，2011，31(12)：26-39.

［15］ 张田，等.页岩气勘探现状与成藏机理［J］.海洋地质前沿，2012，29(5)：28-35.

［16］ 姜文斌，陈永进，李敏.页岩气成藏特征研究［J］.复杂油气藏，2011，4(3)：1-5.

［17］ 白兆华，时保宏，左学敏.页岩气及其聚集机理研究［J］.天然气与石油，2012，29(3)：54-57.

［18］ Chalmers G R L，Bustin R M. The organic matter distribution and methance capacity of the Lower Cretaceous strata of Northeastern British Columbia, Canada ［J］. International Journal of Coal Geology, 2007, 70 (113)：223-239.

［19］ Hill D G，Lombardi T E，Fractured gas shale potential in New York ［J］. Northeastern Geology and Environmental Science，2004，26(8)：1-49.

［20］ 于炳松，等.页岩气储层的特殊性及其评价思路和内容［J］.地学前缘，2012，19(3)：252-258.

第三章　页岩气吸附模型与实验研究

第一节　页岩气吸附模型

国外研究人员从 20 世纪 80 年代就开始了对页岩气吸附现象的研究。本世纪初，美国的"页岩气革命"，使得页岩气这一非常规油气资源在全世界范围内受到重视，而我国直到最近几年才开始页岩气吸附现象的相关研究工作[1]；通常认为页岩气的吸附是一种物理吸附[2]，甲烷在页岩表面的吸附能力随压力呈单调递增趋势，并可以使用 Langmuir 模型(也称 L 模型)进行描述。许多研究者基于 Langmuir 理论对页岩气的吸附展开了研究，如国内的张志英等[3]根据物质平衡原理，用自行设计的页岩气吸附解吸实验装置对取自鄂尔多斯盆地的 3 个页岩岩样进行吸附及解吸规律研究。研究表明：对黏土含量较大的页岩，Langmuir 模型拟合效果较差，同年，林腊梅等[4]对常见的泥页岩储层等温吸附曲线异常现象进行了归纳，发现高压测试曲线明显偏离 Langmuir 模型，且特征参数失真，甚至会出现负值，因此后人对 Langmuir 模型进行了一定的修改和加工，从而创造出了 Freundlich 模型(也称 F 模型)、Langmuir-Freundlich 模型(也称 L-F 模型)、Toth 模型(也称 T 模型)、Extended-Langmuir 模型(也称 E-L 模型)、双 Langmuir 模型、BET 模型等。

目前，常用的吸附理论及模型主要可分为[5]：①Langmuir 单分子层吸附模型及其扩展模型或经验公式，主要有 Langmuir 模型、Freundlich 模型、Extended-Langmuir 模型、Toth 模型和 Langmuir-Freundlich 模型；②BET 多分子层吸附模型，主要有二参数 BET 模型和三参数 BET 模型；③基于吸附势理论，主要有 Dubinin-Radushkevich 体积填充模型(也称 D-R 模型)和 Dubinin-Astakhov 最优化体积填充模型(也称 D-A 模型)。

一、单组分吸附模型

(一)Langmuir 模型

Langmuir 模型是法国化学家 Langmuir 在 1916 年研究固体表面的吸附特性时，从动力学观点出发，提出的单分子层吸附的状态方程[6]，是最常用的吸附等温线方程之一。Langmuir 方程表示的是一种理想吸附[7]，理论假设吸附为单分子层吸附且各吸附位点能量均匀，由于页岩气的吸附等温线与单分子层的等温线形式相同，所以可运用 Langmuir 模型来计算吸附气含量[8]。方程推导如下。

假定条件：

(1)吸附剂表面均匀光洁，固体表面能量均一，具有剩余价力的每一个表面原子或分子仅仅吸附一个气体分子，仅形成单分子层。

（2）单层吸附是气体分子在固体表面的主要吸附形式。

（3）吸附的过程是动态的，经受热运动影响的被吸附分子可以重新回到气相。

（4）吸附过程比较类似于气体的凝结过程，解吸过程与液体的蒸发过程类似。当达到吸附平衡时，吸附速度与解吸速度是相等的。

（5）气体分子在固体表面的凝结速度与该组分的气相分压成正比。

（6）吸附在固体表面的气体分子之间是没有相互作用力的，吸附平衡时处于一种动态平衡。

假设吸附剂表面覆盖率为 θ，以 N 表示固体表面上具有吸附能力的总的晶格位置数，即吸附位置数，那么气体的吸附速率 $V_{吸附}$ 与剩余吸附位置数 $(1-\theta)N$ 和气体分压 P（MPa）是成正比的，表示为

$$V_{吸附} = K_a P(1-\theta)N \tag{3-1}$$

式中，K_a——吸附速率常数。气体的解吸速率 $V_{解吸}$ 正比于固体表面上被覆盖的吸附位置数 θN，故可以表示为

$$V_{解吸} = K_d \theta N \tag{3-2}$$

式中，K_d——解吸速率常数。当达到吸附平衡时，吸附速率与解吸速率是相等的，则

$$V_{吸附} = V_{解吸} \tag{3-3}$$

即

$$K_a P(1-\theta)N = K_d \theta N \tag{3-4}$$

由上式化简可得到 Langmuir 吸附等温式：

$$\theta = \frac{bP}{1+bP} \tag{3-5}$$

式中，b——吸附作用的平衡常数，也称作吸附系数（单位为 1/MPa）。b 是一个与吸附剂、吸附质的本性及温度有关的系数，b 越大，则表示吸附能力越强。b 可以表示为

$$b = \frac{K_a}{K_d} \tag{3-6}$$

以 V 代表覆盖率为 θ 时的平衡吸附量（m^3/t）。在较低压力的情形下，θ 应随平衡压力的升高而增大；当压力足够高时，气体分子将会在固体表面挤满整整一层，此时的 θ 趋于 1，即吸附量达到饱和状态，与之相对应的吸附量称为饱和吸附量 V_L（m^3/t）。

$$\theta = \frac{V}{V_L} \tag{3-7}$$

整理后，可得单分子层吸附的 Langmuir 方程：

$$V = \frac{V_L bP}{1+bP} \tag{3-8}$$

虽然 Langmuir 方程很好地描述了低、中压力（<15MPa）范围内的吸附等温线，但当气体中吸附质分压接近饱和蒸汽压时，此方程会产生偏差。原因是这时的吸附质可能会在微细的毛细管中冷凝，有关单分子层吸附的假设是不成立的，此外该方程难以体现页岩中干酪根和黏土矿物吸附能力的差异。

（二）Freundlich 模型

Freundlich 通过研究提出了一种吸附等温方程，该等温吸附方程是半经验式的。可

将此式看作 Henry 吸附式的扩展[9]，其形式为

$$V = K_b P^m \qquad (3-9)$$

式中，K_b——与吸附剂和吸附质种类性质有关的经验常数；

　　　m——反映吸附作用的强度，通常 m 是小于 1 的，m 越偏离常数 1，等温吸附线的非线性越强。

　　在特定温度下固体颗粒表面的气体吸附量和压力呈指数关系，压力增至某个阈值后，气体吸附量随压力的增长趋势变缓，因此，Freundlich 指数等温吸附定律也仅在低压条件下的小范围内才适用。

(三)L-F 模型

　　L-F 方程也是一种半经验方程。该方程是以 Langmuir 方程为基础的，当引入指数形式后，Freundlich 方程可以用来表示吸附剂表面的非均质性[10]，其表达式为

$$V = \frac{V_L (bP)^m}{1 + (bP)^m} \qquad (3-10)$$

式中，m——表示吸附剂非均质性的一个参数。在通常情况下，若 m 越小，则吸附剂表面越不均匀；当为具有理想表面的吸附剂时($m=1$)，L-F 方程则变成 Langmuir 方程。

(四)Henry 模型

　　Henry 吸附等温式在化学领域的吸附计算中应用广泛，其表达式为[11]

$$V = K_b P \qquad (3-11)$$

　　Henry 模型中在指定温度下固体颗粒表面的气体吸附量是压力的线性函数，随压力增加，气体吸附量增加。该模型的假设条件是吸附气体为理想气体，吸附等温线呈直线形式，仅在压力较低时适用。

(五)Toth 模型

　　任何吸附等温线在低压情况时都接近直线，近似符合 Henry 定律。D-R 方程和 Freundlich 方程在压力极低时，均不符合 Henry 定律，并且 Freundlich 方程随着压力的增大是具有极限值的，为了克服上述这些问题，提出了一个半经验式的方程，即 Toth 方程[12]。表达式为

$$V = \frac{V_L bP}{\left[1 + (bP)^k\right]^{\frac{1}{k}}} \qquad (3-12)$$

式中，k——与吸附剂不均匀性相关的参数。

(六)D-R 模型

　　D-R 方程表达式为[6]

$$n = n_0 \exp\left[-D \ln^2(P_0/P)\right] \qquad (3-13)$$

式中，n——1g 吸附剂所吸附的吸附质的物质的量；

　　　n_0——饱和吸附量，m^3/t，即微孔发生完全填充时的吸附量；

　　　P——吸附平衡压力值，MPa；

P_0——吸附质的饱和蒸气压，MPa；

D——模型参数满足 $D = (RT/E)^2$；

E——特征吸附能。

D-R 模型的优越性[13]：形式相对复杂，功能多，可计算出吸附剂微孔体积、吸附容量和相关吸附热数据，预测结果准确。D-R 模型的缺陷性[14]：不能直接得到组分吸附量数据；涉及吸附质亲和力系数的计算；不适用于低压下和含有超临界组分的预测。

（七）D-A 模型

D-A 方程表达式为[11]

$$V = V_0 \exp\left[-\left(\frac{RT}{\beta E}\ln\frac{P_0}{P}\right)^n\right] \tag{3-14}$$

式中，β——亲和性系数，K；

n——吸附失去的自由能，J/mol；

V_0——饱和吸附量，m^3/t；

E——吸附特征能，J/mol。

D-A 方程适用范围较宽，当吸附剂具有较高吸附能力时，模型拟合效果最好；方程中的参数 E 是影响吸附曲线类型的重要因素，对决定微孔岩石的亲水疏水性质有重要影响。刘鹏[15]等在研究超高交联吸附树脂对三氯乙烯气体的吸附中发现，D-A 方程对三氯乙烯气体静态吸附平衡数据拟合系数达 0.998。

二、多组分吸附模型

（一）E-L 模型

E-L 模型方程为[6]

$$q_i = \frac{q_{e,i}b_i c_i}{1 + \sum_j b_j c_j} \tag{3-15}$$

式中，q_i——混合气体中 i 组分的吸附量，m^3/t；

$q_{e,i}$——组分 i 的平衡吸附量，m^3/t；

c_i——i 组分在气相中的分浓度。

E-L 模型的优越性：该方程能够很好地关联吸附数据且方程形式也很简单；当吸附多组分混合气体，Langmuir 方程失效，而此方程仍可使用；该方程可以计算出具体吸附剂对混合气体的总吸附量，而 Langmuir 方程不能[16]。

（二）双 Langmuir 模型

设吸附质表面有 n 种类型的吸附点，N_i 代表气体在第 i 种吸附质表面的吸附量，则气体总吸附量 N_{abs} 为各个吸附量的总和，即

$$N_{ads} = \sum_{i=1}^{n} N_i \tag{3-16}$$

假设 f_i 为第 i 种吸附质在单分子覆盖面 N_{mi} 上的吸附比例，则有

$$\frac{N_{ads}}{N_m} = \sum_{i=1}^{n}\left(\frac{N_i}{N_{ni}}\right)\left(\frac{N_{mi}}{N_m}\right) = \sum_{i=1}^{n}\theta_i f_i \tag{3-17}$$

式中，N_{mi}——第 i 种吸附质覆盖的表面积；

　　　N_m——单分子层的表面积；

　　　θ_i——第 i 种吸附质的相对吸附量，该值满足 Languir 吸附假设。

页岩中的黏土和干酪根是影响气体吸附的主要因素，假设黏土和干酪根这两种物质为均一吸附质，综合上述两式，得到如下关系式：

$$\frac{N_{ads}}{N_m} = f_1 \frac{k_1(T)P}{1+k_1(T)P} + f_2 \frac{k_2(T)P}{1+k_2(T)P} \tag{3-18}$$

其中，$f_1 + f_2 = 1$，则

$$N_{ads} = \frac{f_1 N_m P}{\dfrac{1}{k_1(T)}+P} + \frac{f_2 N_m P}{\dfrac{1}{k_2(T)}+P} = \frac{V_{L1}P}{P_{L1}+P} + \frac{V_{L2}P}{P_{L2}+P} \tag{3-19}$$

该模型描述的是吸附质具有两种独立的能量分布的气体吸附模型。上式分两部分，一部分表示的是气体在黏土矿物质表面的吸附，另一部分表示的是气体在有机质表面的吸附。上述模型为双 Langmuir 吸附模型[17]。双 Langmuir 模型的优越性：对于黏土含量较大的页岩，双 Langmuir 模型比 Langmuir 模型更加适用；对于非均质吸附质而言，双 Langmuir 模型比 Langmuir 模型拟合结果更加准确[18]。

(三)BET 模型

目前最著名的多层吸附模型是在 1938 年 Brunauer、Emmett 和 Teller 三人在 Langmuir 单分子层吸附理论的基础上提出的多层吸附理论，简称 BET 理论[11]。BET 理论接受了 Langmuir 的假设，并补充了假设，综合起来如下：

(1)吸附可以是多分子层的。该理论认为，在物理吸附中，吸附质与吸附剂及其本身之间都存在范德华力，被吸附分子可以吸附气相中的分子，呈多分子层吸附态。

(2)固体表面是均匀的。多分子层吸附中，各层都存在吸附平衡，因此被吸附分子解吸时不受同一层其他分子的影响。

(3)同一层分子之间无相互作用。

(4)除第一层外，其余各层的吸附等于吸附质的液化热。

因此，当固体表面吸附了一层分子后，在范德华力的作用下继续进行多层吸附。在一定温度下，当吸附达到平衡时，得到 BET 吸附等温方程，即

$$V = \frac{V_m c P}{(P^0 - P)\left[1+(c-1)\dfrac{P}{P^0}\right]} \tag{3-20}$$

式中，V、V_m 和 P 与 Langmuir 等温吸附方程一样；

　　　c——与吸附热有关的常数；

　　　P^0——实验温度下吸附质的饱和蒸汽压力。

BET 模型的优越性：BET 等温方程能确定催化表面的最大值；它适用于多层吸附，即物理吸附(吸附分子以类似于凝聚的物理过程与表面结合，即以弱的范德华力相互作

用)的情形，它比 Langmuir 等温方程能更好地拟合实验数据。同时 BET 理论模型也有其自身的缺陷，它对大多数中孔吸附剂是有效的，对于小孔或者微孔等吸附剂则不理想[19]。

(四)IAS 模型

IAS 模型由 Myers 提出，是各种预测多组分吸附平衡模型中的经典方法。其表达式为

$$\pi(P) = \frac{RT}{A}\int_0^P q\,\mathrm{d}\ln P \tag{3-21}$$

$$\pi^* = \frac{\pi A}{RT}\int_0^P \frac{q}{P}\mathrm{d}P \tag{3-22}$$

IAS 模型的优越性是计算简便，在国内外二元混合气和三元多组分气体在活性炭、分子筛和沸石上的吸附中应用广泛，结果表明其预测值和实验数据拟合程度很高。但是该模型需要求解非线性方程组，同时对一些非理想性体系的预测偏差较大。

(五)半空宽吸附模型

页岩储层多为微孔及纳米孔的多孔介质，且具有不规则的孔径分布。因此很难对孔的几何特征做出确切的描述，一般用半孔宽 r 表征孔的尺寸。根据 1939 年 Weibull 提出的统计分布模型(Weibull 模型)，将其用来表征页岩多孔介质半孔宽 r 的分布函数[20]，函数表示为

$$f(r) = \begin{cases} 0, r < 0 \\ \frac{\alpha}{\beta}r^{\alpha-1}\exp(-\frac{r^\alpha}{\beta}), r > 0 \end{cases} \tag{3-23}$$

式中，r——孔径变量，nm，分布区间为 0 到无穷；

$f(r)$——孔径分布密度；

α——控制分布形状的参数；

β——控制分布峰位和峰值的尺度参数。

尽管影响吸附量的因素很多，但从分子动力学上分析，决定性因素还是吸附质与吸附剂之间在分子尺度上的势能，它可以用 Steel10-4-3 势能模型表示：

$$\begin{cases} \varphi_{si}(z_{si}) = \frac{5}{3}\varphi_0\left[\frac{2}{5}(\frac{\sigma_{si}}{z_{si}})^{10} - (\frac{\sigma_{si}}{z_{si}})^4 - \frac{\sigma_{si}}{3\Delta(0.61\Delta+z_{si})^3}\right] \\ \varphi_0 = 1.2\pi\rho_s\varepsilon_{si}\sigma_{si}^2\Delta \\ \sigma_{si} = \frac{\sigma_{ss}+\sigma_{ii}}{2} \\ \varepsilon_{si} = \sqrt{\varepsilon_{ss}+\varepsilon_{ii}} \end{cases} \tag{3-24}$$

式中，s——固体原子；

i——气体分子；

Z_{si}——气体分子页岩表面的作用距离；

ε_{si} 和 σ_{si}——分别表示气体分子与页岩原子之间的势阱深和有效作用直径；

ε_{ss} 和 σ_{ss}——分别表示页岩原子之间的势阱深和有效作用直径；

ε_{ii}和σ_{ii}——分别表示气体分子之间的势阱深和有效作用直径；

$\rho_s = 144 \text{nm}^{-3}$，$\Delta = 0.335$。

由上式可以知道，气体在固体表面上的覆盖过程是从最小孔的表面开始到最大孔的表面。因此，气体在页岩空隙表面的吸附可以表示为

$$f(r) = \begin{cases} 0, r < r_a \\ \dfrac{\alpha}{\beta}(r - r_a)^{\alpha-1} \exp\left[-\dfrac{(r - r_a)^{\alpha}}{\beta}\right], r > r_a \end{cases} \qquad (3\text{-}25)$$

式中，r_a——吸附质分子直径；

α和β——与吸附作用有关的常数；

其他同式(3-23)。

因此从中可以看出，只有当$r > r_a$时，页岩表面才会发生对气体分子的吸附。在给定的平衡条件$(T、P)$下存在一个临界值$r_c (r_a < r_c < \infty)$，使得一切$r < r_c (r_c$为气体吸附在页岩表面临界作用距离)的孔被吸附质分子覆盖，而一切$r > r_c$的孔没有被覆盖，吸附量可以用 Weibull 函数表示：

$$V = \int f(r) \mathrm{d}r \qquad (3\text{-}26)$$

该条件下气体的表面覆盖率计算如下所示：

$$\theta = \frac{\displaystyle\int_{r_a}^{r_c} f(r) \mathrm{d}r}{\displaystyle\int_{r_a}^{\infty} f(r) \mathrm{d}r} \qquad (3\text{-}27)$$

因气体分子的直径r_a非常小(例如 CH_4 直径为 0.38nm，CO_2 直径为 0.33nm)，属于 0.1nm 级的，于是$r_a \approx 0$，则

$$\begin{aligned} \int_{r_a}^{\infty} f(r) \mathrm{d}r &= \int_0^{\infty} \frac{\alpha}{\beta}(r - r_a)^{\alpha-1} \exp\left[-\frac{(r - r_a)^{\alpha}}{\beta}\right] \mathrm{d}r \\ &= -\int_0^{\infty} \mathrm{d}\exp\left[-\frac{(r - r_a)^{\alpha}}{\beta}\right] \\ &= 1 \end{aligned} \qquad (3\text{-}28)$$

所以

$$\theta = \frac{\displaystyle\int_{r_a}^{r_c} f(r) \mathrm{d}r}{\displaystyle\int_{r_a}^{\infty} f(r) \mathrm{d}r} = \int_{r_a}^{r_c} f(r) \mathrm{d}r \qquad (3\text{-}29)$$

带入式(3-25)积分得

$$\theta = 1 - \exp\left[-\frac{(r_c - r_a)^{\alpha}}{\beta}\right] \qquad (3\text{-}30)$$

如果覆盖率为θ时吸附量是V，则在$\theta = 1$时为饱和吸附，吸附量为V_0。上式可以表示成

$$V = V_0 \left\{ 1 - \exp\left[-\frac{(r_c - r_a)^{\alpha}}{\beta}\right] \right\} \qquad (3\text{-}31)$$

如果温度恒定，则给定的吸附剂-吸附质系统的r_c值仅由压力P决定。假设$(r_c - r_a)$ $\propto P$，设$b = 1/\beta$，则上式变为

$$V = V_0(1 - \exp(-bP^\alpha)) \tag{3-32}$$

式中，V——辨识吸附量，cm^3/g；

　　　　V_0——饱和吸附量，cm^3/g；

　　　　P—平衡压力，MPa；

　　　　b 和 α——与吸附有关的常数。

(六)VSM 模型

VSM 模型[11]是由 Suwanaywen 和 Danner 提出的，考虑了"空位"与吸附质之间的相互作用，引入 Wilson 参数与压力趋于零时的 Herry 常数，后人又在此基础上提出了 FH-VSM 模型。点阵溶液模型由 Lee 于 1973 年提出，它适用于所有的微孔吸附剂。但是在极性分子和分子尺寸相差较大的混合气模拟中，该模型不适用。

(七)2D-EOS 模型

2D-EOS(2D Equation of State)模型[21]的最初假设是吸附剂是热惰性的，并且表面为均质表面，该模型主要应用于描述多组分的吸附，最初在煤层气的吸附方面有着很好的适用性，后来被 Chareonsuppanimit 应用于页岩气。其方程表达式为

$$\left(A\pi + \frac{\alpha n_{at}^2}{1 + U\beta n_{at} + W(\beta n_{at})^2}\right)(1 - (\beta n_{at})^m) = n_{at}RT \tag{3-33}$$

2009 年，Gasem 在研究中提出，经过修正后的 2D-PR-EOS 模型相较其他模型更适用于对多组分气体吸附的描述。

第二节　页岩气吸附模型对比

目前普遍认为甲烷在页岩上的吸附属于物理吸附，多形成单分子层吸附。其中，Langmuir 吸附模型应用最为广泛，是页岩气模型拟合中的经典理论。该模型中各个参数有明确的物理意义，不但方程形式简单、求解方便，而且误差可满足工程需要。但随着研究的不断深入，Langmuir 吸附模型在实践上受到严峻挑战[22]。常用的吸附理论及模型还有 Freundlich 经验公式、E-L 模型、L-F 模型和 Toth 吸附模型等，然而用吸附模型来表达吸附性能，主要体现在对吸附等温线的拟合效果上。赵天逸等分别用 Freundlich 经验公式、Langmuir 模型、E-L 模型、Toth 吸附模型和 L-F 吸附模型对页岩 CH_4 吸附实验数据进行拟合，检验实验数据的拟合程度，如表 3-1、图 3-1 及表 3-2 所示。其中所选岩样 A 组 B 组数据引自文献 [23]。

表 3-1　A 组页岩实验数据参数表

温度(303K)		温度(313K)		温度(323K)	
压力/MPa	吸附量/($m^3 \cdot t^{-1}$)	压力/MPa	吸附量/($m^3 \cdot t^{-1}$)	压力/MPa	吸附量/($m^3 \cdot t^{-1}$)
0.01	0.02358	0.05	0.03541	0.17	0.03535
0.48	0.48318	0.59	0.41279	0.55	0.24802

温度(303K)		温度(313K)		温度(323K)	
压力/MPa	吸附量/(m³·t⁻¹)	压力/MPa	吸附量/(m³·t⁻¹)	压力/MPa	吸附量/(m³·t⁻¹)
1.52	1.09669	1.77	0.88535	1.55	0.73205
3.04	1.69925	3.21	1.47601	3.05	1.24045
5.01	2.29078	5.18	1.96168	5.29	1.73834
7.03	2.57655	6.93	2.27051	6.93	1.89404
9.01	2.76812	8.87	2.39141	9.02	2.09753
10.78	2.86521	10.62	2.50023	10.99	2.19498

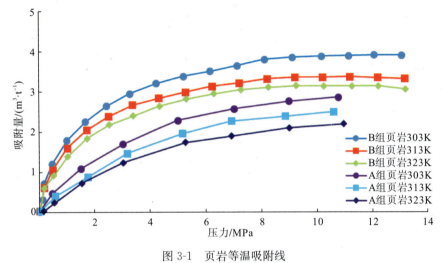

图 3-1　页岩等温吸附线

表 3-2　B 组页岩实验数据参数表

温度(303K)		温度(313K)		温度(323K)	
压力/MPa	吸附量/(m³·t⁻¹)	压力/MPa	吸附量/(m³·t⁻¹)	压力/MPa	吸附量/(m³·t⁻¹)
0.12	0.32963	0.02	0.03545	0.07	0.09426
0.19	0.72977	0.19	0.62389	0.18	0.61232
0.48	1.21259	0.49	1.05968	0.53	0.91856
1.01	1.78995	1.02	1.60174	1.04	1.39001
1.69	2.26171	1.73	2.04999	1.75	1.83825
2.46	2.65121	2.52	2.39251	2.56	2.18097
3.29	2.95851	3.39	2.67632	3.43	2.40579
4.25	3.20717	4.34	2.84264	4.37	2.64267
5.21	3.38525	5.29	2.99716	5.33	2.82075
6.17	3.50451	6.24	3.13992	6.31	2.95181
7.13	3.64731	7.21	3.21215	7.28	3.04755
8.12	3.80191	8.21	3.31969	8.27	3.10804

温度(303K)		温度(313K)		温度(323K)	
压力/MPa	吸附量/(m³·t⁻¹)	压力/MPa	吸附量/(m³·t⁻¹)	压力/MPa	吸附量/(m³·t⁻¹)
9.14	3.85069	9.23	3.35671	9.28	3.14503
10.17	3.87594	10.22	3.35835	10.27	3.13493
11.16	3.88937	11.21	3.37181	11.29	3.13665
12.08	3.91101	12.21	3.34995	12.25	3.13827
13.09	3.90438	13.19	3.32808	13.24	3.05758

通过 Freundlich 经验公式、Langmuir 模型、E-L 模型、Toth 吸附模型和 L-F 吸附模型分别对以上实验数据进行拟合，拟合后的特征参数列于表3-3、表3-4、表3-5。

表3-3 二参模型拟合特征参数

温度/K	样品	Freundlich		Langmuir	
		K_b	n	V_L	b
303	A组页岩	0.958	0.483	3.875	0.271
303	B组页岩	1.801	0.336	4.377	0.673
313	A组页岩	0.751	0.536	3.728	0.205
313	B组页岩	1.688	0.301	3.743	0.756
323	A组页岩	0.635	0.543	3.22	0.204
323	B组页岩	1.516	0.318	3.582	0.653

表3-4 三参模型拟合特征参数

温度/K	样品	E-L 模型			Toth 模型			L-F 模型		
		V_L	K_b	n	V_L	K_b	n	V_L	K_b	n
303	A组	3.632	0.267	-0.145	3.694	0.267	1.096	3.859	0.267	1.002
303	B组	5.135	0.889	0.678	4.917	0.893	0.734	5.197	0.553	0.844
313	A组	2.536	0.205	-0.666	2.914	0.203	1.651	2.777	0.259	1.136
313	B组	3.976	0.845	0.237	3.899	0.856	0.875	4.01	0.698	0.91
323	A组	2.11	0.206	-0.717	2.531	0.205	1.619	2.073	0.288	1.227
323	B组	3.515	0.635	-0.064	3.565	0.645	1.016	3.627	0.645	0.985

表3-5 模型拟合平均相对偏差

温度/K	样品	不同模型平均相对偏差/%				
		F 模型	L 模型	E-L 模型	T 模型	L-F 模型
303	A组页岩	2.1643	0.1839	0.2612	0.2717	0.1887
303	B组页岩	16.6096	0.6433	0.1983	0.1974	0.1049
313	A组页岩	2.3927	4.5198	0.5251	0.519	0.4784
313	B组页岩	3.9668	0.2742	0.131	0.1178	0.0757

温度/K	样品	不同模型平均相对偏差/%				
		F 模型	L 模型	E-L 模型	T 模型	L-F 模型
323	A 组页岩	8.8114	4.881	0.024	0.0558	0.0194
323	B 组页岩	4.7701	0.1417	0.1752	0.1566	0.1159

通过以上五种等温吸附模型的拟合对比,由表 3-4、表 3-5 可以看出,模型的拟合标准差和平均相对偏差呈规律性变化;页岩三参模型拟合度均高于二参模型。二参模型中,Langmuir 模型对页岩拟合度较好;其中三参模型对页岩拟合精度都很高,L-F 模型在平均温度下的拟合度最好,E-L 模型拟合度较差[22]。

总体来看,对页岩拟合度由好到差的顺序为 Toth 模型>E-L 模型>L-F 模型>Langmuir 模型>Freundlich 经验公式。

第三节　页岩气吸附影响因素分析

页岩气吸附影响因素分析是其能高效开发的基础理论问题。由于页岩气储层地质特征的特殊性,影响页岩气吸附量的因素较多。总结国内外文献资料,页岩储层的有机地球化学性质和岩石物理特征是影响其吸附量的两大主要因素。其中有机地球化学性质包括热成熟度、有机质类型、有机碳含量;岩石物理特征包括矿物组成、孔隙半径、比表面、温度、压力等[24]。

目前国内已有很多学者开展了对页岩气吸附影响因素的实验研究,例如毕赫等通过对渝东南地区龙马溪组页岩岩心的实验研究,进一步分析了页岩孔隙结构、有机质类型、矿物成分、含水率等对页岩气吸附能力的影响;赵金等通过页岩气和煤层气的等温吸附对比研究,发现温度影响页岩的吸附能力,并且得到 TOC 含量和 R^o 均影响页岩气吸附特征的结论,具体实验方法如下。

1. 实验装置

该实验装置为 AST-2000 型大样量吸附/解吸仿真实验仪[25](图 3-2),主要由标准岩心、高精度循环增压泵、高精度压力表、管线、阀门、高压气瓶、空压机、样品缸、参考缸等组成。实验装置的压力范围为 0.1~50MPa,温度范围为室温到 95℃。实验设备压力计量最小分度为 0.001MPa,温度计量最小分度为 0.1℃,样品缸和参考缸由不锈钢材料制成,实验装置实现了体系温度和压力的自动连续记录和控制,精度为 0.05%,保证了数据监测和计量的准确性。

2. 实验原理

恒体积法的基本原理是[3],在整个实验过程中保持体积恒定不变,分别记录实验前后游离气体的压力,利用 Boyle 定律(气体等温膨胀定律)和物质平衡原理计算页岩对气体的吸附量,基本公式为

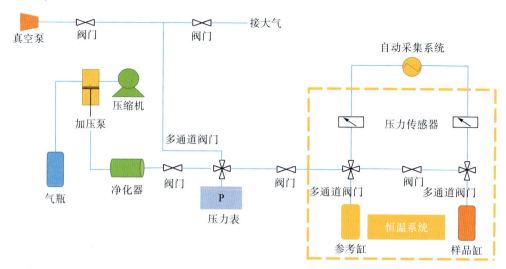

图 3-2　AST-2000 型大样量吸附/解吸仿真实验装置

$$PV = ZnRT \tag{3-34}$$

假设吸附前气体物质的量为 n_0，吸附平衡后游离的物质的量为 $n_平$，则气体减少的物质的量为页岩对气体吸附的物质的量，即

$$n = n_0 - n_平 \tag{3-35}$$

3. 试验方法与步骤

首先将岩心钻取成标准岩心柱，在高温下干燥，最后取出冷却，称重。为了保证实验结果的准确可靠，实验开始前必须进行设备的密封性检测，然后对样品缸自由空间体积进行测定，最后测定吸附实验数据。具体操作步骤介绍如下[25]。

1）设备密闭性检验

(1)将粉碎后的页岩样品称重后加入样品缸，密封后将其放到恒温箱中，实验通过精确计量参照缸和样品缸的压力与温度来计算气体吸附量。

(2)打开进气管口的各个阀门，将氦气充入参照缸与样品缸中，当两个缸中的压力达到一定值后，关闭进气阀。

(3)保持 6h 后，观察各个缸内的压力是否有明显变化：若有，则检测设备是否漏气；若无，重复步骤(2)，继续给各个缸充入气体增加压力，直到充气压力达到实验所需的最高压力。

2）样品缸自由空间体积的测定

样品缸自由空间体积是指样品缸装入页岩岩样后岩样颗粒之间的空隙、颗粒内部微细空隙、样品缸剩余的自由空间、连接管和阀门内部空间的体积之总和。

确定样品缸的自由空间体积的方法有两种：直接法和间接法。本实验装置采用直接法确定样品缸的自由空间体积，在一定的温度和压力下，选用一种吸附量可以忽略的气体(通常用氦气)，通过气体膨胀来探测样品缸自由空间体积。

3）吸附解吸实验

(1)参考《煤的高压等温吸附试验方法》[26]（GB/T 19560—2008)在样品缸自由空间测定结束后，将干燥粉碎好的岩样(60～200 目)放入样品缸。

(2)将甲烷气体充入已知体积的参考缸中，记录参考缸的压力。打开样品阀，待体系压力达到平衡后，记录体系压力值，计算此时体系中气体吸附量。重复此步骤，逐步升高实验压力，完成吸附测试实验。

（3）吸附平衡后，从参考缸中放出一定量的气体，记录参考缸内压力。打开样品阀，参考缸和样品缸连通，待体系压力稳定后，记录平衡压力，由气体状态方程计算解吸气体的物质的量。重复此步骤，逐步降低实验压力，完成解吸测试实验。

按照以上所述的实验流程和步骤，即完成了页岩岩心样品对甲烷等温吸附解吸实验研究，通过数据处理，可得出甲烷在页岩样品上的吸附等温线，并进一步分析有机质含量、有机质成熟度、岩石矿物成分、岩石孔隙结构、含水率、温度、压力等分别对页岩气吸附量的影响。

一、页岩有机碳含量的影响

有机碳含量是控制页岩吸附气量很重要的因素之一。国外大量的研究认为，有机碳含量越高，页岩吸附气体的能力就越强，Chalmers 等通过研究不列颠哥伦比亚东北部下白垩统圣约翰堡组地层的砂岩、粉砂岩、页岩及煤的甲烷吸附能力，发现页岩的甲烷吸附能力与有机质含量、微孔体积间存在正相关性[27]；岩样中有机质的浓度直接影响甲烷气体的吸附量。Ramos 通过研究表明甲烷吸附量和 TOC 含量间具有线性关系[28]；Manger 等提出 TOC 含量和气体吸附量间具有正相关性[29]。国内众多学者对国外大页岩的对比和总结中得到了一致的看法，例如赵金、张遂安、曹立虎等分别对美国沃斯堡盆地石炭系和贝德福德县密西西比系，R° 值均为 0.58%，TOC 含量分别为 17.2% 和 7.9% 的两组泥页岩样品做了吸附气含量研究和等温吸附实验[30]，岩样的实验温度 35.4℃，实验数据如表 3-6 所示。

表 3-6　不同有机质含量页岩的等温吸附数据

TOC=17.2%	R°=0.58%	TOC=7.9%	R°=0.58%
压力/MPa	吸附量/$(m^3 \cdot t^{-1})$	压力/MPa	吸附量/$(m^3 \cdot t^{-1})$
0	0	0	0
0.21	0.28196	0.84	0.52364
0.86	0.76532	1.69	0.88616
1.82	1.22854	2.53	1.16812
3.04	1.65148	3.31	1.38967
4.42	2.03414	4.16	1.57092
6.26	2.43695	5.02	1.73204
8.04	2.69877	5.93	1.87302
9.72	2.85989	6.74	1.95358
11.02	2.96059	7.52	2.05428
12.12	3.00087	8.34	2.11471
13.21	3.04115	10.11	2.19526
14.01	3.08143	11.04	2.19526

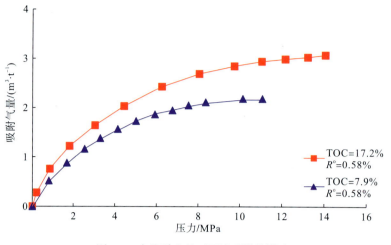

图 3-3　有机质含量对页岩吸附的影响

从图 3-3 中可以看出，$R°$ 值一定时，TOC 含量越大，页岩的吸附能力越强，甲烷的饱和吸附量越大，原因主要是因为，页岩中的有机碳含量与微孔隙度成正比，有机微孔隙增多，供页岩气吸附的比表面积也增大，进而页岩吸附气含量增加；此外，暗色页岩中较多的残留沥青含量也会增加吸附气含量。熊伟等也通过室内对不同有机碳含量的页岩进行了等温气体吸附实验，结果显示有机碳含量越高，对页岩气的吸附能力越强[31]；例如，美国密歇尔盆地的安特里姆页岩和伊利诺伊盆地的新奥尔巴尼页岩，TOC 含量普遍大于 1％，最高可达 25％，在相同压力条件下，页岩的吸附气量往往与有机碳含量呈较好的正相关关系，高有机碳含量可以增加页岩气的吸附量[32]。

二、热成熟度的影响

人们对页岩热成熟度对页岩吸附气含量影响的看法不一。有的观点认为页岩生气过程中，生烃作用导致了地层压力的增加[33]，进而导致页岩中吸附气量不断增加。同时，也有学者通过实验证实，在进入湿气阶段后，随着天然气中乙烷、丙烷等气体组分的增加，活性炭吸附甲烷的能力明显下降；并且在生气过程中，随着地层温度的增加，页岩吸附天然气能力也迅速下降，故随着热演化程度的增加，页岩中吸附气含量不一定增加[34]。聂海宽、刘小平等认为页岩热成熟度（为 1％～3.21％）和吸附气含量之间很难建立相关关系，只能说明在给定的热成熟度范围内，吸附气含量较大。热成熟度为 1.1％～3％时，吸附气含量达到最大值区域。在小于 1.1％ 和大于 3.0％ 时，吸附气含量和总含气量均有不同程度的降低，前者因为处在生油窗，生气量有限且溶解于石油中，后者热成熟度过高，生气能力有限，均导致吸附气含量不高[35,36]。赵金[30] 认为热成熟度值越大，页岩对甲烷的吸附能力越强，但是对甲烷的饱和吸附量影响不大，其所选岩样为美国沃斯堡盆地石炭系页岩岩样（A 组页岩岩样 $R°$ 值为 2.01％，TOC 含量为 6.6％；B 组页岩岩样的 $R°$ 值为 0.81％，TOC 含量为 7.05％），实验的温度为 35.4℃。实验数据如表 3-7 所示。

表 3-7　不同有机质成熟度页岩的等温吸附数据表

TOC=6.6%	R^o=2.01%	TOC=7.05%	Ro=0.81%
压力/MPa	吸附量/(m³·t⁻¹)	压力/MPa	吸附量/(m³·t⁻¹)
0	0	0	0
0.31	0.48361	0.44	0.32224
0.62	0.72504	1.19	0.64448
1.01	0.92644	2.11	0.94658
1.53	1.14798	3.19	1.20841
2.21	1.36852	5.01	1.51051
3.17	1.59106	6.79	1.71191
4.79	1.85289	8.43	1.91331
6.34	2.01401	9.98	2.03414
7.79	2.09456	11.48	2.07442
10.57	2.15498	12.89	2.07442
13.23	2.15497	13.81	2.07442
14.09	2.15498	14.43	2.07442

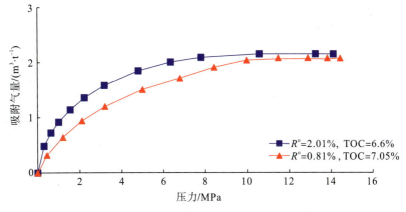

图 3-4　有机质热成熟度对页岩吸附的影响

　　从图 3-4 中可以看出，R^o 值越大，页岩对甲烷的吸附能力越强，但是对甲烷的饱和吸附量影响不大。

三、温度的影响

　　甲烷在页岩上的吸附过程是一个放热过程，随着温度的升高，吸附能力下降，气体分子的运动速度加快，降低了吸附态天然气的含量；大量实验模拟和统计结果显示，随着温度的增加，气体的吸附能力不断降低，当温度较高时，吸附气的含量可以忽略。赵金[30]等对美国贝德福德县密西西比系的页岩岩心进行了 3 个不同温度条件下的室内吸附实验，实验数据及拟合结果见表 3-8、表 3-9、图 3-5。

表 3-8　不同温度下页岩等温吸附实验数据表

35.4℃		50.4℃		65.4℃	
压力/MPa	吸附量/($m^3 \cdot t^{-1}$)	压力/MPa	吸附量/($m^3 \cdot t^{-1}$)	压力/MPa	吸附量/($m^3 \cdot t^{-1}$)
0.21	0.28196	0.15	0.16112	0.13	0.08056
0.86	0.76532	0.64	0.46322	0.52	0.26182
1.82	1.22854	2.52	1.26882	1.22	0.56392
3.04	1.65148	3.78	1.65148	3.11	1.18826
4.42	2.03414	5.23	2.01401	4.43	1.51051
6.26	2.43694	6.57	2.25569	5.89	1.81261
8.04	2.69877	8.07	2.47723	8.31	2.21541
9.72	2.85989	9.52	2.63835	9.39	2.35639
11.02	2.96059	10.71	2.75919	10.34	2.47723
12.12	3.00087	11.93	2.85989	11.31	2.57793
13.21	3.04115	13.16	2.92031	12.21	2.65849
14.01	3.08143	13.98	2.98073	13.06	2.73905

表 3-9　不同温度下的 Langmuir 常数

页岩		
温度/℃	P_L/MPa	V_L/($m^3 \cdot t^{-1}$)
35	3.56	4.54
50	5.5	4.35
65	8.7	4.17

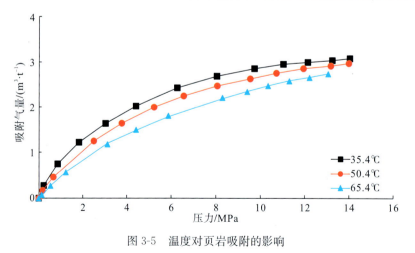

图 3-5　温度对页岩吸附的影响

　　实验结果表明等温吸附实验温度越高，吸附气量越小，整个曲线呈下降趋势。升温可以提高页岩解吸速度和解吸时间，同时气体解吸成游离气而被采出导致压力下降较快，压力下降也增加了页岩的解吸时间与解吸速度，从而可提高页岩气的采收率。

四、页岩矿物成分的影响

页岩的矿物成分非常复杂，除石英、方解石、长石等碎屑矿物和自生矿物外，还含有伊利石、蒙脱石、高岭石等黏土矿物。页岩矿物成分的变化也会显著影响页岩的吸附能力。Ross 等研究发现页岩气藏中黏土矿物对甲烷吸附量有很大的关系，进一步实验研究发现，尤其是蒙脱石和伊利石对甲烷的吸附量贡献最大，在有机碳含量、热成熟度相近及压力相同的情况下，黏土含量高的页岩，页岩吸附能力强；在有机碳含量较低的页岩中，伊利石含量高，吸附气含量相对高。由于黏土矿物有较多的微孔隙和较大的表面积，因此对气体有较强的吸附能力，但是当水饱和的情况下，对气体的吸附能力大大降低。碳酸盐岩矿物和石英碎屑含量的增加，充填了微孔隙或微裂缝，导致页岩比表面积降低，减弱了岩层对页岩气的吸附能力[37]。例如毕赫等对渝东南地区龙马溪组页岩的甲烷等温吸附实验研究结果(图 3-6、图 3-7)表明，各种黏土矿物对甲烷的吸附量差别很大，页岩吸附气含量与石英含量呈一定的正相关，与黏土矿物相关关系不大[38]。页岩岩样矿物组成见表 3-10。

表 3-10　渝东南龙马溪组页岩矿物含量参数

样品编号	黏土矿物含量/%	石英含量/%	伊利石相对含量/%	碳酸盐
西浅 1-1	35.7	42.5	44	8.7
西浅 1-2	16.9	44.4	46	16.5
西浅 1-3	23.1	45.2	49	8.7
西浅 1-4	16	48.1	59	11.1
西浅 1-5	23.2	44.8	62	13.1
西浅 1-6	24.3	45.2	52	13.8
西浅 1-7	20.4	52	52	11.7
西浅 1-8	17.5	52.5	51	13.2
西浅 1-9	23.3	48.8	53	12.8
西浅 1-10	23.8	51.8	49	7.8
西浅 1-11	19.7	53.9	50	7.2
西浅 1-12	21.7	53	62	7.8
西浅 1-13	12.1	65.2	59	7.8
西浅 1-14	25.2	48.9	38	9.2
西浅 1-15	19.2	57.3	57	10.9
黔浅 1-1	28	46.5	51.5	9.5
黔浅 1-2	30	44	45	10
黔浅 1-3	33	37	49	8
黔浅 1-4	29	50	47	5
黔浅 1-5	31	43	46	5
黔浅 1-6	30	48	43	7
黔浅 1-7	32	45	49	9

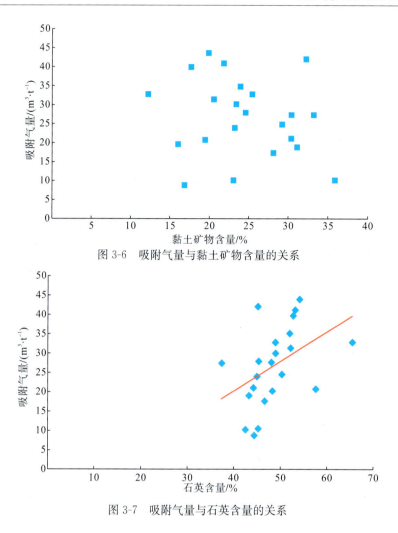

图 3-6　吸附气量与黏土矿物含量的关系

图 3-7　吸附气量与石英含量的关系

五、页岩孔隙结构的影响

　　岩石的孔隙结构是影响页岩吸附能力的关键因素，按照孔径大小，通常将孔隙分为极微孔（<1.5nm）、超微孔（0.5～2.0nm）、中孔（2.0～50nm）和大孔（>50nm），研究结果表明随着页岩中大孔、中孔游离气的含量增加，气体的总含量增加[37]。Chalmers 等认为孔隙度与页岩的总含气量之间呈正相关关系，即页岩的总含气量随着页岩孔隙度的增大而增大。张晓东等认为气体吸附能力与微孔比表面积、孔体积总体上有正相关性。张雪芬认为页岩中微孔（<2nm）总体积越大，比表面积越大，对气体分子的吸附能力也就越强，但同时又受孔径分布的影响，主要是由于微孔孔道的孔壁间距非常小，吸附能要比更宽的孔高，因此表面与吸附质分子间的相互作用更加强烈[34]。相对于大孔和介孔而言，微孔对页岩气的吸附具有重要的影响。微孔总体积越大，页岩比表面积越大，能够提供更多的吸附位，吸附的气体也就越多。毕赫等通过吸附气量与孔隙比表面积相关性的研究发现，随着微孔和中孔比表面积的增大，页岩中的吸附气量也逐渐增多，页岩中的微孔比表面和中孔比表面的发育为吸附气提供了主要的吸附场所，增强了页岩的吸附

能力[37]，实验数据及结果见表 3-11、图 3-8、图 3-9。

表 3-11　渝东南龙马溪组页岩孔隙特征参数

样品编号	微孔体积 /(mL·g⁻¹)	中孔体积 /(mL·g⁻¹)	微孔比表面积 /(m²·g⁻¹)	中孔比表面积 /(m²·g⁻¹)	总孔比表面积 /(m²·g⁻¹)
西浅 1-2	0.0009233	0.0054113	2.2217	3.7584	6.059
西浅 1-5	0.0016366	0.0161904	3.9137	11.3383	15.508
西浅 1-7	0.0028678	0.0104392	7.1205	7.7265	14.965
西浅 1-8	0.003053	0.016878	7.4185	11.7695	19.3
西浅 1-9	0.0031677	0.0085363	7.9514	7.8686	15.935
西浅 1-12	0.0024612	0.0210258	5.9547	15.1553	21.301
西浅 1-15	0.0005785	0.0049472	1.4188	3.3206	4.855
黔浅 1-2	0.0011001	0.0176679	2.6383	11.1997	14.033
黔浅 1-3	0.0013104	0.0066899	3.2202	5.1561	8.4633
黔浅 1-4	0.0008239	0.0069149	1.9858	4.1854	6.3376
黔浅 1-5	0.0012776	0.0137674	3.3224	8.8026	12.288
黔浅 1-6	0.0027323	0.0093277	6.139	7.6921	14.574
黔浅 1-7	0.0044558	0.0114912	11.38	7.78	19.291

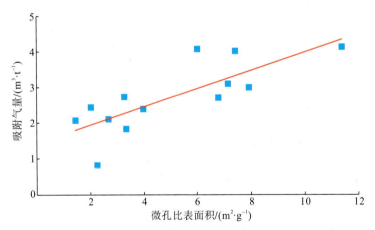

图 3-8　吸附气量与微孔比表面积的关系

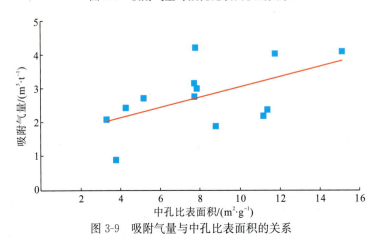

图 3-9　吸附气量与中孔比表面积的关系

六、页岩含水率的影响

一般来说，吸附气量与页岩的含水率呈负相关关系。在页岩层中含水量越高，水占据的孔隙空间就越大，由于水比气更易吸附于页岩表面，当岩石润湿后，水占据了页岩的比表面，从而减少了游离态烃类气体的容留体积和矿物表面吸附气体的表面位置，孔隙或孔喉很可能被水阻塞，导致页岩气接触不到大量的吸附区域，大大降低了吸附态页岩气的存储[38]。Ross 等发现仅在含水量较大（>4%）时，页岩对气体的吸附能力才有显著的降低，并且随着含水量的增大，天然气的相态转化为溶解态[37]。毕赫等对渝东南龙马溪组页岩的吸附气量与含水率相关关系的研究结果显示，随着页岩样品含水率的增加，其吸附气量呈递减趋势，即吸附气量与含水率有明显的负相关关系。实验数据及结果见表 3-12、图 3-10、图 3-11。

表 3-12　渝东南龙马溪组页岩含水率与最大吸附气量数据

样品编号	深度/m	含水率/%	最大吸附气量/$(m^3 \cdot t^{-1})$
西浅 1-1	1087	1.05	1.04
西浅 1-2	1118	1.05	0.89
西浅 1-3	1121	0.95	1.03
西浅 1-4	1130	1.02	1.99
西浅 1-5	1134	0.78	2.41
西浅 1-6	1136.91	1.04	2.79
西浅 1-7	1141.2	0.86	3.14
西浅 1-8	1145.55	1.14	4.03
西浅 1-9	1147.62	1.25	3.01
西浅 1-10	1152.6	1.25	3.48
西浅 1-11	1155.13	1.04	4.39
西浅 1-12	1159.17	1.44	4.11
西浅 1-13	1163.11	1.3	3.28
西浅 1-14	1164.55	1.18	3.29
西浅 1-15	1166	1.24	2.09
黔浅 1-1	728.59	3.27	1.77
黔浅 1-2	735.8	3.14	2.14
黔浅 1-3	748.22	2.19	2.75
黔浅 1-4	757.22	2.78	2.47
黔浅 1-5	766.44	3.12	1.88
黔浅 1-6	776.94	2.45	2.75
黔浅 1-7	784.75	3.15	4.21

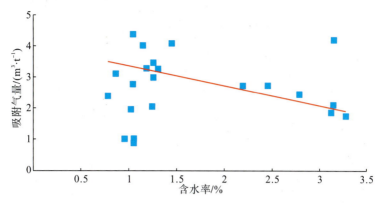

图 3-10　渝东南地区龙马溪组页岩吸附气量与含水率的关系

七、压力的影响

　　一般情况下，在一定范围内，压力与页岩气的含气量呈正相关关系，其中压力对吸附态页岩气的影响较为明显。在压力较低的情况下，页岩气需要突破较高的结合能才可吸附于比表面上，当压力不断增大时，随着结合能不断减小，页岩气的吸附量也随之增加，但压力增大到一定程度以后，含气量增加缓慢，因为矿物（有机质）表面是一定的，不同样品页岩吸附气含量达到饱和时所需要的最小压力（临界压力）不同[37]；鉴于压力在页岩气吸附中的作用要远大于温度，蒲泊伶等利用四川龙马溪组页岩样品的等温压力吸附实验来模拟不同压力阶段页岩的吸附气量，发现页岩中吸附气含量与压力呈正相关关系[33]（图 3-11）。

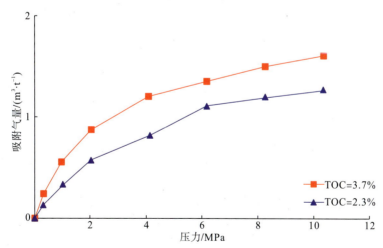

图 3-11　四川盆地龙马溪组页岩等温吸附气量曲线（据蒲泊伶，2010）

第四节　页岩气解吸实验研究

页岩气的解吸，也就是页岩气开采后气体由吸附态向游离态的转化过程。解吸是指吸附质离开界面使吸附量减少的现象，为吸附的逆过程；在页岩气开采中，首先采出的是游离气，随着页岩气藏的压力降低，吸附在孔隙表面的气体解吸，气体的解吸规律直接影响着页岩气的产量及其预测[39]。

一、解吸实验

从 2008 年马东民[40]利用自主研发的大样量等温吸附/解吸实验仪器进行吸附/解吸实验，发现煤的等温吸附和解吸曲线不重合，解吸曲线滞后，并先后提出描述煤等温解吸过程的 Weibull 模型和解吸式模型[41]以来，国内对页岩气吸附（解吸附）的研究越来越重视。例如张志英等通过实验发现，在同一温度压力条件下，页岩气体解吸过程相对吸附过程有滞后现象，且解吸不够彻底[3]。李武广等认为页岩气解吸时间和解吸速度不是一个均质过程，需要使用高精度传感器进一步测量分析[23]；郭为等通过体积法测量了页岩的等温吸附解吸曲线，发现页岩的等温吸附曲线和解吸曲线不重合，并且从热力学的角度解释了解吸曲线滞后于吸附曲线的原因，并用 Langmuir 方程和 Weibull 方程、解吸式方程分别对页岩气等温吸附曲线和解吸曲线进行了描述[20]，实验所用样品为川南地区龙马溪组页岩，试验温度为 25℃。

实验装置为 AST-2000 型大样量吸附/解吸仿真实验仪（图 3-2），试验方法与步骤见第三节第一小节。实验数据见图 3-12～图 3-14。

从图 3-12～图 3-14 中可以看到：页岩的解吸曲线与吸附曲线不重合，解吸曲线与吸附曲线之间存在着滞后。3 组岩样的吸附曲线和解吸曲线的形状一致，但是每个样品的吸附气量不一样，C 组样品的吸附气量最大，B 组样品的吸附气量最小。

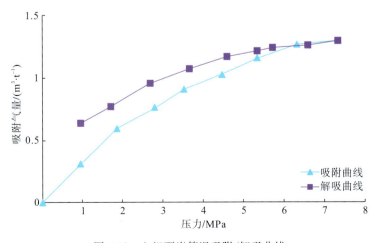

图 3-12　A 组页岩等温吸附/解吸曲线

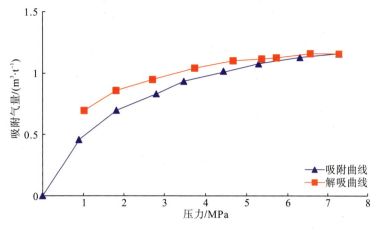

图 3-13　B组页岩等温吸附/解吸曲线

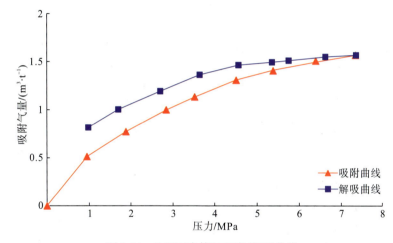

图 3-14　C组页岩等温吸附/解吸曲线

二、模型拟合

（一）吸附曲线拟合

用 Langmuir 等温吸附方程对以上实验数据进行拟合，Langmuir 方程为

$$V = \frac{V_{\mathrm{L}} b P}{1 + bP} \tag{3-36}$$

式中，V——气体的吸附量，$\mathrm{m^3/t}$；

V_{L}——Langmuir 体积，表示最大吸附量，$\mathrm{m^3/t}$；

b——Langmuir 结合常数，反映吸附速率与脱附速率的比值，$b = 1/P_{\mathrm{L}}$；

P_{L}——Langmuir 压力，表示吸附量为最大吸附量一半时的压力，MPa；

P——气体压力，MPa。

3 组岩样拟合后的参数值见表 3-13。

表 3-13   Langmuir 模型拟合参数表

样品	拟合 V_L	拟合 b	拟合度 R^2
A 组	1.98432	0.20457	0.99803
B 组	2.28562	0.18312	0.99759
C 组	2.40163	0.26161	0.99887

从表 3-13 中可以看到：C 组页岩样品的 V_L 最大，A 组页岩样品的 V_L 最小，3 组页岩样品的 Langmuir 拟合程度都非常高，拟合度都大于 0.997，说明用 Langmuir 模型描述吸附过程是合适的。因此，可以用 Langmuir 模型来描述页岩的等温吸附过程。

（二）解吸曲线拟合

郭为等利用马东民 2008 年提出的 Weibull 模型和 2011 年提出的解吸式模型分别对以上实验数据进行了拟合。

Weibull 模型的数学表达式为[40]

$$V = V_L \left[1 - \exp\left(bP^c \right) \right] \tag{3-37}$$

式中，V_L——解吸过程中最大吸附量，m^3/t；

b 和 c——解吸常数。3 组页岩样品的 Weibull 模型拟合结果如表 3-14 所示。

表 3-14   Weibull 模型拟合参数表

样品	拟合 V_L	拟合 b	拟合 c	拟合度 R^2
A 组	1.52267	0.53025	0.64341	0.99414
B 组	1.23132	0.80608	0.63474	0.9975
C 组	1.77541	0.61282	0.65592	0.99447

从表 3-14 中可以看出 Weibull 模型拟合程度较高，拟合度均大于 0.990，因此，Weibull 模型能够用于描述页岩气的解吸过程。

解吸式模型的数学表达式为[41]

$$V = \frac{V_L bP}{1 + bP} + c \tag{3-38}$$

式中，V——页岩气解吸到压力 P 时的参与吸附量，m^3/t；

V_L——页岩岩样最大吸附量，m^3/t；

b——吸附速度、解吸速度与吸附热综合函数，$1/MPa$；

c——匮乏压力下的残余吸附量，m^3/t。

3 组页岩样品的解吸式模型拟合结果如表 3-15 所示。

表 3-15   解吸式模型拟合参数表

样品	拟合 V_L	拟合 b	拟合 c	拟合度 R^2
A 组	1.49943	0.34429	0.26275	0.99475
B 组	1.16514	0.77537	0.17227	0.99712
C 组	1.69486	0.44254	0.30077	0.9944

从表 3-15 中可以看出解吸式也能非常好地拟合解吸附数据，拟合度都大于 0.99。对比 Weibull 拟合结果可以发现[20]：除了 A 组页岩样品的解吸式拟合程度高于 Weibull 模型以外，B 组和 C 组页岩样品的拟合程度都略低于 Weibull 模型拟合程度，但是由于解吸式方程的形式比 Weibull 模型简单，而且各参数的物理意义非常明确，因此解吸式方程更适用于拟合页岩气的解吸过程。

参 考 文 献

[1] 白兆华，时保宏，左学敏.页岩气及其聚集机理研究 [J].天然气与石油，2011，29(3)：54-57.

[2] 孔德涛，宁正福，杨峰，等.页岩气吸附特征及影响因素 [J].石油化工应用，2013，32(9)：1-4.

[3] 张志英，杨盛波.页岩气吸附解吸规律研究 [J].实验力学，2012，27(4)：492-496.

[4] 林腊梅，张金川，韩双彪，等.泥页岩储层等温吸附测试异常探讨 [J].油气地质与采收率，2012，19(6)：31-41.

[5] 熊健，刘向君，梁利喜.页岩中超临界甲烷等温吸附模型研究 [J].石油钻探技术，2015，43(3)：97-101.

[6] 江楠，姚逸风，徐驰，等.页岩气吸附模型的研究进展 [J].化工技术与开发，2015，44(6)：51-54.

[7] 解晓翠，常纪恒，于川芳，等.基于吸附理论分析活性炭对卷烟烟气的吸附 [J].烟草化学，2012，32(5)：124-125.

[8] 李武广，张宁生，徐晶，等.考虑地层温度和压力的页岩吸附气含量计算新模型 [J].天然气地球科学，2012，22(4)：76-77.

[9] 杨峰，宁正福，孔德涛，等.页岩甲烷吸附等温拟合模型对比分析 [J].煤炭技术，2013，41(11)：86-89.

[10] 于洪观，范维唐，孙茂远，等.煤中甲烷等温吸附模型的研究 [J].煤炭学报，2004，29(4)：463-467.

[11] 赵天逸，宁正福，何斌，等.页岩等温吸附模型对比分析 [J].重庆科技学院学报，2014，16(6)：55-58.

[12] 谢建林，郭勇义，吴世跃.常温下煤吸附甲烷的研究 [J].太原理工大学学报，2004，35(5)：562-564.

[13] Grieser B, Shelley B, Soliman M, et al. Predicting production outcome from multi-stage, horizontal Barnett completions [C] //SPE Production and Operations Symposium. Oklahoma：SPE, 2009：259-268.

[14] Anderson R B, Bayer J, Hofer L J E. Equilibrium sorption studies of methane on Pittsburgh seam and Pocahontas No. 3 seam coal [J]. Coal Science, 1966, 55(24)：386-399.

[15] 陈住明，裴丽霞，周静如，等.气固吸附模型的研究进展 [J].化工进展，2011，30(10)：2113-2118.

[16] 孔德涛，宁正福，杨峰，等.页岩气吸附特征及影响因素 [J].石油化工应用，2013，49(7)：449-450.

[17] Martini A M, Walter L M, Budai J M, et al. Genetic and temporal relations between formation waters and biogenic methane-Upper Devonian Antrim Shale, Michigan Basin, USA [J]. Geochemicalet Cosmochimica Acta, 1998, 62(10)：1699-1720.

[18] Daniel M J, Ronald J H, Tim E R, et al. Unconventional shale-gas systems：the Mississippian Barnett shale of north-central Texas as one model for thermogenic shale-gas assessment [J]. AAPG Bulletin, 2007, 91(4)：475-499.

[19] Ross D J, Bustin R M. Characterizing the shale gas resource potential of Devonian-Mississippian strata in the Western Canada sedimentary basin：Application of an integrated formation evaluation [J]. AAPG Bulletin, 2008, 92(1)：87-125.

[20] 郭为，熊伟，高树生，等.页岩气等温吸附解吸特征 [J].中南大学学报，2013，44(7)：2836-2840.

[21] 于馥玮，苏航.页岩气吸附模型比较研究 [J].科技创新导报，2015，17(1)：50-51.

[22] 赵天逸，宁正福，曾彦.页岩与煤岩等温吸附模型对比分析 [J].新疆石油地质，2014，35(3)：319-322.

[23] 李武广，杨胜来，陈峰，等.温度对页岩吸附解吸的敏感性研究 [J].矿物岩石，2012，32(2)：115-120.

[24] 张键.页岩气吸附量的影响因素及开发技术探讨 [J].石油化工应用，2015，34(6)：1-7.

[25] 郭为，熊伟，高树生，等.温度对页岩等温吸附/解吸特征影响 [J].石油勘探与开发，2013，40(4)：481-485.

[26] 中华人民共和国国家标准 GB/T 19560—2008，煤的高压等温吸附实验方法 [S].北京：中国标准出版

社，2008.

[27] Chalmers G R L，Bustin R M. The organic matter distribution and methane capacity of the Lower Cretaceous strata of Northeastern British Columbia，Canada［J］. International Journal of Coal Geology，2007，70（1/3）：223-239.

[28] Ramos S. The effect of shale composition on the gas sorption potential of organic-rich mudrocks in the Western Canadian sedimentary basin［D］. Vancouver：University of British Columbia，2004：159.

[29] Manger K C，Curtis J B. Geologic influences on location and production of Antrim Shale gas［J］. Devonian Gas Shales Technology Review(GRI)，1991，7(2)：5-16.

[30] 赵金，张遂安，曹立虎. 页岩气与煤层气吸附特征对比［J］. 天然气地球科学，2013，24(1)：176-180.

[31] 熊伟，郭为，刘洪林，等. 页岩的储层特征以及等温吸附特征［J］. 天然气工业，2012，32(1)：113-116.

[32] Hill D G，Lombardi T E. Fractured gas shale potential in New York［J］. Northeastern Geology and Environmental Science，2004，26(8)：1-49.

[33] 蒲泊伶，蒋有录，王毅，等. 四川盆地下志留统龙马溪组页岩气成藏条件及有利地区分析［J］. 石油学报，2010，31(2)：225-230.

[34] 张雪芬，陆现彩，张林晔，等. 页岩气的赋存形式研究及其石油地质意义［J］. 地球科学进展，2010，25(6)：597-604.

[35] 聂海宽，张金川. 页岩气聚集条件及含气量计算—以四川盆地及其周缘下古生界为例［J］. 地质学报，2012，86(2)：349-361.

[36] 刘小平，董谦，董清源，等. 苏北地区古生界页岩等温吸附特征［J］. 现代地质，2013，27(5)：1219-1224.

[37] 马玉龙，张栋梁. 页岩储层吸附机理及其影响因素研究现状［J］. 地下水，2014，36(6)：246-249.

[38] 毕赫，姜振学，李鹏，等. 渝东南地区龙马溪组页岩吸附特征及其影响因素［J］. 天然气地球科学，2014，25(2)：301-309.

[39] 王瑞，张宁生，刘晓娟，等. 页岩气吸附与解吸机理研究进展［J］. 科学技术与工程，2013，13(19)：5561-5565.

[40] 马东民. 煤层气吸附解吸机理研究［D］. 西安：西安科技大学，2008，：65-68.

[41] 马东民，张遂安，蔺亚兵. 煤的等温吸附/解吸实验及其精确拟合［J］. 煤炭学报，2011，36(3)：477-480.

第四章　页岩气的赋存-运移机理

第一节　页岩气藏气体赋存方式

页岩气藏中气体的存在形态包括：吸附、游离以及溶解。页岩气的赋存方式不仅影响着页岩气储量的预测，同时还对页岩气藏开发方式的选择及页岩气井产量具有一定程度的影响。页岩气在页岩储层中的赋存方式具有多样化，既可以以吸附态存在，同时也可以以游离态的形式存在，甚至还存在少量溶解态的页岩气，不同地域或相同地域的不同区块页岩气的赋存方式也会不一样。页岩气的赋存方式还与诸多因素有关，如有机碳含量、岩石矿物成分、孔隙结构、渗透率以及地层压力和温度等方面的因素。

国内外许多学者针对页岩气赋存方式这一问题进行了深入研究。Curtis[1]在给出页岩气概念时指出：页岩中吸附气量约占页岩气总量的20％（巴尼特页岩）～85％（刘易斯页岩），安特里姆页岩中的游离气含量占到气体总量的25％～30％，这是因为吸附作用在页岩气成藏过程中占据主导地位。潘仁芳等[2]指出，吸附态是页岩中气体的主要存在状态，有些区域吸附态气体超过80％。我国有些学者[3,4]指出，页岩气的主要赋存方式是游离和吸附，页岩气最初吸附在岩石颗粒表面，吸附态和溶解态均饱和后，游离态才会出现。胡文瑄等[5]进行甲烷—二氧化碳—水三元体系实验发现，溶解态气体含量仅占1％；王飞宇等[6]指出，若页岩处于过成熟阶段，则在该阶段溶解态气体含量会很低。张金川等[7]认为页岩固体颗粒表面（包括有机质颗粒、黏土矿物颗粒及干酪根等）和孔隙表面存在大量吸附态气体，尽管吸附态气体能够提高气体的稳定性以及赋存能力，但同时会降低页岩气产能；游离态气体大量存在于页岩孔隙和裂缝中。页岩气赋存机理见图4-1。

一、页岩气赋存机理

气体在页岩储层中以何种相态存在，很大程度上还取决于流体饱和度的大小，当储层中的气体处于未饱和状态时，只存在吸附态和溶解态的气体；当气体一旦达到饱和之后，储层中就会出现游离态的气体。页岩气在生成过程中首先会以吸附态的形式吸附在有机质和岩石颗粒表面，随着吸附气和溶解气的饱和，富余的天然气就会以游离态在孔隙和裂缝中运移、聚集。

页岩气的赋存形式还对页岩气井的初期产量及寿命具有一定影响，在页岩气藏开发的不同阶段，吸附气和游离气比例对页岩气产量的贡献程度不同，尤其是在开发的初期和后期。在气藏开发初期，气井产出气以游离气为主，随着开采过程中地层压力的降低，吸附气逐渐被解吸出来，吸附气所占比例升高，在开发后期则以吸附气为主。因此，游离气含量在很大程度上决定了页岩气井的初始产量，而吸附气含量则决定了页岩气井的生产时间。

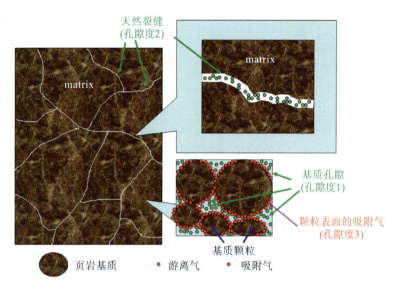

图 4-1　页岩气赋存机理图

在计算页岩储层含气量时，三种状态的气体是重要的组成部分，根据不同赋存状态的气体含量，我们可以评估储层含气量大小，确定气藏规模。总体气体含量公式可以表示如下：

$$G_t = G_f + G_{ad} + G_s \tag{4-1}$$

式中，G_t——页岩气含量，m^3/t；

　　　　G_f——游离气含量，m^3/t；

　　　　G_{ad}——吸附气含量，m^3/t；

　　　　G_s——溶解气含量，m^3/t。

(一)溶解气的储集

页岩中存在大量的生烃有机质，这是页岩气烃类物质产生的初始环境；另外，大量微孔隙内饱含地层水，在一定温度压力下，一部分气体溶解在地层水中，页岩孔隙水中的溶解气可占到游离气的 2.2%～8.6%。虽然溶解气含量相对较小，但仍是计算页岩气藏储量不可忽略的一部分。亨利定律用于描述溶解态气体的溶解程度，在温度不变，气体组分不变的情况下，气体分压与气体的溶解度成正相关关系。

$$C = K_H P_g \tag{4-2}$$

式中，C——气体在溶解剂(有机质或地层水)中的溶解度，m^3/m^3；

　　　　P_g——气体压力，MPa；

　　　　K_H——亨利常数，大小与气体组分及温度相关，MPa^{-1}。

考虑页岩溶解气的赋存环境，溶解气量由有机质溶剂和地层束缚水两部分中溶解的气体组成，因此溶解气含量公式表示如下：

$$G_s = \frac{\varphi C_w s_{wi} + (1-\varphi)C_o \mathrm{TOC}}{\rho_r} \tag{4-3}$$

式中，φ——页岩总孔隙度，%；

　　　　s_{wi}——束缚水饱和度，%；

　　　　C_w——地层水中的气体溶解度，m^3/m^3；

　　　　C_o——有机质中的气体溶解度，m^3/m^3；

　　　　TOC——总有机碳含量，%；

　　　　ρ_r——页岩岩石密度，t/m^3。

从式(4-3)中看出，页岩储层中的溶解气含量与束缚水饱和度和有机质含量之间存在正相关关系。

(二)吸附气的储集

页岩储层中大量的微孔隙空间为气体提供了巨大的吸附场所，吸附态气体含量可占到气体总含量的20%~85%，可以说吸附气是页岩气的重要组成部分。气体吸附是一种物理吸附现象，它是在气体分子与固体表面的综合作用力下吸附在固体表面上。Langmuir等温吸附方程是计算吸附气含量大小的重要公式：

$$G_{ad} = G_L \frac{bP}{1+bP} \tag{4-4}$$

考虑到孔隙中地层水的存在，根据式(3-4)得出页岩吸附气量计算公式：

$$G_{ad} = G_L \frac{bP}{1+bP}(1-s_w) \tag{4-5}$$

式中，G_L——Langmuir气体体积，m^3/t；

　　　　b——吸附平衡系数，MPa^{-1}；

　　　　P——储层压力，MPa。

由式(4-5)可以看出，随着页岩储层压力的增大，吸附气量增加；一旦压力降低，吸附态的气体将脱离页岩内部吸附质表面转变为游离态气体。另外，页岩储层的含水饱和度增大，将减少吸附气量。

(三)游离气的储集

大量的游离态气体富集在页岩的微裂缝和微孔隙中，当存在压力梯度时，游离气就可以发生运移。鉴于吸附气会占据一定的孔隙空间，我们可利用吸附气量计算出吸附气占据的孔隙度：

$$\varphi_{ad} = 4.462 \times 10^{-5} M_g \frac{\rho_r}{\rho_{ag}} V_{ad} \tag{4-6}$$

式中，M_g——气体分子质量，g/mol；

　　　　ρ_{ag}——吸附气密度，t/m^3。

那么，页岩游离气含量计算公式可表示为

$$G_f = 0.9072 \times \frac{\varphi s_g - \varphi_{ad}}{\rho_r B_g} \tag{4-7}$$

气体体积系数 B_g 可由气体状态方程表示：

$$B_g = Z \frac{T}{T_{sc}} \frac{P_{sc}}{P} \tag{4-8}$$

式中，φ_{ad}——吸附气体占据的孔隙度，%；

　　　　s_g——含气饱和度，%；

　　　　T——页岩储层温度，K；

　　　　T_{sc}、P_{sc}分别为标况下的温度和压力，单位分别为 K、MPa；

　　　　P——页岩储层气体压力，MPa；

　　　　Z——气体压缩因子。

联立式(4-5)~式(4-8)可得到页岩游离气含量计算表达式：

$$G_f = 0.9072 \times \frac{\varphi s_g - 4.462 \times 10^{-5} M_g \dfrac{\rho_r}{\rho_g} V_L \dfrac{bP}{1+bP}(1-s_w)}{\rho_r Z \dfrac{T}{T_{sc}} \dfrac{P_{sc}}{P}} \qquad (4\text{-}9)$$

从式(4-9)中看出游离气含量与吸附气含量之间存在此消彼长的关系，这是二者都需要赋存空间的表现。

二、赋存方式的影响因素

页岩中气体赋存形式受多个因素的控制。

（一）页岩气成因的影响

页岩气的成因不同，赋存形式也会有差异。页岩气的组分随成因的不同而发生改变，从微生物降解成因气到混合成因气，再到热裂解成因气，组分中的高碳链烷烃(乙烷、丙烷)逐渐增加，导致吸附剂吸附甲烷能力降低。

（二）岩石物质组成的影响

1. 有机碳含量的影响

页岩的有机碳含量是影响页岩吸附气体能力的主要因素之一。页岩的有机碳含量越高，则页岩气的吸附能力就越强。其原因主要有两方面，一方面是有机碳含量高，页岩的生气潜力就大，则单位体积页岩的含气率就高；另一方面，由于干酪根中微孔隙发育，且表面具亲油性，对气态烃有较强的吸附能力，同时气态烃在无定形和无结构基质沥青体中的溶解作用也有不可忽视的贡献[8]。

2. 矿物成分

页岩的矿物成分比较复杂，除伊利石、蒙脱石、高岭石等黏土矿物以外，常含有石英、方解石、长石、云母等碎屑矿物和自生矿物，其成分的变化影响了页岩对气体的吸附能力。黏土矿物往往具有较高的微孔隙体积和较大的比表面积，吸附性能较强。

3. 含水量的影响

含水量的变化对页岩气的吸附能力有很大的影响。在页岩层中，含水量越高，水占据的孔隙空间就越大，从而减少了游离态烃类气体的容留体积和矿物表面吸附气体的表面位置，因此含水量相对较高的样品，其气体吸附能力就较小。

（三）岩石结构的影响

1. 岩石结构的影响

岩石孔隙的容积和孔径分布能显著影响页岩气的赋存形式。胡爱军等[9]和 Raut 等认为当孔径较大（大孔和介孔）时，气体分子存储于孔隙之中，此时游离态气体的含量增加。孔隙容积越大，则所含游离态气体含量就越高。相对于大孔和介孔而言，微孔对吸附态页岩气的存储具有重要的影响。微孔总体积越大，比表面积越大[10,11]，对气体分子的吸附能力也就越强，主要由于微孔孔道的孔壁间距非常小，吸附能比更宽的孔高，因此表面与吸附质分子间的相互作用更加强烈。

2. 渗透率

渗透率在一定程度上影响页岩气的赋存形式，主要影响页岩层中游离态气体的存储。页岩层渗透率越大，游离态气体的储集空间就越大。

（四）温度压力的影响

1. 温度

温度是影响页岩气赋存形式的因素之一。气体吸附过程是一个放热的过程，随着温度的增加，气体吸附能力降低。

2. 压力

压力与页岩气吸附能力呈正相关关系。Raut 等指出在压力较低的情况下，气体吸附需达到较高的结合能，当压力不断增大，所需结合能不断减小，气体吸附的量随之增加。

第二节　页岩气的运移产出机理

页岩气藏的特殊孔隙结构和储层特征决定了页岩气具有特殊的渗流方式，从宏观和微观流动特征分析，页岩气在双重介质中的流动是一个复杂的多尺度流动过程，运移产出机理特殊，同时页岩储层压力的降低是使页岩气解吸和运移的直接动力。

Nelson[12]对原来文献中发表的常规气藏岩石、致密砂岩以及页岩的孔隙和孔喉尺寸数据进行整理，并绘制了一个连续性图，从图中可知页岩孔喉直径范围为 $0.005\sim0.1\mu m^2$，致密砂岩孔喉直径范围为 $0.03\sim2\mu m^2$，常规气藏岩石孔喉直径>$2\mu m^2$。根据图 4-2 可以描述勘探开发气藏中气体在微小孔隙的流动过程，从岩石孔喉直径看出页岩的孔喉直径明显低于致密砂岩，其气体运移机理与常规气藏不同。

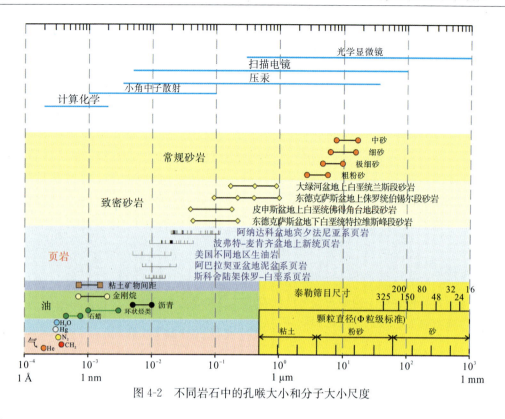

图 4-2　不同岩石中的孔喉大小和分子大小尺度

一、页岩气藏微观运移特征

页岩气的解吸、扩散以及渗流在页岩气微观运移过程中相互影响[13]、相互制约，其中页岩气在基质及微孔隙中的扩散作用极其重要。根据气体分子运动的平均自由程以及固体颗粒孔道大小，多孔介质中的气体扩散可分为：Fick 扩散、Knudsen 扩散、表面扩散及晶体扩散[14-17]。气体扩散主要受到多元气体性质和状态，以及孔隙形状、大小、连通性等因素影响，扩散速率随扩散系数增大而提高[18]。页岩气藏有机物和无机物基质的孔径分布范围较大，所以页岩气在基质中的运移可能同时存在上述四种扩散，但仍以 Knudsen 扩散为主[19]。目前，国外对页岩气微观运移过程主要有以下几种描述：

（1）地层压力下降时，存在于大孔隙、裂缝中的游离气被采出，从而吸附孔隙中气体浓度高于渗流孔隙中气体浓度，使得页岩颗粒表面的吸附气开始解吸，通过页岩基质解吸气向微裂缝及裂缝扩散，最后页岩气通过微裂缝及裂缝流入页岩气井井眼[20-22]。

（2）Javadpour 等[23]认为，地层压力下降时，由于采出游离气，页岩基质吸附气和溶解气发生运移，并将页岩气微观运移分为以下几个过程（图 4-3）。

①页岩干酪根/泥岩内部的溶解气向其表面扩散。Fisher 通过实验测得该阶段的气体扩散系数为 $2 \times 10^{-10}\,\mathrm{m^2/s}$，该阶段气体扩散属于表面扩散或晶体扩散；

②存在于干酪根表面的页岩吸附气向孔隙中解吸；

③纳米孔隙中的页岩气流动服从 Knudsen 扩散，理论计算的扩散系数为 $4 \times 10^{-7}\,\mathrm{m^2/s}$；

④页岩气在孔隙中流动，该流动取决于原始页岩压力，可以用 Fick 扩散或 Darcy 定律描述。

（3）Kang 等[25]总结了页岩气微观运移机理模型，如图 4-4 所示。

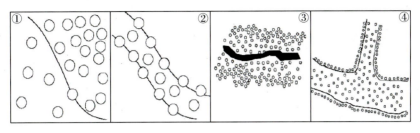

图 4-3　页岩气微观运移过程[24]

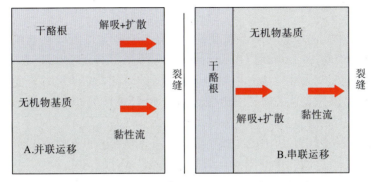

图 4-4　页岩气微观运移两个概念模型[26]

①有机物基质（干酪根）、无机物基质和裂缝并联连接。页岩气在干酪根中发生解吸后扩散到裂缝中，而页岩气在无机物孔隙中则以 Darcy 流动方式运移到裂缝中。

②有机物基质（干酪根）、无机物基质与裂缝串联连接。干酪根中页岩气解吸并扩散到无机物基质中，再以 Darcy 流动方式从无机物基质运移到裂缝。在干酪根孔壁上页岩气为吸附态，吸附气解吸后以表面扩散方式沿着孔道壁运移；在孔隙中页岩气为游离态，自由气在孔隙中以 Knudsen 扩散方式运移。

二、页岩气储层的多尺度流动

页岩气储层中含有丰富的有机质，气体在页岩气储层中的储存形式主要有 3 种：连通微孔隙裂缝中的游离气、有机质和黏土表面的吸附气以及固体有机质中的溶解气[27,28]。在页岩基质纳米孔隙中，自由气、吸附气和溶解气共同构成了页岩气纳米孔隙气体流动物理模型[29]。

页岩气藏的体积改造技术的裂缝起裂与扩展不简单是裂缝的张性破坏，而且还存在剪切、滑移、错断等复杂的力学行为，通过体积改造形成的是复杂的网状裂缝系统。网状裂缝和页岩纳米孔隙共同控制了页岩气藏的气体流动，改造后的人工裂缝网络由支撑主缝、天然裂缝剪切滑移引起的自支撑裂缝和沟通毛细裂缝组成，裂缝网络与基质的微纳米级渗流通道形成页岩气藏复杂的多尺度流动，页岩的吸附解吸特性，进一步增加了页岩气储层气体流动的复杂性。气体在页岩气藏中的流动分为宏观尺度、中尺度、微米尺度、纳米尺度、分子尺度等 5 个尺度。

(一)页岩气产出顺序

页岩气的产出包括 4 个过程:

(1)气体分子开始向低压区流动,首先产出的是来自大孔隙的游离气;

(2)接着是较小孔隙中的游离气;

(3)在储层能量衰减过程中,由于热力学平衡发生改变,气体从干酪根/黏土表面解吸到孔隙中;

(4)页岩干酪根体中的溶解气向干酪根表面扩散。

(二)多尺度流动表观渗透率模型

Javadpour[30]建立了泥页岩中考虑滑脱和 Knudsen 扩散的气体运移模型,并提出了页岩表观渗透率的概念;Beskok 和 Karniadakis[31]推导了适用于连续流、滑脱流、过渡流和扩散流的气体流动方程,建立了能较好描述页岩气流动多尺度效应的表观渗透率模型。然而,上述经典模型均忽略了应力敏感和气体吸附对页岩表观渗透率的影响,与生产实际不符。

页岩气藏开发过程中,应力敏感和吸附作用均会对气体的流动产生影响。郭为等[32]研究了吸附对页岩气流动规律的影响,结果表明在孔径小于 10nm 时,考虑气体吸附时表观渗透率较不考虑吸附时偏大;李治平等[33]引用固体变形理论研究了纳米级孔隙结构和吸附对页岩渗透率的影响。Bustin[34]、张睿[35]等通过实验发现页岩存在强应力敏感性,且毛管半径随有效应力的变化同样符合指数关系。

但上述研究均未考虑应力敏感和吸附综合作用对页岩气表观渗透率的影响,郭肖、任影[36]等在 Beskok-Karniadakis 模型基础之上,建立了考虑应力敏感和气体吸附的页岩表观渗透率模型。考虑应力敏感和吸附后 Knudsen 数可以表示为

$$Kn_e = \frac{\lambda}{r_e} \tag{4-10}$$

等效管道半径 r_e 对应的等效固有渗透率可以表示为

$$k_e = \frac{N\pi r_e^4}{8A} = \frac{r_e^4}{r_0^4}\frac{N\pi r_0^4}{8A} = \frac{r_e^4}{r_0^4}k_\infty \tag{4-11}$$

考虑应力敏感和气体吸附的表观渗透率为

$$k_a = \frac{r_e^4}{r_0^4}\left[1 + \frac{128}{15\pi^2}\tan^{-1}(4Kn_e^{0.4})Kn_e\right]\left(1 + \frac{4Kn_e}{1+Kn_e}\right)k_\infty \tag{4-12}$$

为分析各参数对页岩气表观渗透率的影响,定义渗透率修正系数为

$$\varepsilon = \frac{k_a}{k_\infty} = \frac{r_e^4}{r_0^4}\left[1 + \frac{128}{15\pi^2}\tan^{-1}(4Kn_e^{0.4})Kn_e\right]\left(1 + \frac{4Kn_e}{1+Kn_e}\right) \tag{4-13}$$

基于上文建立的页岩表观渗透率计算模型,选取适当参数,分析应力敏感、吸附对页岩气表观渗透率的影响。

1. 应力敏感对表观渗透率的影响

对比不同压力条件下渗透率修正系数与孔径的关系,如图 4-5 所示。应力敏感的存在会使气体流动空间减小,页岩固有渗透率降低,但流动空间减小会增强气体滑脱效应。

当孔隙半径大于 5nm 时，压力越低，页岩受到的有效应力越大，固有渗透率下降越多，同时由于孔径偏大而滑脱效应较弱，综合表现为渗透率修正系数越小。当孔隙半径小于 5nm 时，压力越低，滑脱效应越强，应力敏感引起流动空间减小，进一步增强气体的滑脱，甚至出现扩散流动，其流量贡献大于流动空间减小引起的流量损失，故在图中表现为压力越低渗透率修正系数越大。

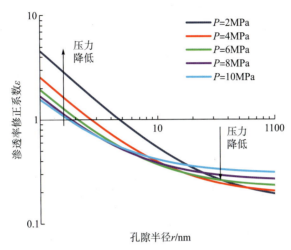

图 4-5　考虑应力敏感时不同孔径下渗透率修正系数

2. 吸附对气体流动的影响

保持储层其他参数不变，对比研究不同压力条件下吸附对渗透率的影响，如图 4-6 所示。图中实线考虑了吸附，虚线不考虑吸附。压力为 20MPa 时，考虑吸附和不考虑吸附时修正系数较为接近，而随着压力降低，考虑吸附和不考虑吸附时的渗透率修正系数差值越来越大。气体解吸增大了流动空间，同时也减弱了滑脱效应。对吸附而言，流动空间增大引起流量的增加大于滑脱减弱引起的流量损失，综合作用下表现为气体表观渗透率的增大。

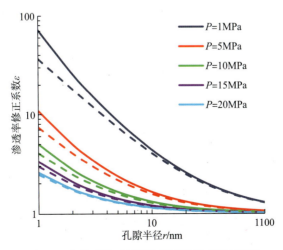

图 4-6　考虑吸附时不同孔径下渗透率修正系数

3. 应力敏感和吸附的综合作用

图 4-7 为不同孔隙半径下渗透率修正系数随压力的变化曲线。当孔隙半径大于 5nm 时，页岩渗透率随着压力的下降而下降，说明此时应力敏感对表观渗透率的影响占主导地位，表现出明显的应力敏感特征。而当孔隙半径小于 5nm 时，渗透率修正系数均在 1 之上，吸附作用对表观渗透率的影响占主导地位，曲线出现渗透率修正系数随着压力降低而增大的现象。

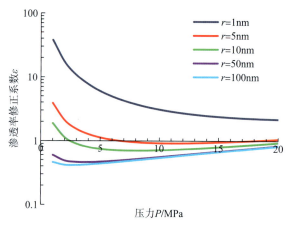

图 4-7　考虑应力敏感和吸附时不同压力下渗透率修正系数

分析应力敏感和吸附综合作用下页岩表观渗透率的变化趋势，发现：

（1）应力敏感对页岩表观渗透率影响程度和页岩孔径有关。在孔隙半径大于 5nm 时，应力敏感会使页岩表观渗透率随压力降低而降低，而当孔隙半径小于 5nm 时，应力敏感会使页岩表观渗透率随压力降低而增加。

（2）考虑吸附时，页岩表观渗透率随压力和孔径的变化而变化。孔径越小，压力越低，吸附对表观渗透率的影响越明显。

（3）当孔隙半径大于 5nm 时，页岩表观渗透率随压力降低呈现出先降后升的趋势。当孔隙半径小于 5nm 时，页岩渗透率随压力降低而增大。

三、页岩气的 Darcy 渗流

游离气在页岩储层中的主要流动通道是裂缝，在裂缝中页岩气主要以渗流的方式进行运移，遵循 Darcy 定律。在裂缝系统中，气体和水是以互不相溶各自独立的相态流动，Darcy 定律的应用需要考虑两种流体的有效渗透率。

由压力梯度所产生的气体连续流动，称为对流。对流是商业气开采中天然气的主要驱动力，在常规气藏中通常用 Darcy 定律来表示。

1856 年，Darcy 通过实验得到了水流速度与管子截面积、入口端与出口端压差间的关系式，被称为 Darcy 定律。Darcy 定律广泛应用于油气渗流中，它是油气渗流的基本规律。对单相、一维流动来说，该定律可以用微分方程描述为

$$v_x = -\frac{k_x}{\mu}\frac{\mathrm{d}\varPhi}{\mathrm{d}x} \tag{4-14}$$

式中，v_x——x 方向的渗流速度，m/s；

$\varPhi$——流体势。

对三维流动而言，Darcy 定律的微分形式描述为

$$v = -\frac{k}{\mu}\nabla\varPhi \tag{4-15}$$

根据势梯度的定义（$\nabla\varPhi = \nabla P - \gamma\,\nabla Z$），忽略重力势的影响，上式写为

$$v = -\frac{k}{\mu}\nabla P \tag{4-16}$$

在使用 Darcy 定律时，还需要注意一些隐含的假设及限制条件，即

(1)流体为均质、单相的牛顿流体；

(2)流体与多孔介质间没有发生化学反应；

(3)流动主要为层流；

(4)渗透率是多孔介质的特征，与压力、温度及流动流体无关；

(5)没有考虑滑脱现象。

四、页岩气的解吸机理

在页岩气藏未开发之前，基质中气体的吸附和解吸过程处于一个动态平衡状态，即同一时间内的气体吸附量和解吸量相等。当压力减小后，气体解吸量与吸附量出现差值，直到压力稳定，二者达到新的平衡状态。

目前，常用的吸附理论及模型主要可分为：①Langmuir 单分子层吸附模型及其扩展模型或经验公式，主要有 Langmuir 模型（L 模型）、Freundlich 模型（F 模型）、Extended-Langmuir 模型（E-L 模型）、Toth 模型（T 模型）和 Langmuir-Freundlich 模型（L-F 模型）；②BET 多分子层吸附模型，主要有二参数 BET 模型和三参数 BET 模型；③基于吸附势理论，主要有 Dubinin-Radushkevich 体积填充模型（D-R 模型）和 Dubinin-astakhov 最优化体积填充模型（D-A 模型）。

页岩气开采中发生的甲烷脱附顺序正好与吸附顺序相反。在某一温度下，当达到吸附平衡时，吸附量与游离气相压力之间的关系曲线称为等温吸附曲线。图 4-8 为典型的 Langmuir 等温吸附曲线图。当储层的含气量和压力所对应的点位于曲线上时，基质系统表面对气体的吸附已达到饱和状态，压力一旦开始下降，吸附态气体就开始出现解吸。

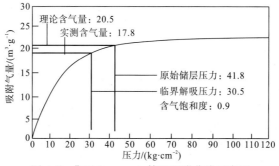

图 4-8　典型 Langmuir 等温吸附曲线示意图

脱附会首先发生在黏土矿物大孔表面，然后是干酪根中孔。然而，干酪根超微孔中吸附气较难脱附。假设气藏温度不变，只有孔隙压力低于某一临界压力，超微孔中吸附气才有可能发生脱附。生产实践表明，页岩气藏开采初期以游离气为主，地层压力下降速率较大；之后产出气主要来自于脱附作用，地层压力降速率较小。由此可知，在中长开采期内脱附气主要来自中孔和大孔，超微孔表面吸附气难以采出。[37]

五、页岩气的扩散机理

页岩气储层中可能的运移机理包括：①对流，其驱动力为压力差；②Knudsen 扩散；③分子扩散；④表面扩散；⑤构型扩散。其中，最主要的包括分子扩散和 Knudsen 扩散。当页岩中气体密度及浓度分布不均匀时，天然气分子就会由高浓度区域运移至低浓度区域，这种现象称为扩散现象，它是由分子的浓度梯度所引起的。而在多孔介质中，气体分子除了与其他分子碰撞产生传输作用外，还与介质发生碰撞，前者称为分子扩散，后者称为 Knudsen 扩散。

（一）分子扩散

1. 摩尔扩散通量

在页岩孔隙介质中，气体分子与分子间碰撞所产生的扩散传输现象称为分子扩散。

在多组分气体扩散中，不同气体分子的运移速度不同，假设系统中有 m 种气体分子作净移动，v_i 为气体组分 i 的绝对速度（m/s），C_i 为单位体积内所含 i 组分的摩尔浓度（mol/m³），则组分 i 的总摩尔扩散通量 N_i^D 定义为

$$N_i^D = C_i v_i \tag{4-17}$$

式中，N_i^D——组分 i 的总摩尔扩散通量，mol/(m² · s)。

对多组分气体而言，其局部摩尔平均速度定义为

$$v^* = \frac{\sum_{i=1}^m C_i v_i}{\sum_{i=1}^m C_i} = \sum_{i=1}^m X_i v_i, \quad i = 1,2,\cdots,m \tag{4-18}$$

式中，X_i——组分 i 的摩尔分数，$X_i = C_i/C$。

由于多组分气体的总摩尔浓度为 $C = \sum_{i=1}^m C_i$，因此系统总摩尔扩散通量 N^D 可以写为

$$Cv^* = \sum_{i=1}^m C_i v_i = \sum_{i=1}^m N_i^D \tag{4-19}$$

对单组分系统而言，摩尔扩散通量则可以简化为

$$N^D = Cv \tag{4-20}$$

2. Fick 扩散

1855 年，Fick 提出了描述分子扩散的基本定律，根据分子扩散分为稳态和非稳态扩

散两种分别提出了 Fick 第一定律与 Fick 第二定律。Carlson 指出 Fick 扩散定律比 Darcy 定律更适合描述页岩中的流动。页岩气通过页岩基质微孔隙系统的扩散可以分为拟稳态和非稳态扩散，当页岩气的扩散为拟稳态时，扩散过程符合 Fick 第一定律；而当页岩气的扩散为非稳态时，扩散过程符合 Fick 第二定律。

1) 拟稳态扩散(Fick 第一定律)

Fick 第一定律即单位时间内通过垂直于扩散方向的单位截面积的扩散通量与该面积处的浓度梯度成正比，浓度梯度越大，气体的扩散通量越大。拟稳态扩散模型中忽略了空间上气体的浓度变化，认为每个时间段内存在一个平均气体浓度，它的变化与上一时间段平均浓度、基质气体表面浓度和扩散系数及基质形状系数有关。

$$\frac{\mathrm{d}\bar{C}}{\mathrm{d}t} = DF_s\left[C(P_{m-f}) - \bar{C}\right] \tag{4-21}$$

初始条件:

$$\bar{C}(t = 0) = C(P_{m-f^0})$$

其方程表达式为

$$q_{gk} = -D_m\frac{\mathrm{d}C}{\mathrm{d}x} \tag{4-22}$$

2) 非稳态扩散(Fick 第二定律)

Fick 第二定律即扩散过程中扩散物质的浓度随时间变化，认为基质内的气体浓度从中心到边缘是变化的，其方程表达式为

$$\frac{\partial C}{\partial t} = D_m\frac{\partial^2 C}{\partial^2 x} \tag{4-23}$$

式中，q_{gk}——扩散通量，m^3/s；

　　　D_m——扩散系数，m^2/s；

　　　C——扩散气体的摩尔浓度，kg/m^3；

　　　t——时间，s。

非稳态模型较准确地反映了基质系统中页岩气的扩散过程，但计算量较大，计算速度慢，而拟稳态模型是对页岩气扩散过程的简化。本书在建立气-水两相渗流数学模型时，基质系统中的扩散过程采用拟稳态扩散，即 Fick 第一定律。

(二)Knudsen 扩散

Javadpour 提出估算 Knudsen 扩散系数的表达式为

$$D_K = \frac{d_{pore}}{3}\sqrt{\frac{8RT}{\pi M}} \tag{4-24}$$

式中，D_K——Knudsen 扩散系数，m^2/s；

　　　R——理想气体常数，其值为 $8.314472m^3 \cdot Pa/(K \cdot mol)$；

　　　T——热动力学温度，K；

　　　M——摩尔分子量，kg/mol。

Knudsen 流动最早是由 Klinkenberg 应用到石油工程问题中，他对考虑气体滑脱效应的表观渗透率进行了校正。Javadpour 提出 Klinkenberg 常数的表达式为

$$b_k = \frac{4c\bar{\lambda}P}{r_{\text{pore}}} \tag{4-25}$$

式中，λ——气体分子的平均自由程；

　　c——常数，$c=1$，无因次。

　　因此，Klinkenberg 常数 b_K 与 Knudsen 扩散系数 D_K 间的关系为

$$D_K = \frac{k_0 b_K}{\mu} \tag{4-26}$$

式中，D_K 是由 b_K 的经验关系式计算的，因此是有效 Knudsen 扩散系数。得到 Knudsen 扩散系数：

$$D_K = \frac{4k_0 Pc\bar{\lambda}}{\mu r_{\text{pore}}} \tag{4-27}$$

其中，气体分子的平均自由程 $\bar{\lambda}$ 定义为

$$\bar{\lambda} = \sqrt{\pi/2}\,\frac{1}{P\mu}\sqrt{\frac{RT}{M}} \tag{4-28}$$

式中：μ——气体黏度，Pa·s。

　　于是得到

$$D_K = \frac{4k_0 c}{r_{\text{pore}}}\sqrt{\frac{\pi RT}{2M}} \tag{4-29}$$

　　当渗透率一定时，不能准确计算有效孔喉半径，因为孔喉半径减小会导致 Knudsen 扩散系数增加。Beskok 提出将有效孔喉半径与渗透率及孔隙度相关联：

$$r_{\text{pore}} = 2.81708\sqrt{\frac{k_0}{\varphi}} \tag{4-30}$$

式中，k_0——多孔介质的绝对渗透率，m^2；

　　φ——孔隙度，小数；

　　r_{pore}——孔喉半径，m。

　　可以得到估算 Knudsen 扩散系数的方程为

$$D_K = \frac{4k_0 c}{2.81708\sqrt{\frac{k_0}{\varphi}}}\sqrt{\frac{\pi RT}{2M}} \tag{4-31}$$

六、页岩气非线性渗流机理

（一）Forchheimer 效应

　　Forchheimer 在 1901 年指出流体在多孔介质中的高速运动偏离 Darcy 定律，并在 Darcy 方程中添加速度修正项以描述这一现象。天然气在页岩储层压裂诱导裂缝中的高速流动遵循 Forchheimer 定律。公式(4-20)给出了考虑惯性效应的 Forchheimer 方程。预测 Forchheimer 系数的模型可以分为单相流动和两相流动模型。两相流动模型中，水的存在影响气体流动的有效迂曲度、孔隙度和气相渗透率。水力压裂措施在页岩储层中形

成复杂的裂缝网络，由于裂缝网络的复杂形状，因而使得支撑裂缝、次级裂缝和基质具备不同的 Forchheimer 系数。目前，页岩气的数值模拟中已经考虑 Forchheimer 流动规律。

$$-\nabla P = \frac{\mu}{K}V + \beta\rho V^2 \tag{4-32}$$

式中，V——气体渗流速度，m/s；

　　　μ——气体黏度，Pa·s；

　　　ρ——密度，kg/m³；

　　　β——Forchheimer 系数，m^{-1}。

　　除气体的解吸、扩散和渗流之外，页岩气储层的流动机理还包括气体流动过程中储层的压敏效应、与含水饱和度相关的两相流动、温度变化引起的热效应等。页岩储层压敏效应是指储层渗透率、孔隙度、总应力、有效应力、岩石属性(孔隙压缩性、基质压缩性、杨氏模量等)随应力变化而变化。页岩储层的压敏效应主要考虑储层渗透率、孔隙度随压力的变化。两相流动是指含水储层气-水相对渗透率、毛细管力作用、相变、黏土膨胀等作用。其中黏土膨胀作用可以在气-水相对渗透率和毛细管力中应用不同的数学方程进行描述。温度变化引起的热效应可以通过 Peng-Robinson 状态方程来进行考虑。

(二)页岩的气体滑脱机理

　　页岩的孔渗结构复杂，以微纳米级孔隙为主的页岩储层可认为是特低渗致密的多孔性介质，而对于致密的多孔性介质，滑脱效应尤为显著。大量实验和理论研究证实了，气体在页岩气储层中的渗流还要受制于滑脱效应，滑脱效应对裂缝系统中气、水两相的渗流有着重要影响，不少学者也对滑脱效应的机理，及其对气井产能[38,39]和气藏数值模拟[40-43]等方面的影响进行了研究。气体和液体在多孔介质中的渗流方式存在不同，其主要是由于二者的性质差异所造成。对液体来讲，孔道中心处的液体分子比靠近孔道壁的分子流速要高；而气体在岩石孔道壁处不产生吸附薄层，气体在介质孔道中渗流时，靠近孔道壁表面的气体分子流速不为零，气体分子的流速在孔道中心和孔道壁处无明显差别，这种特性称为气体滑脱效应，是由 Klinkenberg 于 1941 年提出的，亦称 Klinkenberg 效应。

1. 纳米孔隙中的气体滑脱效应

　　经典的流动理论中，流体在多孔介质中流动时连续性理论成立，流体在孔隙壁面处的流速为零[图 4-9(a)]。常规的储层孔隙喉道半径相对较大(通常为 $1\sim100\mu m$)，连续性理论成立，Darcy 方程能够很好地描述常规储层中的流体流动规律。

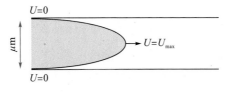

(a)微米孔隙气体流动(无滑脱)

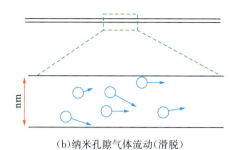

(b)纳米孔隙气体流动(滑脱)

图 4-9　孔隙及纳米孔隙中气体流动示意图

气体在纳米孔隙中的流动特征如图 4-9(b)所示。页岩孔隙直径较小，甲烷分子的直径(0.4nm)对于其流动通道来讲相对比较大。在分子水平，连续性理论不再成立，分子将在压差的驱动之下，朝着一个总体的方向，以一个相对随机的方式运动，许多分子将会与孔隙壁面发生碰撞，并沿着壁面间发生滑脱运动，在宏观上表现出气体在孔道壁面具有非零速度。气体滑脱会贡献一个附加通量，同不存在滑脱的情况相比，气体分子在壁面的滑脱会降低气体的流动压力差[44]。

Knudsen 数是判断气体在不同尺度的流动通道内的流动是否存在滑脱效应的无量纲数，代表了分子平均自由程同孔隙尺寸的相互比例关系，是识别气体不同流动状态的重要参数。

Javadpour 等认为页岩中发育着微米甚至纳米级孔隙，其尺度接近或小于气体分子平均自由程，因此气体流动呈现明显的滑脱现象，气体流动规律偏离 Darcy 定律。通过计算页岩中的气体特性参数 Knudsen 数，对页岩气的流态进行划分，发现页岩中的气体流态处于滑脱流和过渡流区(表 4-1 和图 4-10)。

表 4-1　根据 Knudsen 数划分的流态

Navier-Stokes 方程	
非滑脱($K_n \leqslant 0.001$)	滑脱($0.001 < K_n \leqslant 0.1$)
连续流	滑脱流
Darcy 流	Knudsen 扩散

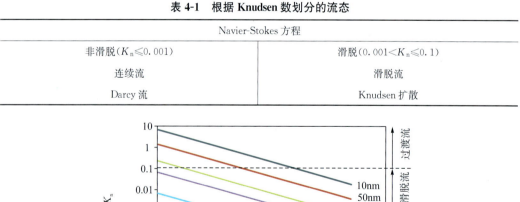

图 4-10　在 350K 温度时，不同尺寸孔隙中气体在不同压力下的 Knudsen 数

目前国内外的学者广泛接受的气体在微孔隙中的流动状态的分类方式是：黏性流（$K_n \leqslant 0.001$）、滑脱流（$0.001 < K_n \leqslant 0.1$）、过渡流（$0.1 < K_n < 10$）、自由分子流（$K_n \geqslant 10$）[45]。黏性流也就是 Darcy 流动；滑脱流指的是分子在孔隙壁面的速度不为零，分子对孔隙壁面的碰撞不能忽略，发生滑脱；Knudsen 数大于 10 时，会出现自由分子流，分子和壁面之间的碰撞是主要的，分子之间的碰撞可以忽略；滑脱流和自由分子流之间存在着过渡流，黏性流理论不再适用，分子与孔隙壁面的碰撞和分子间的碰撞同样重要，目前过渡流的微观机理仍然在研究过程中。

2. 纳米孔隙气体滑脱效应的表征模型

在研究气体在微纳米孔隙中的流动规律时，视渗透率直接地表征了气体滑脱效应对气体渗流的影响，目前对视渗透率的表征模型主要有 Klinkenberg 模型、B-K 模型和 Javadpour 模型。

1）Klinkenberg 模型

Klinkenberg 发现在低压力条件下，实验观察到的气体流量高于 Darcy 方程的预测值，提出了表观渗透率随着压力的变化公式：

$$K_a = \left(1 + \frac{b_k}{P}\right) K_\infty \tag{4-33}$$

式中，$b_k = 4c\lambda \bar{P}/r$，Klinkenberg 气体滑脱因子，MPa；

  λ——给定压力和温度下的气体分子平均自由程；

  r——孔隙半径；

  $c \approx 1$；

  K_a——表观气体渗透率，mD；

  K_∞——等效液体渗透率，mD；

  $\bar{P}$— 平均孔隙压力，MPa。

Klinkenberg 方程可以写成 Knudsen 数表征的形式：

$$K_a = (1 + 4cK_n)K_\infty \tag{4-34}$$

Klinkenberg 模型是表征气体滑脱效应的经典模型，其视渗透率的计算表达式为

$$K_a = K_{g\infty}\left(1 + \frac{b}{\bar{P}}\right) \tag{4-35}$$

式中，K_a——视渗透率，mD；

  $K_{g\infty}$——气体克氏渗透率，mD；

  $\bar{P}$——储层平均孔隙压力，MPa；

  b——滑脱因子，MPa，其定义为 $b = \dfrac{4\bar{P}c\lambda}{r}$。当 $b = 0$ 时，表示在多孔介质中没有气体的滑脱效应，即为 Darcy 流；当 $b \neq 0$ 时，表示多孔介质中存在气体的滑脱效应。

2）B-K 表观渗透率模型

Beskok 和 Karniadakis 基于微管模型提出了能够表征不同流态下的气体表观渗透率计算公式[31]：

$$K_a = (1 + \alpha K_n)\left(1 + \frac{4K_n}{1 - bK_n}\right)K_\infty \qquad (4\text{-}36)$$

式中，a——无因次稀疏系数；

b——微管模型中气体流动的滑脱系数，通常取-1。

Givan 在该模型的基础上，提出了无因次稀疏系数修正公式[46,47]：

$$\alpha = \frac{\alpha_0}{1 + \dfrac{A}{K_n^B}} \qquad (4\text{-}37)$$

式中，$A = 0.170$，$B = 0.434$，$\alpha_0 = 1.358$。

3）Javadpour 表观渗透率模型

Javadpour 考虑 Knudsen 扩散和滑脱的双重作用，提出了表观渗透率计算公式：

$$K_a = \left\{ \frac{2\mu M}{3 \times 10^3 RT\rho^{-2}}\left(\frac{8RT}{\pi M}\right)^{0.5}\frac{8}{r} + \left[1 + \left(\frac{8\pi RT}{M}\right)^{0.5}\frac{\mu}{Pr}\left(\frac{2}{\alpha} - 1\right)\right]\frac{1}{\rho} \right\}K_\infty$$

$$(4\text{-}38)$$

式中，T——气藏温度，K；

$\bar{\rho}$——气体平均密度，kg/m³；

α——切向动量供给系数，其取值为 0~1，与孔隙壁的光滑程度、气体类型、温度和压力有关，一般需要通过实验来获得。

该模型由 Knudsen 扩散部分和滑脱部分组成，可以看出纳米孔隙中表观渗透率同绝对渗透率之间的关系由气体的性质、孔喉大小以及压力温度等表示，基于该模型，可有效地研究页岩孔径、温度压力等条件对于其气体流动规律的影响。

3. 滑脱效应实验

针对页岩是否存在明显的滑脱效应，以及滑脱效应对气体渗透率的影响情况，作者在页岩气的渗流机理和气体渗流的滑脱机制基础上，通过室内实验测定了不同孔隙压力下滑脱因子的大小，以及渗透率随孔隙压力的变化曲线，研究了孔隙压力对页岩气滑脱效应的影响。实验选用岩心为南方海相页岩，均取自于井深小于 1000m 的储层，实验岩心基本数据见表 4-2。

表 4-2　实验岩心基本数据

序号	层位	岩心编号	岩心直径/cm	岩心长度/cm	渗透率/mD	备注
1	筇竹寺	LS1-7-4	2.524	4.221	0.0051	无裂缝
2	筇竹寺	LS1-3-2	2.520	3.955	5.078E-06	无裂缝
3	筇竹寺	LS1-2-5	2.526	4.054	2.179E-05	无裂缝
4	龙马溪	LS1-3-5	2.512	4.167	0.0039	无裂缝
5	筇竹寺	LS1-8-2	2.511	3.941	0.0031	无裂缝
6	筇竹寺	QJ1-6	2.527	4.071	0.0107	无裂缝

为检验实验装置的密封性和渗透率测试结果的可靠性，首先用铁岩心进行测试，发

现当围压大于 5MPa 时设备才能达到较好的密封性，而本次实验所用的围压为 20MPa(尽可能消除应力敏感对实验的影响)，皮套密封性良好；然后对三块标准岩心的渗透率进行重复性测试，三次测试结果的相对误差见表 4-3，测试结果表明实验设备所测数据可信，在允许的误差范围内。

表 4-3　标准岩心三次测试对比表

测试参数	第 1 次	第 2 次	第 3 次
测量渗透率/mD	9.82	10.30	10.41
标准渗透率/mD	10.00	10.00	10.00
相对误差/%	1.82	3.02	4.13
平均相对误差/%		2.99	

根据实验所测数据，绘制出六块实验岩心平均孔隙压力倒数与渗透率的关系曲线，如图 4-11～图 4-16 所示。

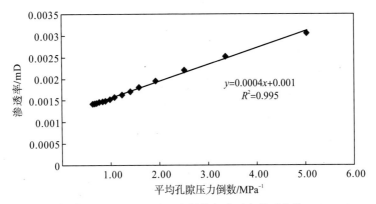

$$y=0.0004x+0.001$$
$$R^2=0.995$$

图 4-11　实验岩心平均孔隙压力倒数与渗透率关系曲线(LS1-8-2)

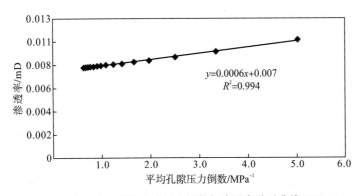

$$y=0.0006x+0.007$$
$$R^2=0.994$$

图 4-12　实验岩心平均孔隙压力倒数与渗透率关系曲线(QJ1-6)

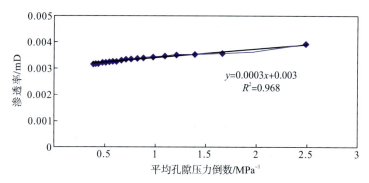

图 4-13　实验岩心平均孔隙压力倒数与渗透率关系曲线(LS1-3-5)

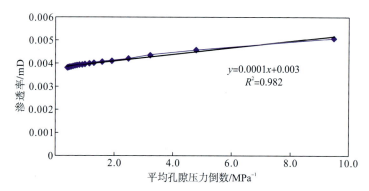

图 4-14　实验岩心平均孔隙压力倒数与渗透率关系曲线(LS1-7-4)

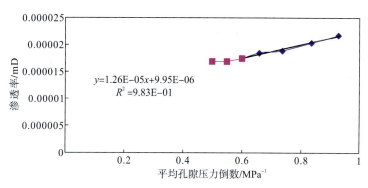

图 4-15　实验岩心平均孔隙压力倒数与渗透率关系曲线(LS1-2-5)

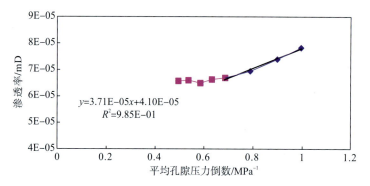

图 4-16　实验岩心平均孔隙压力倒数与渗透率关系曲线(LS1-15-4)

　　从图 4-11～图 4-16 所示的关系曲线中可以看出，随着平均孔隙压力的增大，渗透率不断降低，后阶段的降低幅度在不断减小，到最后趋于平缓，渗透率几乎不变，实验结果与滑脱效应的物理意义一致。6 块南方海相页岩岩样都呈现出不同程度的滑脱效应，即岩样气测渗透率随孔隙压力倒数的增大而增大，页岩普遍存在滑脱效应，而滑脱效应有助于改善页岩储层的渗透性能，为页岩气藏的开发提供了有利条件。

　　通过对滑脱因子的计算，选择三块具有不同级别滑脱因子的岩心实验数据，绘制出滑脱渗透率对气测渗透率的贡献率 k/k_∞ 随孔隙压力变化的关系曲线，即反映了不同孔隙压力下滑脱效应对渗透率的影响情况，如图 4-17 所示。从图中可以看出，三块页岩岩样的气测渗透率受滑脱渗透率的影响规律基本一致，随着孔隙压力的增大，滑脱效应对渗透率的影响先是快速减弱再是缓慢减弱；滑脱因子越大，在变化相同孔隙压力条件下，K/K_∞ 的变化幅度越大，滑脱效应对渗透率的影响越大。

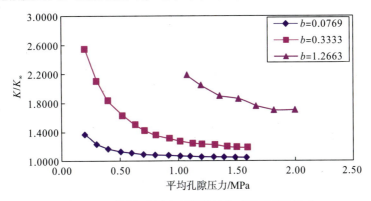

图 4-17　不同孔隙压力下滑脱效应对渗透率的影响

　　由实验结果可以得出，气体渗流过程中滑脱效应的强弱很大程度上取决于储层孔隙压力的大小，当储层孔隙压力较小的时候，滑脱对渗透率的影响较大，滑脱效应明显；当储层孔隙压力较大的时候，滑脱效应不明显，那么在页岩气藏开发过程中也就没有必要考虑滑脱效应对气井产能的影响。由此可见，页岩中普遍存在气体滑脱效应，滑脱效应对于页岩气的渗流规律及页岩气井的产能具有一定影响，不可忽视。本书在建立裂缝系统气相渗流方程的过程中，考虑了气体滑脱效应对渗透率的影响，认为页岩气在页岩储层天然裂缝中的渗流过程遵循考虑滑脱效应的广义 Darcy 定律。

参 考 文 献

[1] Curtis J B. Fractured shale-gas systems [J]. AAPG Bulletin, 2002, 86(11): 1921-1938.
[2] 潘仁芳, 陈亮, 刘朋丞. 页岩气资源量分类评价方法探讨 [J]. 石油天然气学报, 2011, 33(05): 172-174.
[3] 张金川, 薛会, 张德明, 等. 页岩气及其成藏机理 [J]. 现代地质, 2003, 17(4): 466-470.
[4] 薛会, 张金川, 刘丽芳, 等. 天然气机理类型及其分布 [J]. 地球科学与环境学报, 2006, 28(2): 53-57.
[5] 胡文瑄, 符琦, 陆现彩, 等. 含(油)气流体体系压力及相变规律初步研究 [J]. 高效地质学报, 1996, 2(4): 458-465
[6] 王飞宇, 贺志勇, 孟晓辉, 等. 页岩气赋存形式和初始原地气量(OGIP)预测技术 [J]. 天然气地球科学, 2011, 6(7): 123-127.
[7] 张金川, 等. 中国页岩气资源勘探潜力 [J]. 天然气工业, 2008, 28(6): 136-140.

［8］张林晔，李政，朱日房.页岩气的形成与开发［J］.天然气工业，2009，29(1)：1-5.

［9］胡爱军，潘一山，唐巨鹏，等.型煤的甲烷吸附以及 NMR 试验研究［J］.洁净煤技术，2007，13(3)：37-40.

［10］钟玲文，张慧，员争荣，等.煤的比表面积孔体积及其对煤吸附能力的影响［J］.煤田地质与勘探，2002，30(3)：26-28.

［11］许满贵，马正恒，陈甲，等.煤对甲烷吸附性能影响因素的实验研究［J］.矿业工程研究，2009，24(2)：51-54.

［12］Nelson P H. Pore-throat sizes in sandstones，tight sandstones，and shales［J］. AAPG bulletin，2009，93(3)：329-340

［13］Ebrahim-Fathi I. Matrix heterogeneity effects on gas transport and adsorption in coalbed and shale gas reservoirs［J］. Transp. Porous. Med.，2009，80(2)：281-304.

［14］叶振华.化工吸附分离过程［M］.北京：中国石化出版社，1998.

［15］Sarah M C. Gas transport characteristics through a carbon nanotubule［J］. Nano. Lett.，2004，4(2)：377-381.

［16］Subrata R，Cooper S M. Single component gas taansport through 10nm pores：Experimental data and hydrodynamic prediction［J］. Journal of Membrane Science，2005，253(2)：209-215.

［17］Jeong G C. Surface diffusion of adsorbed molecules in porous media：Monolayer，multilayer，and capillary condensation regimes［J］. Ind. Eng. Chem. Res.，2001，40(19)：4005-4031.

［18］Subrata R，Reni R. Modeling gas flow through microchannels and nanopores［J］. Journalof Applied Physics，2003，93(8)：4870-4879.

［19］Faruk C. Shale gas permeability and diffusivity inferredby improved formulation ofrelevant retention and transport mechanisms［J］. Transp. Porous. Med.，2011，86(3)：925-944.

［20］马东民.煤层气吸附解吸机理研究［D］.西安：西安科技大学，2008.

［21］陈富勇，琚宜文，李小诗，等.构造煤中煤层气扩散—渗流特征及其机理［J］.地球前缘，2010，17(1)：195-201.

［22］MacDonald R J，Frantz J H. Application of innovative technologies to fractured Devonian shale reservoir exploration and development activities［C］∥Anon. Paper SPE84816. SPE Eastern Regional Meeting. Pittsburgh，Pennsylvania，USA：［s. n.］，2003.

［23］Javadpour F，Fisher D. Nanoscale gas flow in shale gas sediments［J］. Journal of Canadian Petroleum Technology，2007，46(10)：55-61.

［24］Chalmers G R L，Bustin R M. Lower Cretaceous gas shales in northeastern British Columbia，Part One：geological controls on methane sorption capacity［J］. Bulletin of Canadian Petroleum Geology，2008b，56.

［25］Kang S M，Fathi E. Carbon dioxide storage capacity of organicrichshales［J］. SPE，2001，16(4)：842-855.

［26］杨峰，宁正福，张世栋，等.基于氮气吸附实验的页岩孔隙结构表征［J］.天然气工业，2013，33(4)：135-140.

［27］安晓璇，黄文辉，刘思宇，等.页岩气资源分布、开发现状及展望［J］.资源与产业，2010，12(2)：103-109.

［28］周小琳，王剑，余谦，等.页岩气藏地质学特征研究新进展［J］.地质通报，2012，31(7)：1155-1163.

［29］Kuuskraa V A，Stevens S H. Worldwide Gas Shales and Unconvintional Gas：A Status Report.

［30］Javadpour F. Nanopores and apparent permeability of gas flow in mudrocks(shales and siltstone)［J］. Journal of Canadian Petroleum Technology，2009，(08)：16-21.

［31］Beskok A，Karniadakis G E. A model for flow in channels，pipes，and ducts at micro and nano scales［J］. Microscale Thermophysical Engineering，1999，3(1)：4377.

［32］郭为，熊伟，高树生，等.页岩纳米级孔隙气体流动特征［J］.石油钻采工艺，2012，34(6)：57-60.

［33］李治平，等.页岩气纳米级孔隙渗流动态特征.天然气工业，2012，32(4)：50-53.

［34］Bustin A，Bustin R，Cui X. Importance of Fab-ric on the Production of Gas Shales［C］. SPE Unconventional Reservoirs Conference，SPE-114167-MS

［35］张睿，宁正福，杨峰，等.微观孔隙结构对页岩应力敏感影响的实验研究［J］.天然气地球科学，2014，08：1284-1289.

［36］郭肖，任影，吴红琴.考虑应力敏感和吸附的页岩表观渗透率模型［J］.岩性油气藏，2015，27(4)：1-5.

［37］盛茂，李根生，陈立强，等.页岩气超临界吸附机理分析及等温吸附模型的建立［J］.煤炭学报，2014，39

(SI)：179-183.

[38] 张烈辉，梁斌，刘启国，等.考虑滑脱效应的低渗低压气藏的气井产能方程［J］.天然气工业，2009，29 (1)：76-78.

[39] 朱维耀，宋洪庆，何东博，等.含水低渗气藏低速非达西渗流数学模型及产能方程研究［J］.天然气地球科学，2008，19(5)：685-689.

[40] 肖晓春，潘一山.考虑滑脱效应的气水耦合煤层气渗流数值模拟［J］.煤炭学报，2006，31(6)：711-715.

[41] 严文德，郭肖，贾英.考虑滑脱效应的低渗透气藏气-水两相渗流数值模拟器［J］.新疆石油地质，2005，26 (2)：186-188.

[42] 肖晓春，潘一山.考虑滑脱效应的煤层气渗流数学模型及数值模拟［J］.岩石力学与工程学报，2005，24 (16)：2966-2970.

[43] 苗顺德，吴英.考虑气体滑脱效应的低渗透气藏非达西渗流数学模型［J］.天然气勘探与开发，2007，30 (3)：45-48.

[44] Arkilic E B, Schmidt M A, Breuer K S. Gaseous slip flow in long microchannels ［J］. Journal of Microelectrome-chanical Systems，1997，6(2)：167-178.

[45] Sampath K，Keighin C W. Factors affecting gas slippage in tight sandstones of Cretaceous age in the Uinta Basin ［J］. Journal of Petroleum Technology，982，34(11)：2715-2720.

[46] Ziarani A S, Aguilera R. Knudsen's permeability correction for tight porous media ［J］. Transport in Porous Media，2012，91(1)：239-260.

[47] Civan F. Efficetive correlation of apparent gas permeability in tight porous media ［J］. Transport in Porous Media，2010，82(2)：375-384.

第五章　页岩气井井底压力动态分析

现今，国内外对页岩气藏井底压力动态分析研究主要的几何模型有三种：第一种是由裂缝系统和基岩系统所组成的双流动介质，即双重孔隙介质气藏模型；另一种是忽略基质岩块向井底的渗流，认为干酪根中的气体先扩散到孔隙，基质孔隙中的流体流向裂缝，再通过裂缝流向井底，即三重介质逐级渗流模型；第三种是将储层向井底的渗流划分为三个区域，分别为外区、内区及人工裂缝区这三种不同的线性流，即三线性渗流模型。

第一节　双重介质模型

页岩气藏具有双重结构[1]，即基质和裂缝系统，一个基质岩块被无数形状不同、尺寸不一的裂缝分割成小块，如图 5-1 所示。由于页岩基质孔隙内壁的吸附现象，将页岩气的吸附与解吸处理成非稳态形式，这与传统的双孔隙模型 De Swaan 模型[2]很相似，其吸附速度与基质外表面的浓度梯度有关。浓度梯度与基质块的半径满足非线性函数关系。由于非稳态模型与基质岩块的形态和大小有关，因此在实际应用过程中应注意选择恰当的解吸模型来描述解吸过程。

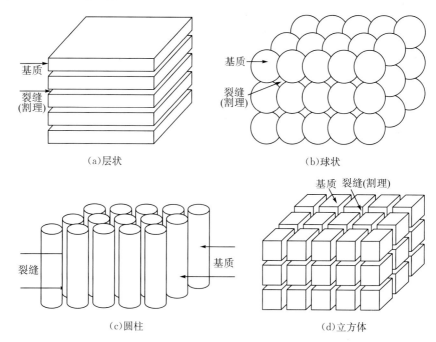

(a)层状　　　　　　　　　　　　(b)球状

(c)圆柱　　　　　　　　　　　　(d)立方体

图 5-1　几种典型岩块形状

为研究双孔介质中非稳态渗流，定义相关参数，如表 5-1 所示。

表 5-1　双孔介质有关参数

	裂缝系统	基质系统	整体系统
体积比	$V_f = \dfrac{\text{裂缝系统体积}}{\text{整体体积}}$	$V_m = \dfrac{\text{基质系统体积}}{\text{整体体积}}$	$V_{f+m} = V_f + V_m = 1$
孔隙度	$\varphi_f = \dfrac{\text{裂缝系统孔隙体积}}{\text{裂缝系统总体积}}$	$\varphi_m = \dfrac{\text{基质系统孔隙体积}}{\text{基质系统总体积}}$	$\varphi = V_f \varphi_f + V_m \varphi_m$
储容系数	$(V\varphi C_t)_f = V_f \varphi_f C_f$	$(V\varphi C_t)_m = V_m \varphi_m C_m$	$(V\varphi C_t)_{f+m} = (\varphi C_t)_{f+m}$

注：V 为体积；φ 为孔隙度；C 为弹性压缩系数；下文中所有下标 f，m，t 为分别为裂缝、基质和综合（总的）；储容比 $\omega = (V\varphi C_t)_f / (V\varphi C_t)_{f+m}$

无量纲窜流系数 λ 和基质块形状因子 σ 表示如下：

$$\lambda = \sigma r_w^2 = \frac{K_m}{K_f} \tag{5-1}$$

$$\sigma = \frac{4n(n+2)}{L^2} \tag{5-2}$$

式中，K——渗透率；

n——基质块形状的维数；

L——特征长度。

几种典型基质块形状因子 σ 值如表 5-2 所示。

表 5-2　典型基质块的形状因子 σ

基质块形状	维数 n	特征长度 L	形状因子 σ
层状（厚度 h_1）	1	h_1	$12/h^2$
圆球（半径 r_1）	3	$2r_1$	$15/r_1^2$
圆柱（半径 r_1）	3	$2r_1$	$15/r_1^3$
立方体（边长 a）	3	a	$60/a^2$

一、模型假设条件

建立数学模型时，作如下基本假设：

(1) 将页岩基质块理想化为球状岩块（图 5-1(b) 中的岩块形态）；

(2) 页岩层微可压缩，气体可压缩；

(3) 页岩层流动为等温流动；

(4) 在原始状态下，页岩层的裂缝系统含游离气，其余气体分别以游离气和吸附气的形式储集在页岩基质孔隙中及其孔隙内壁表面；

(5) 由于页岩基质孔隙直径较小，水不能进入，仅含气相；

(6) 忽略基质岩块向井底的渗流，认为基质中的流体先流向裂缝，再通过裂缝流向井底，但基质岩块间存在流动；

(7) 在页岩基质中气体的滑流和 Knudsen 扩散过程为非稳态过程；

(8)气体在裂缝系统中的流动遵循 Darcy 渗流，不考虑重力和毛管压力的影响。

二、数学模型的建立

(一)基质孔隙中气体的运输

一般情况下，水不能进入基质块中的微小孔隙，认为页岩基质块中只含气相，由微孔隙中的游离气和孔隙内壁表面的吸附气两部分组成。现定义：浓度为每立方米页岩基质块所含的气体质量的千克数。气体密度是每立方米孔隙空间所含的气体质量的千克数，所以游离气的浓度等于游离气的密度 ρ_l 与孔隙度 φ_m 的乘积，并带入气体状态方程 $P\dfrac{M}{\rho}=RTZ$，可得页岩基质块中所含的游离气浓度为

$$c_1 = \rho_l \varphi_m = \frac{MP_m\varphi_m}{RTZ} \tag{5-3}$$

式中，ρ_l——游离气密度，kg/m^3；

$\quad c_1$——基于页岩基质块整体体积的游离气浓度，kg/m^3；

$\quad T$——温度，K；

$\quad R$——通用气体常数，8.314 $Pa \cdot m^3/(mol \cdot K)$；

$\quad Z$——气体的偏差因子。

$\quad M$——气体摩尔质量，kg/mol；

根据 Langmuir 等温吸附方程，每立方米页岩基质块所吸附的气体质量为

$$\rho_g V_m P_m/(P_L + P_m)$$

所以吸附气浓度为

$$c_2 = \frac{V_m P_m}{P_L + P_m} \tag{5-4}$$

其中，V_m——极限吸附量，其单位用每立方米页岩基质块所含气体千克数表示；

$\quad P_L$——Langmuir 吸附压力常数(吸附量达到极限吸附量的50%时的压力)，Pa；

其下标 m 表示基质块中的量，所以基质块中基于整个体积的页岩气总浓度 $c_m(c_1 + c_2)$ 为

$$c_m = \frac{MP_m\varphi_m}{RTZ} + \frac{V_m P_m}{P_L + P_m} \tag{5-5}$$

将页岩孔隙假设为长直圆管，直径为 d，气体由圆管左侧向右侧扩散。令圆管左侧气体的密度为 $\rho_{N1}(kg/m^3)$，右侧气体的密度为 $\rho_{N2}(kg/m^3)$，则气体分子的扩散通量 J_k $[kg/(m^2 \cdot s)]$ 为

$$J_k = \alpha \bar{v}(\rho_{N1} - \rho_{N2}) = \alpha \bar{v} \Delta \rho \tag{5-6}$$

其中，α——无因次概率因子，其值与孔隙的几何形状有关，对于直径 d、长度 $L(L \gg d)$ 的长直圆管，可取

$$\alpha = \frac{d}{3L} \tag{5-7}$$

$\quad \bar{v}$——气体分子平均速率(m/s)，根据分子动理论可知，麦克斯韦速率分布式为

$$f(v)\mathrm{d}v = 4\pi\left(\frac{m}{2\pi KT}\right)^{\frac{3}{2}} \cdot \exp\left(\frac{mv^2}{2KT}\right) \cdot v^2\mathrm{d}v \tag{5-8}$$

利用式(5-8)，求得平均速率：

$$\overline{v} = \int_0^\infty v f(v)\mathrm{d}v = \int_0^\infty 4\pi\left(\frac{m}{2\pi KT}\right)^{\frac{3}{2}} \cdot \exp\left(\frac{mv^2}{2KT}\right) \cdot v^2\mathrm{d}v \tag{5-9}$$

因 $\displaystyle\int_0^\infty x^3 \cdot \exp(-\beta x^2)\mathrm{d}x = \frac{1}{2\beta^2}$，令 $\beta = \dfrac{m}{2KT}$，则平均速率

$$\overline{v}\,4\pi\left(\frac{m}{2\pi KT}\right)^{\frac{3}{2}} \cdot \frac{1}{2}\left(\frac{2KT}{m}\right)^2 = \sqrt{\frac{8KT}{\pi m}} = \sqrt{\frac{8RT}{\pi M}} \tag{5-10}$$

其中，m——气体分子质量，kg；

K——玻尔兹曼常数，$1.38\times10^{-23}\,\mathrm{Pa\cdot m^3/K}$。

将式(5-7)、式(5-10)带入式(5-6)，得

$$J_k = \frac{d}{3L}\sqrt{\frac{8RT}{\pi M}}\Delta P \tag{5-11}$$

写成微分形式（沿长直圆管的方向为 x 轴），则由高浓度向低浓度扩散的 Knudsen 扩散通量为

$$J_k = \frac{d}{3}\sqrt{\frac{8RT}{\pi M}}\Delta P \tag{5-12}$$

Knudsen 扩散系数为

$$D_k = \frac{d}{3}\sqrt{\frac{8RT}{\pi M}} \tag{5-13}$$

其值取决于圆管直径、温度和气体摩尔质量。

在形状复杂的页岩基质孔隙中，气体只能在互相连通的有效孔隙中扩散，且气体扩散的距离大于孔隙介质外形几何长度。所以在页岩基质孔隙中，Knudsen 扩散系数应在长直圆管扩散系数基础上加以修正：

$$D_{k,P_m} = \frac{\varphi}{\tau}D_k \tag{5-14}$$

其中，φ——孔隙度；

τ——迂曲度。并引入气体状态方程 $P\dfrac{M}{\rho}=RTZ$，则页岩基质孔隙中的 Knudsen 扩散通量为

$$J_k = -D_{k,P_m}\left(\frac{\mathrm{d}\rho_N}{\mathrm{d}x}\right) = -\frac{MD_{k,P_m}}{RTZ}\nabla P \tag{5-15}$$

则页岩气在基质系统中的运移通量为

$$J = J_k + J_0 = -\left[\frac{MD_{k,P_m}}{RTZ} + \frac{\pi r\rho}{8P}\left(\frac{2}{f}-1\right)\sqrt{\frac{8RT}{\pi M}}\right]\nabla P \tag{5-16}$$

根据质量守恒方程有

$$\frac{\partial\rho\varphi}{\partial t} + \nabla\cdot(\rho V) = q \tag{5-17}$$

其中，q——源汇强度。针对页岩气藏，因页岩基质块中不存在源汇相，所以 $q=0$，将

式(5-15)、式(5-16)带入式(5-17)得页岩气藏基质系统气相非稳态渗流方程:

$$\frac{\partial}{\partial t}\left(\frac{MP_m\varphi_m}{RTZ}+\frac{V_mP_m}{P_L+P_m}\right)=\nabla\bullet\left\{\left[\frac{MD_{k,P_m}}{RTZ}+\frac{\pi r\rho}{8P}\left(\frac{2}{f}-1\right)\sqrt{\frac{8RT}{\pi M}}\right]\nabla P\right\} \quad (5\text{-}18)$$

对于圆球形的基质块,式(5-18)可以进一步改写成:

$$\frac{\partial}{\partial t}\left(\frac{MP_m\varphi_m}{RTZ}+\frac{V_mP_m}{P_L+P_m}\right)=\frac{1}{r^2}\frac{\partial}{\partial r}\left\{r^2\left[\frac{MD_{k,P_m}}{RTZ}+\frac{\pi r\rho}{8P}\left(\frac{2}{f}-1\right)\sqrt{\frac{8RT}{\pi M}}\right]\frac{\partial P}{\partial r}\right\} \quad (5\text{-}19)$$

其中,r——基质块内径向坐标,r 小于基质块半径 r_1。

(二)裂缝中气体的运输

裂缝中气相质量守恒方程为

$$\frac{\partial}{\partial t}(\varphi_{fg}s_{fg}\rho_{fg})=-\nabla\bullet(\rho_{fg}V_{fg})+q_m-\rho_{fg}q_g \quad (5\text{-}20)$$

其中,q_m——质量源,即由页岩基质块向裂缝系统提供的单位体积下源的强度,kg/(m³·s);

下标$_{f,g}$——分别代表裂缝和气体;

s——饱和度。方程(5-20)右端最后一项是汇项。

速度 V_{fg} 遵从 Darcy 定律,有

$$V_{fg}=-\frac{K_{fg}}{\mu_g}\nabla P_{fg} \quad (5\text{-}21)$$

$$\rho_{fg}=\frac{M}{RT}\left(\frac{P_{fg}}{Z}\right) \quad (5\text{-}22)$$

将式(5-21)、式(5-22)带入方程(5-20),可得页岩气藏裂缝系统气相渗流方程:

$$\frac{\partial}{\partial t}\left(\frac{\varphi_{fg}s_{fg}P_{fg}}{Z}\right)=\nabla\bullet\left(\frac{P_{fg}}{Z}\frac{K_{fg}}{\mu_g}\nabla P_{fg}\right)+\frac{RT}{M}q_m-\frac{P_{fg}}{Z}q_g \quad (5\text{-}23)$$

对于单井情形,生产井汇项用内边界条件处理比较方便。球状基质页岩气藏的裂缝网络中,气相方程(5-13)可写成

$$\frac{\partial}{\partial t}\left(\frac{\varphi_{fg}s_{fg}P_{fg}}{Z}\right)=\frac{1}{r}\frac{\partial}{\partial r}\left(\frac{P_{fg}}{Z}\frac{K_{fg}}{\mu_g}r\frac{\partial P_{fg}}{\partial r}\right)+\frac{RT}{M}q_m \quad (5\text{-}24)$$

(三)裂缝中水相质量方程

若水中溶解气忽略不计,水相的质量方程可以写成

$$\frac{\partial}{\partial t}\left(\frac{\varphi_fs_{fw}}{B_w}\right)=\frac{1}{r}\frac{\partial}{\partial r}\left(r\frac{K_{fw}}{\mu_w}\frac{\partial P_{fw}}{\partial r}\right) \quad (5\text{-}25)$$

上述式(5-19)、式(5-24)、式(5-25)共同构成了页岩气藏基质-裂缝双重介质的非稳态渗流方程。

三、数学模型的求解

初始条件:

$$P(r,t)\big|_{t=0}=P_i \quad (5\text{-}26)$$

定压边界：

$$P(x,y,t)\big|_{\tau_1} = P_1(x,y,t),(x,y) \in \tau_1 \tag{5-27}$$

其中，$P_1(x,y,t)$——已知压力函数；

τ_1——第一类边界。

定流量边界：

$$\frac{\partial P}{\partial n}\bigg|_{\tau_2} = -q_2(x,y,t),(x,y) \in \tau_2 \tag{5-28}$$

其中，$q_2(x,y,t)$——单向流量函数；

n——边界外法向；

τ_2——第二类边界。

（一）基质系统

针对页岩气在基质系统的非稳态渗流方程(5-19)，引入气体压缩系数：

$$C_{gm} = \frac{1}{P_m} - \frac{1}{Z}\frac{\partial Z}{\partial P_m} \tag{5-29}$$

则方程(5-9)右侧

$$\frac{\partial}{\partial t}\left(\frac{MP_m}{RTZ}\right) = \frac{M}{RT}\left[\frac{1}{Z}\frac{\partial P_m}{\partial t} - \frac{P_m}{Z^2}\frac{\partial Z}{\partial P_m}\frac{\partial P_m}{\partial t}\right] = \frac{MP_m}{ZRT}\left[\frac{1}{P_m} - \frac{1}{Z}\frac{\partial Z}{\partial P_m}\right]\frac{\partial P_m}{\partial t} = \rho_{gm}C_{gm}\frac{\partial P_m}{\partial t} \tag{5-30}$$

且

$$\frac{\partial}{\partial t}\left(\frac{V_m P_m}{P_L + P_m}\right) = \frac{V_m(P_L + P_m) - V_m P_m}{(P_L + P_m)^2}\frac{\partial P_m}{\partial t} = \frac{V_m P_L}{(P_L + P_m)^2}\frac{\partial P_m}{\partial t} \tag{5-31}$$

并令

$$C_{tm} = C_{gm} + \frac{\rho_{gsc}V_m P_m}{(P_L + P_m)^2}, F = \frac{\pi\mu}{P_m r_{poro}}\left(\frac{2}{f} - 1\right)\sqrt{\frac{8RT}{\pi M}} \tag{5-32}$$

式中，下标 sc——标况条件；

μ——气体黏度，Pa·s。

方程(5-9)两边同时除以 M/RT，所以基质系统流动方程可化为

$$\frac{1}{r^2}\frac{\partial}{\partial r}\left\{r^2\left[\frac{D_{k,P_m}\bar{\mu}}{\bar{P}_m} + \frac{Fr_{poro}^2}{8}\right]\frac{P_m}{\mu Z}\frac{\partial P}{\partial r}\right\} = \varphi_{gm}\frac{P_m}{Z}C_{tm}\frac{\partial P_m}{\partial t} \tag{5-33}$$

式中，$\bar{P}_m$——基质中平均气藏压力，Pa；

$\bar{\mu}$——气体平均黏度，Pa·s。

取基质表观渗透率

$$K_{app} = \frac{D_{k,P_m}\bar{\mu}}{\bar{P}_m} + \frac{Fr_{poro}^2}{8} \tag{5-34}$$

则

$$\frac{P_m}{\mu Z}\frac{\partial^2 P_m}{\partial r^2} + \frac{2}{r}\frac{P_m}{\mu Z}\frac{\partial P_m}{\partial r} = \frac{\varphi_{gm}P_m C_{tm}}{K_{app}Z}\frac{\partial P_m}{\partial t} \tag{5-35}$$

引入拟压力及其相关导数式(5-26)～式(5-29)：

$$m=\frac{\mu_i Z_i}{P_i}\int\frac{P}{\mu Z}\mathrm{d}P \tag{5-36}$$

$$\frac{\partial m}{\partial t}=\frac{\mu_i Z_i}{P_i}\frac{P}{\mu Z}\frac{\partial P}{\partial t} \tag{5-37}$$

$$\frac{\partial m}{\partial r}=\frac{\mu_i Z_i}{P_i}\frac{P}{\mu Z}\frac{\partial P}{\partial r} \tag{5-38}$$

$$\begin{aligned}\frac{\partial^2 m}{\partial r^2}&=\frac{\mu_i Z_i}{P_i}\frac{\partial}{\partial r}\left(\frac{P}{\mu Z}\frac{\partial P}{\partial r}\right)=\frac{\mu_i Z_i}{P_i}\left[\frac{P}{\mu Z}\frac{\partial^2 P}{\partial r^2}+\frac{\partial P}{\partial r}\frac{\partial}{\partial r}\left(\frac{P}{\mu Z}\right)\right]\\&=\frac{\mu_i Z_i}{P_i}\left\{\frac{P}{\mu Z}\frac{\partial^2 P}{\partial r^2}+\frac{P}{\mu Z}\left[\frac{1}{P}-\frac{1}{\mu Z}\frac{\partial(\mu Z)}{\partial P}\right]\left(\frac{\partial P}{\partial r}\right)^2\right\}\\&=\frac{\mu_i Z_i}{P_i}\frac{P}{\mu Z}\left\{\frac{\partial^2 P}{\partial r^2}-\frac{\mathrm{d}}{\mathrm{d}P}\left(\ln\frac{\mu Z}{P}\right)\left(\frac{\partial P}{\partial r}\right)^2\right\}=\frac{\mu_i Z_i}{P_i}\frac{P}{\mu Z}\frac{\partial^2 P}{\partial r^2}\end{aligned} \tag{5-39}$$

式中，下标 i——原始地层条件下的参数。

将拟压力及其导数式带入基质系统渗流方程(5-35)，并引入导压系数

$$\eta=\frac{K_{\mathrm{app}}}{\varphi_{gm}\mu C_{tm}} \tag{5-40}$$

则拟压力形式的基质系统渗流方程为

$$\frac{\partial^2 m}{\partial r^2}+\frac{2}{r}\frac{\partial m}{\partial r}=\frac{1}{\eta}\frac{\partial m}{\partial t} \tag{5-41}$$

将方程(5-41)进行无量纲化处理，引入如下定义：

基质无量纲拟压力

$$m_D=\frac{2\pi(m_i-m)K_f h}{Q_{sc}B_i\mu_i} \tag{5-42}$$

无量纲时间

$$t_D=\frac{K_f t}{(V\varphi C_t)_{f+m}\mu_i r_w^2} \tag{5-43}$$

基质无量纲半径

$$r_{mD}=\frac{r}{r_1} \tag{5-44}$$

窜流系数

$$\lambda=\frac{15r_w^2}{r_1^2}\frac{K_{\mathrm{app}}}{K_f}=\frac{15r_w^2}{r_1^2K_f}\left[\frac{\bar{\mu}D_k}{\bar{P}}+\frac{Fr_{\mathrm{poro}}^2}{8}\right] \tag{5-45}$$

弹性储容比

$$\omega=\frac{(V\varphi C_t)_f}{(V\varphi C_t)_{f+m}}=\frac{\varphi_f C_{tf}}{\varphi_f C_{tf}+\varphi_f\left[C_m+\dfrac{\rho_{gsc}V_{\mathrm{L}}P_{\mathrm{L}}}{\varphi_m\rho_m(P_{\mathrm{L}}+P_m)^2}\right]} \tag{5-46}$$

则拟压力形式的无量纲基质系统流动方程为

$$\frac{\partial^2 m_D}{\partial r_{mD}^2}+\frac{2}{r_{mD}}\frac{\partial m_D}{\partial r_{mD}}=\frac{15(1-\omega)}{\lambda}\frac{\partial m_D}{\partial t_D} \tag{5-47}$$

设页岩基质块为等径圆球状基质块，基质块中压力分布具有球对称性。圆球半径为

r_1。气体从基质块内运移至球面时，其压力等于裂缝压力 P_f，即

$$\frac{\partial m_D}{\partial r_{mD}}\bigg|_{r_{mD}=0} = 0 \tag{5-48}$$

$$m_D(r_D,t_D)\big|_{r_{mD}=1} = m_{fD} \tag{5-49}$$

对拟压力形式的无量纲基质系统流动方程(5-47)进行 Laplace 变换，得

$$\frac{\partial^2 \bar{m}_D}{\partial r_{mD}^2} + \frac{2}{r_{mD}}\frac{\partial \bar{m}_D}{\partial r_{mD}} = W^2 \bar{m}_D \tag{5-50}$$

其中，$W^2 = \dfrac{15(1-\omega)}{\lambda}s$，$s$ 为 Laplace 变量。

式(5-48)和式(5-49)在 Laplace 空间下的形式为

$$\frac{\partial \bar{m}_D}{\partial r_{mD}}\bigg|_{r_{mD}=0} = 0 \tag{5-51}$$

$$\bar{m}_D(r_D,s)\big|_{r_{mD}=1} = \bar{m}_{fD} \tag{5-52}$$

式中，$\bar{m}_D$——Laplace 空间无因次拟压力。

对式(5-50)作变量代换，

令

$$\bar{m}_D = \frac{y}{r_{mD}} \tag{5-53}$$

则式(5-50)化为常微分方程：

$$y' - W^2 y = 0 \tag{5-54}$$

则

$$y = A\mathrm{e}^{Wr_{mD}} + B\mathrm{e}^{-Wr_{mD}} \tag{5-55}$$

即有

$$\bar{m}_D = \frac{A}{r_{mD}}\mathrm{e}^{Wr_{mD}} + \frac{B}{r_{mD}}\mathrm{e}^{-Wr_{mD}} \tag{5-56}$$

利用式(5-51)和式(5-52)确定出系数：

$$A = \frac{\bar{m}_{fD}}{\mathrm{e}^W - \mathrm{e}^{-W}} \tag{5-57}$$

$$B = -\frac{\bar{m}_{fD}}{\mathrm{e}^W - \mathrm{e}^{-W}} \tag{5-58}$$

将式(5-57)和式(5-58)带入式(5-56)，并对 r_{mD} 求导，得

$$\frac{\partial \bar{m}_D}{\partial r_{mD}}\bigg|_{r_{mD}=1} = \left(W\frac{\mathrm{e}^W + \mathrm{e}^{-W}}{\mathrm{e}^W - \mathrm{e}^{-W}} - 1\right)\bar{m}_{fD} = (W\coth W - 1)\bar{m}_{fD} \tag{5-59}$$

(二)裂缝系统

现在回过头来讨论气体在裂缝系统中的流动。因为页岩气藏在生产过程中基本不产水或产水很少[3-5]，尤其是热成因页岩气的开采一般不产水，不需要排水降压采气，而煤层气、致密砂岩气及多数常规天然气的开采过程均有大量水产出，所以裂缝系统中的渗流可简化为单相气体由裂缝系统向井筒的 Darcy 渗流过程。

裂缝系统气相渗流方程(5-24)可以写成

$$\frac{\partial}{\partial t}\left(\frac{\varphi_{fg}P_{fg}}{Z}\right) = \frac{1}{r}\frac{\partial}{\partial r}\left(\frac{P_{fg}}{Z}\frac{K_{fg}}{\mu_g}r\frac{\partial P_{fg}}{\partial r}\right) + \frac{RT}{M}q_m \tag{5-60}$$

将球状基质块向裂缝系统提供的单源强度带入式(5-50)，整理得

$$\frac{1}{r}\frac{\partial}{\partial r}\left(r\frac{P_{fg}}{\mu_{fg}Z}\frac{\partial P_{fg}}{\partial r}\right) = \frac{\varphi_{fg}P_{fg}C_f}{K_{fg}Z}\frac{\partial P_{fg}}{\partial t} + \frac{3D_{k,Pm}}{r_1 K_{fg}Z}\frac{\partial P_m}{\partial r}\bigg|_{r=r_1} \tag{5-61}$$

将式(5-61)转化成拟压力形式：

$$\frac{\partial^2 m_f}{\partial r^2} + \frac{1}{r}\frac{\partial m_f}{\partial r} = \frac{\varphi_{fg}C_f\mu_{fg}}{k_{fg}}\frac{\partial m_{fg}}{\partial t} + \frac{3D_{k,Pm}\mu_{fg}}{r_1 K_{fg}P_{fg}}\frac{\partial m}{\partial r}\bigg|_{r=r_1} \tag{5-62}$$

将方程(5-62)进行无量纲化处理，引入如下定义：

裂缝无量纲拟压力

$$m_{fD} = \frac{2\pi(m_i - m_f)K_f h}{Q_{sc}B_i\mu_i} \tag{5-63}$$

裂缝无量纲半径

$$r_{fD} = \frac{r}{r_w} \tag{5-64}$$

则拟压力形式的无量纲裂缝系统流动方程为

$$\frac{\partial^2 m_{fD}}{\partial r_{fD}^2} + \frac{1}{r_{fD}}\frac{\partial m_{fD}}{\partial r_{fD}} = \frac{\varphi_{fg}C_f}{(V\varphi C_t)_{f+m}}\frac{\partial m_{fD}}{\partial t_D} + \frac{3D_{k,Pm}\mu_{fg}r_w^2}{r_1^2 K_{fg}P_{fg}}\frac{\partial m_D}{\partial r_{mD}}\bigg|_{r_{mD}=1} \tag{5-65}$$

对式(5-55)进行 Laplace 变换，求得 Laplace 空间的裂缝系统流动方程为

$$\frac{\partial^2 \overline{m}_{fD}}{\partial r_{fD}^2} + \frac{1}{r_{fD}}\frac{\partial \overline{m}_{fD}}{\partial r_{fD}} = \omega s\,\overline{m}_{fD} + \frac{3D_{k,Pm}\mu_{fg}r_w^2}{r_1^2 K_{fg}P_{fg}}\frac{\partial \overline{m}_D}{\partial r_{mD}}\bigg|_{r_{mD}=1} \tag{5-66}$$

将式(5-59)带入式(5-66)得

$$\frac{\partial^2 \overline{m}_{fD}}{\partial r_{fD}^2} + \frac{1}{r_{fD}}\frac{\partial \overline{m}_{fD}}{\partial r_{fD}} = f(s)\,\overline{m}_{fD} \tag{5-67}$$

其中，窜流函数

$$\begin{aligned} f(s) &= \omega s + \frac{3D_{k,Pm}\mu_{fg}r_w^2}{r_1^2 K_{fg}P_{fg}}(W\coth W - 1) = \omega s \\ &+ \frac{\lambda}{5 + \frac{15\pi}{16}\left(\frac{2}{f} - 1\right)}\left[\sqrt{\frac{15(1-\omega)s}{\lambda}}\coth\sqrt{\frac{15(1-\omega)s}{\lambda}} - 1\right] \end{aligned} \tag{5-68}$$

定解条件如下：

$$\left[C_D s\,\overline{m}_{wD} - r_{fD}\frac{\partial \overline{m}_{fD}}{\partial r_{fD}}\right]_{r_{fD}=1} = \frac{1}{s} \tag{5-69}$$

$$\overline{m}_{wD} = \left(\overline{m}_{fD} - S\frac{\partial \overline{m}_{fD}}{\partial r_{fD}}\right)_{r_{fD}=1} \tag{5-70}$$

$$\overline{m}_{fD}(r_{fD}\to\infty,s) = 0 \quad \text{无限大地层} \tag{5-71}$$

$$\frac{\partial \overline{m}_{fD}}{\partial r_{fD}}\bigg|_{r_{fD}=R_D} = 0 \quad \text{圆形封闭边界} \tag{5-72}$$

$$\overline{m}_{fD}(r_{fD}=R_D,s) = 0 \quad \text{圆形定压边界} \tag{5-73}$$

方程通解为

$$\overline{m}_{fD} = AK_0(\sqrt{f(s)}\,r_{fD}) + BI_0(\sqrt{f(s)}\,r_{fD}) \tag{5-74}$$

由边界条件定出系数：

$$A = \frac{1}{s}$$

$$\times \frac{1}{C_Ds\left[K_0(\sqrt{f(s)}) + MI_0(\sqrt{f(s)})\right] + (C_DSs+1)\left[K_1(\sqrt{f(s)}) - MI_1(\sqrt{f(s)})\right]} \tag{5-75}$$

$$B = MA \tag{5-76}$$

式中，I_v——v 阶第一类修正贝塞尔函数，$v=0$，1；

K_v——v 阶第二类修正贝塞尔函数，$v=0$，1。

对无限大、圆形定压、圆形封闭地层，M 分别为

$$M = (无限大、定压、封闭) = \left\{0, -\frac{K_0(\sqrt{f(s)}R_D)}{I_0(\sqrt{f(s)}R_D)}, \frac{K_1(\sqrt{f(s)}R_D)}{I_1(\sqrt{f(s)}R_D)}\right\} \tag{5-77}$$

式中，R_D——气藏边界，m。

将系数 A、B 带入方程，得 Laplace 空间拟压力分布表达式：

$$\overline{m}_{fD}(r_{fD},s) = \frac{1}{s}$$

$$\times \frac{K_0(\sqrt{f(s)}r_D) + MI_0(\sqrt{f(s)}r_D)}{C_Ds\left[K_0(\sqrt{f(s)}) + MI_0(\sqrt{f(s)})\right] + (C_DSs+1)\sqrt{f(s)}\left[K_1(\sqrt{f(s)}) - MI_1(\sqrt{f(s)})\right]} \tag{5-78}$$

将式(5-78)及其导数代入式(5-70)，最终得到 Laplace 空间考虑井筒储集效应 C_D 和表皮因子 S 的封闭页岩气藏非稳态渗流井底无因次拟压力：

$$\overline{m}_{wD}(s) = \frac{1}{s}$$

$$\times \frac{K_0(\sqrt{f(s)}) + MI_0(\sqrt{f(s)}) + S\sqrt{f(s)}\left[K_1(\sqrt{f(s)}) - MI_1(\sqrt{f(s)})\right]}{C_Ds\left[K_0(\sqrt{f(s)}) + MI_0(\sqrt{f(s)})\right] + (C_DSs+1)\sqrt{f(s)}\left[K_1(\sqrt{f(s)}) - MI_1(\sqrt{f(s)})\right]} \tag{5-79}$$

解式(4-78)和式(5-79)都是 Laplace 空间解的表达式，如果采用解析方法反求实空间解则非常复杂，需要用到复变函数中的围道积分、留数定理等知识，还要讨论奇点情况，且结果一般仍然是一个无穷积分，虽有极重要的数学理论意义，但不便于现场工程应用。试井分析中常采用 Stehfest 数值反演算法，可以得到实空间中的解，其基本原理为

设 $f(t)$ 基于 t 的 Laplace 变换为 $F(z)$，即

$$L(f(t)) = f(z) \tag{5-80}$$

其中，z——Laplace 变量。

Stehfest 反演公式为

$$f(t) = \frac{\ln 2}{t_D} \sum_{i=1}^{N} V_i F(z_i) \tag{5-81}$$

其中，

$$z_i = \frac{\ln 2}{t_D} i \tag{5-82}$$

$$v_i = (-1)^{\frac{N}{2}+i} \sum_{k=\left[\frac{i+1}{2}\right]}^{\min\left\{\frac{N}{2},i\right\}} \frac{K^{\frac{N}{2}+1}(2k)!}{\left(\frac{N}{2}-K\right)!(K!)^2(i-K)!(2K-i)!} \qquad (5\text{-}83)$$

四、井底压力动态影响因素分析

下面以双重介质封闭页岩气藏为例，分析各种参数对页岩气藏井底压力的影响。利用 Stehfest 数值反演法对式(5-79)Laplace 空间的无因次井底拟压力进行数值反演，可得到双重介质封闭页岩气藏考虑井储 C_D 和表皮 S 的井底拟压力 $m_{wD}(t_D) \cdot t_D/C_D$ 的关系曲线，并绘成双对数坐标图。由式(5-79)分析可知曲线的主控参数有：ω、V_L、P_L、α、λ、R_D。取 $C_D = 0.8$，$S = 1.2$。下面就各参数对压力动态的影响进行讨论。

图 5-2 表明弹性储容比 ω 决定页岩气压力导数曲线过渡段下凹的宽度和深度。ω 越小，过渡段越长，凹子就越宽、越深。

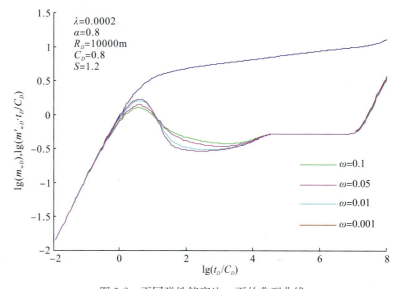

图 5-2　不同弹性储容比 ω 下的典型曲线

图 5-3 反映 Langmuir 体积 V_L 对基质系统向裂缝系统窜流的过渡段的影响。在 Langmuir 压力 P_L 相同的条件下，随着 V_L 的增大，过渡段凹子下凹的深度加深，但 V_L 增大到一定程度，凹子下凹的幅度会减小。

图 5-4 反映 Langmuir 压力 P_L 对基质系统向裂缝系统窜流的过渡段的影响。在 Langmuir 体积 V_L 相同的条件下，随着 P_L 的增大，过渡段凹子下凹的深度加深，但 P_L 增大到一定程度，凹子下凹的幅度会减小。

图 5-5 表明考虑页岩气解吸后，由于基质中解吸气的产生，使基质的储存能力增加，导致弹性储容比 ω 减小，压力导数曲线的过渡段变长，凹子下凹的深度加深。

图 5-6 反映不同切向动量协调系数 α 对压力动态的影响。随着 α 的减小，过渡段凹子右移、变浅，且压力波传播到边界的时间变短。

图 5-7 表明窜流系数 λ 决定压力导数曲线过渡段出现的早晚，λ 越大，过渡段出现得

越早，凹子越靠左，窜流程度越高。

图 5-8 反映不同边界 R_D 对压力动态的影响。随着 R_D 的减小，压力波传播到边界的时间变短。当压力波传到边界后，双对数压力及其导数曲线都上翘，并相切成一条斜率为 1 的直线段。

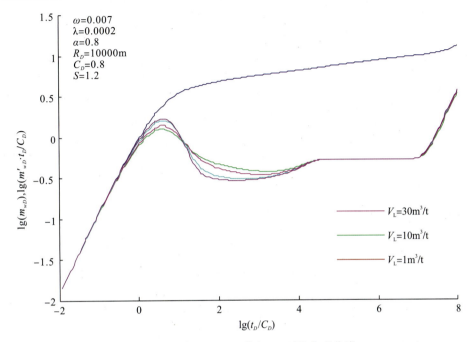

图 5-3　不同 Langmuir 体积 V_L 下的典型曲线

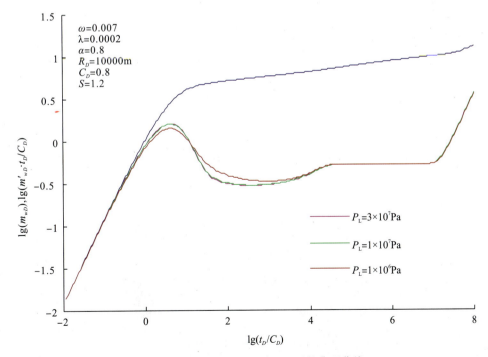

图 5-4　不同 Langmuir 压力 P_L 下的典型曲线

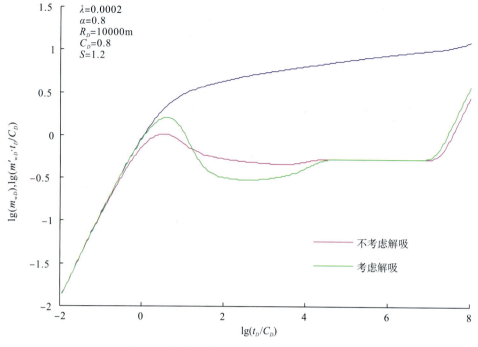

图 5-5　考虑解吸与不考虑解吸下的典型曲线

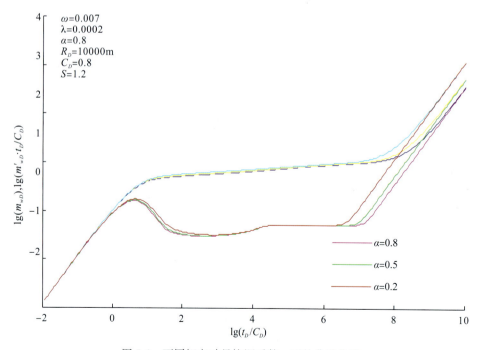

图 5-6　不同切向动量协调系数 α 下的典型曲线

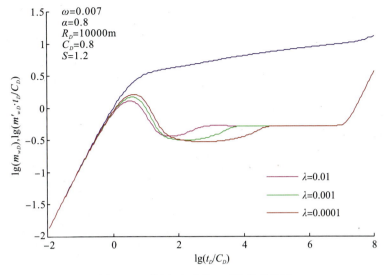

图 5-7　不同窜流系数 λ 下的典型曲线

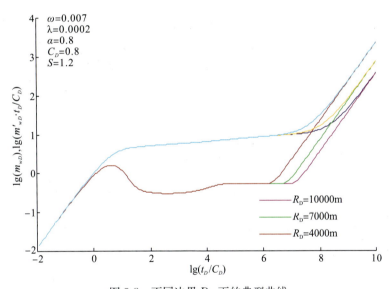

图 5-8　不同边界 R_D 下的典型曲线

第二节　三重介质模型

　　大部分模型只考虑了基于基质的满足 Fick 定律的扩散方程和基于裂缝系统的 Darcy 流动，而忽略了纳米孔隙所具有的边界滑流和 Knudsen 扩散现象。而有机质干酪根中存在大量孔隙，因此也着重考虑了干酪根向基质孔隙提供气源。本小节针对页岩气在赋存、运移和产出过程中的吸附、解吸、扩散、滑流和渗流等特征，建立起了考虑干酪根扩散、纳米孔隙中的 Knudsen 扩散、滑移以及解吸作用的三重介质封闭页岩气藏等温非稳态渗流数学模型。

一、假设条件

(1)页岩储层微可压缩，气体可压缩；

(2)气体渗流过程为等温流动；

(3)单相气体渗流且为真实气体；

(4)裂缝渗透率存在应力敏感，忽略重力、毛管压力的影响；

(5)忽略基质岩块向井底的渗流，认为干酪根中的气体先扩散到孔隙，基质孔隙中的流体流向裂缝，再通过裂缝流向井底，即模型为三重介质逐级渗流模型。

二、模型的建立与求解

在外边界，干酪根被硅石/黏土/矿物所包围，因此外边界可以被视为封闭边界。则初始条件和边界条件可以写成：

初始条件

$$c = c_i = k_H P_i; \qquad t = 0, 0 \leqslant r_1 < R_k \tag{5-84}$$

边界条件 1

$$c = k_H P_m; \qquad r_1 = r_n, t > 0 \tag{5-85}$$

边界条件 2

$$\frac{\partial c}{\partial r_1} = 0; \qquad r_1 = R_k, t > 0 \tag{5-86}$$

单位面积的干酪根单位时间向孔隙扩的散气量（kg/m² · s）可以表达为

$$J_{\text{diff}} = D_k \frac{\partial c}{\partial r_1} \bigg|_{(r_1 = r_n)} \tag{5-87}$$

根据方程求解需要，定义无因次变量，下标 D 表示无因次量。

无因次干酪根半径：

$$r_{1D} = r_1 / R_k \tag{5-88}$$

无因次浓度：

$$c_D = c - c_i \tag{5-89}$$

无因次时间：

$$t_D = \frac{k_{am}}{\Lambda r_m^2} t \tag{5-90}$$

干酪根向孔隙扩散的无因次窜流系数：

$$\lambda_1 = \frac{k_{am}\tau}{\Lambda r_m^2} \tag{5-91}$$

干酪根向孔隙的扩散时间：

$$\tau = \frac{R_k^2}{D_k} \tag{5-92}$$

将以上定义的无因次量带入扩散方程、边界条件和初始条件中可得

$$\bar{C}_D = \frac{I_0(\sqrt{\lambda_1 s}\, r_{1D}) K_1(\sqrt{\lambda_1 s}) + I_1(\sqrt{\lambda_1 s}) K_0(\sqrt{\lambda_1 s}\, r_{1D})}{I_0(b\sqrt{\lambda_1 s}) K_1(\sqrt{\lambda_1 s}) + I_1(\sqrt{\lambda_1 s}) K_0(b\sqrt{\lambda_1 s})} L\big[k_H(P_m - P_i)\big] \tag{5-93}$$

(一)页岩气在基质中的运输

如图 5-9 所示,把基质看作圆球状且半径为 r_m。假设基质块中存在大量纳米孔隙,基质块中压力分布具有球对称性质,流体从块内流到球面时其压力应等于裂缝压力 P_f。

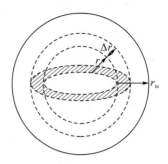

图 5-9 基质系统微元

在基质中取一个 $\triangle r$ 微元,结合考虑纳米孔隙扩散流(Knudsen 扩散)和滑脱流,由连续性方程同时结合 Javadpour 考虑 Knudsen 扩散流影响而定义的扩散通量,可以得到如下页岩气在孔隙中渗流的质量守恒方程:

$$\left[\left(D\frac{\partial \rho_g}{\partial r_2}A+uA\rho_g\right)_{r+\Delta r}-\left(D\frac{\partial \rho_g}{\partial r_2}A+uA\rho_g\right)_r\right]=\frac{\Delta(\rho_g\varphi_m\Delta V)}{\Delta t} \tag{5-94}$$

k_D 是单管的 Darcy 渗透率,根据圆形毛细管的 Poiseuille 方程可以得出

$$k_D=\frac{r_n^2}{8} \tag{5-95}$$

对于非常小的纳米级孔隙,在有的情况下无滑移边界是不成立的。Javadpour 等[6]认为纳米孔隙表面的滑流现象会加快气体流动,Brown 等[7]也给出了一个理论的无因次系数 F 来修正管流中的滑脱速度。滑脱因子 F 定义如下:

$$F=1+\left(\frac{8\pi RT}{M}\right)^{0.5}\frac{\mu_g}{P_{avg}r_m}\left(\frac{2}{f}-1\right) \tag{5-96}$$

Igwe[8] 和 Javadpour 等[9]也导出了纳米孔隙中的 Knudsen 扩散系数 D,定义如下:

$$D=\frac{2r_n}{3}\left(\frac{8RT}{\pi M}\right)^{0.5} \tag{5-97}$$

对于多孔介质,Darcy 渗透率和 Knudsen 扩散系数可以用基质孔隙度和迂曲度表示,其表达式如下:

$$k_m=\frac{\varphi_m}{\tau}k_D,D_m=\frac{\varphi_m}{\tau}D \tag{5-98}$$

根据 Shabro 等[10]的研究,单位面积解吸气量[kg/(m² • s)]可以写成

$$\frac{S_o M}{N}\frac{\Delta \theta}{\Delta t} \tag{5-99}$$

在基质微元中的单位孔隙面积单位时间的解吸气量为

$$\left(\frac{S_o M}{N}\frac{\Delta \theta}{\Delta t}\right)\Delta V \cdot \varphi_m \cdot SV \tag{5-100}$$

因为气体分子覆盖的面积比值随着压力的降低而减小,因此解吸项为负号。将此解

吸气增量加到物质平衡方程中得到

$$\frac{1}{r^2}\frac{\partial}{\partial r}\Big[\rho_g\Big(C_{gm}D_m + F\frac{k_m}{\mu_g}\Big)r^2\frac{\partial P_m}{\partial r}\Big] - \Big(\frac{S_o M}{N}\frac{\partial \theta}{\partial t}\Big)\varphi_m \cdot SV = \varphi_m \rho_g C_{gm}\frac{\partial P_m}{\partial t}$$

(5-101)

气体压缩系数 C_g 简化为

$$C_g = \frac{1}{\rho_g}\frac{\partial \rho_g}{\partial P}$$

(5-102)

现引入表观渗透率：

$$k_{am} = C_{gm}D_m\mu_g + Fk_m$$

(5-103)

根据单分子层吸附理论可知，固体表面覆盖度与压力的关系为

$$\theta = \frac{bP_m}{1 + bP_m}$$

(5-104)

$S_o M/N$ 表示占据单位面积孔隙有效表面的气体分子的总质量，可以表达成下式：

$$\frac{S_o M}{N} = \frac{\rho_{gsc}\rho_{bi}G_L}{SV}$$

(5-105)

同时按照本书的假设条件，考虑干酪根向孔隙提供的气源 q_k，上式可以化为

$$\frac{1}{r_2^2}\frac{\partial}{\partial r_2}\Big[r_2^2 k_{am}\frac{P_m}{\mu_g Z}\frac{\partial P_m}{\partial r_2}\Big] - \frac{RT}{M}\rho_{gsc}\rho_{bi}G_L\varphi_m\frac{b}{(1 + bP_m)^2}\frac{\partial P_m}{\partial t} + \frac{RT}{M}q_k = \frac{C_g\varphi_m}{Z}P_m\frac{\partial P_m}{\partial t}$$

(5-106)

J_{diff} 乘以单位表观体积的孔隙面积(其中能够解吸甲烷气体的孔隙表面积占 α)之后，就得到单位时间单位体积干酪根释放的气量：

$$q_k = \frac{\alpha \cdot S_p}{V_b}J_{diff} = \alpha\varphi_m \cdot SV \cdot D_k\frac{\partial c}{\partial r_1}\Big|_{(r=r_n)}$$

(5-107)

此纳米孔隙气体运移初始条件为

$$P_m(r,t=0) = P_i$$

(5-108)

由于页岩基质块为等径圆球状基质块，而使得压力分布具有球对称性，且在接触面 $r=r_m$ 处压力具有连续性。可以得到相应的边界条件：

$$\frac{\partial P_m}{\partial r}(r=0,t>0) = 0$$

(5-109)

$$P_m(r=r_m,t>0) = P_f$$

(5-110)

定义基质拟压力为

$$m_m(P_m) = \int\frac{P}{\mu_g z}dP$$

(5-111)

无因次半径：

$$r_{2D} = r_2/r_m$$

(5-112)

无因次基质拟压力：

$$m_{mD} = \frac{2\pi k_{fi}h}{q_{sc}B_{gi}\mu_{gi}}(m_{mi} - m_m)$$

(5-113)

吸附系数：

$$\sigma = \frac{B_g\rho_{bi}G_L}{c_{gm}}\frac{b}{(1 + bP_m)^2}$$

(5-114)

基质储容比:

$$\omega_m = \frac{\varphi_m \mu_g C_{gm}}{\Lambda} \tag{5-115}$$

化简并对其进行 Laplace 变换可以得到

$$\frac{1}{r_{2D}^2}\frac{\partial}{\partial r_{2D}}\left[r_{2D}^2\frac{\partial \overline{m}_{mD}}{\partial r_{2D}}\right] - \frac{2\pi k_{fi}h}{q_{sc}B_{gi}\mu_{gi}}\frac{RT}{M}\frac{\alpha\varphi_m \cdot SV \cdot r_m^2}{k_{am}R_k} \cdot D_k\frac{\partial \overline{C}_D}{\partial r_{1D}}\Bigg|_{(r_{1D}=b)} = \omega_m(1+\sigma)s\overline{m}_{mD} \tag{5-116}$$

设页岩基质块为等径圆球状基质块,基质块中压力分布具有球对称性。圆球半径为 r_1。气体从基质块内运移至球面时,其压力等于裂缝压力 P_f,即

$$\frac{\partial \overline{m}_{mD}}{\partial r_{2D}}\Bigg|_{r_{2D}=0} = 0 \tag{5-117}$$

$$\overline{m}_{mD}(r_{2D},t_D)\Bigg|_{r_{2D}=1} = \overline{m}_{fD} \tag{5-118}$$

(二)裂缝中页岩气的输运

流动区域的裂缝系统如图 5-10 所示。

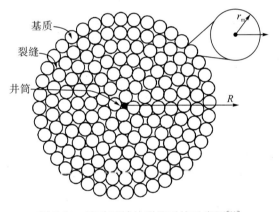

图 5-10　流动区域的裂缝系统示意图[11]

在天然裂缝流动模型中采用渗透率的应力敏感性来考虑气藏压降过程中裂缝的闭合。考虑用径向左边表示裂缝流动方程,裂缝控制方程为

$$\frac{1}{r_3}\frac{\partial}{\partial r_3}(r_3\rho_g v_f) + q_2 = \frac{\partial}{\partial t}(\rho_g\varphi_f) \tag{5-119}$$

根据 Raghavan、Chin[12] 的理论,我们按下式定义渗透率的应力敏感性:

$$k_f = k_{fi}e^{-d_f(P_i-P_f)} = k_{fi}e^{-d_f\Delta P_f} \tag{5-120}$$

式(5-119)中的 q_2 为单位时间单位体积基质孔隙流到裂缝中质量流量,即

$$q_2 = \rho_g q_m = -\left(\frac{\rho_g v_m A_m}{V_m}\right)\Bigg|_{r=r_m} = -\frac{3}{r_m}\left(\rho_g\frac{k_{am}}{\mu_g}\frac{\partial P_m}{\partial r_2}\right)\Bigg|_{r=r_m} \tag{5-121}$$

隙-裂缝接触面处,浓度梯度将不存在,则滑脱速度将趋近于 0。由此可得

$$k_{am}\big|_{r=r_m} = k_m \tag{5-122}$$

定义裂缝压缩系数为

$$C_{gf} = \frac{1}{\rho}\left(\frac{\partial \rho}{\partial P}\right)_f = \frac{1}{P_f} - \frac{1}{Z}\frac{\mathrm{d}Z}{\mathrm{d}P_f} \tag{5-123}$$

将式(5-120)~式(5-122)代入式(5-119)中，采用真实气体状态方程以及式(5-123)定义的裂缝压缩系数可得到

$$\frac{1}{r_3}\frac{\partial}{\partial r_3}\left(r_3 \mathrm{e}^{-d_f(P_i-P_f)}\frac{P_f}{\mu_g Z}\frac{\partial P_f}{\partial r_3}\right) - \frac{3k_m}{k_{fi}r_m}\left(\frac{P_m}{\mu_g Z}\frac{\partial P_m}{\partial r_2}\right)\bigg|_{r=r_m} = \frac{\mu_g \varphi_f C_{gf}}{k_{fi}}\frac{P_f}{\mu_g Z}\frac{\partial P_f}{\partial t} \tag{5-124}$$

初始条件：

$$P_f(R, t=0) = P_i \tag{5-125}$$

裂缝拟压力：

$$m_f(P_f) = \int \mathrm{e}^{-d_f(P_i-P_f)}\frac{P_f}{\mu_g Z}\mathrm{d}P_f \tag{5-126}$$

裂缝的无因次半径：

$$r_{3D} = r_3/r_w \tag{5-127}$$

无因次裂缝拟压力：

$$m_{fD} = \frac{2\pi k_{fi}h}{q_{sc}B_{gi}\mu_{gi}}(m_{fi} - m_f) \tag{5-128}$$

裂缝储容比：

$$\omega_f = \frac{\mu_g \varphi_f C_{gf}}{\Lambda}\frac{k_{am}k_{fi}}{k_m k_f} \tag{5-129}$$

基质孔隙到裂缝的窜流系数：

$$\lambda_2 = 15\frac{k_m r_w^2}{k_{fi}r_m^2} \tag{5-130}$$

采用式(5-126)定义裂缝拟压力以及利用上述定义的无因次变量，同时对式(5-124)进行 Laplace 变换得到无因次拟压力形式表达的裂缝中渗流微分方程：

$$\frac{1}{r_{3D}}\frac{\partial}{\partial r_{3D}}\left(r_{3D}\frac{\partial \overline{m}_{fD}}{\partial r_{3D}}\right) - \frac{\lambda_2}{5}\left(\frac{\partial \overline{m}_{mD}}{\partial r_{2D}}\right)\bigg|_{r_{2D}=1} = \frac{1}{15}\omega_f \lambda_2 s\overline{m}_{fD} \tag{5-131}$$

（三）三重介质耦合

考虑干酪根与基质孔隙的耦合，基于式(5-94)的无因次浓度对 r_{1D} 求导数得

$$\frac{\partial \overline{C}_D}{\partial r_{1D}}\bigg|_{r_{1D}=b} = \frac{I_1(b\sqrt{\lambda_1 s})K_1(\sqrt{\lambda_1 s}) - K_1(b\sqrt{\lambda_1 s})I_1(\sqrt{\lambda_1 s})}{I_0(b\sqrt{\lambda_1 s})K_1(\sqrt{\lambda_1 s}) + I_1(\sqrt{\lambda_1 s})K_0(b\sqrt{\lambda_1 s})} \cdot \sqrt{\lambda_1 s} \cdot L[k_H(P_m - P_i)] \tag{5-132}$$

令 $f_1(s) = \dfrac{I_1(b\sqrt{\lambda_1 s})K_1(\sqrt{\lambda_1 s}) - K_1(b\sqrt{\lambda_1 s})I_1(\sqrt{\lambda_1 s})}{I_0(b\sqrt{\lambda_1 s})K_1(\sqrt{\lambda_1 s}) + I_1(\sqrt{\lambda_1 s})K_0(b\sqrt{\lambda_1 s})} \cdot \sqrt{\lambda_1 s}$ 为干酪根向微孔隙的窜流函数，则表达式为

$$\frac{\partial \overline{C}_D}{\partial r_{1D}}\bigg|_{r_{1D}=b} = f_1(s) \cdot L[k_H(P_m - P_i)] \tag{5-133}$$

根据积分第一中值定理，得到拟压力与压力之间的关系：

$$m_{mi}(P_i) - m_m(P_m) = \int_{P_m}^{P_i} \frac{P}{\mu_g z} \mathrm{d}P = \frac{P_\xi}{\mu_g z}(P_i - P_m) \tag{5-134}$$

式中，$P_\xi = \dfrac{P_m + P_i}{2}$。

将式(5-111)、式(5-113)和式(5-134)带入式(5-133)，并耦合到式(5-116)中可得

$$\frac{1}{r_{2D}^2} \frac{\partial}{\partial r_{2D}} \left[r_{2D}^2 \frac{\partial \bar{m}_{mD}}{\partial r_{2D}} \right] = \omega_m (1+\sigma) s \bar{m}_{mD} - \frac{\alpha \varphi_m \cdot SV \cdot r_m^2}{R_k} \cdot \frac{k_H \mu_g D_k}{\rho_{g\xi} k_{am}} \cdot f_1(s) \cdot \bar{m}_{mD} \tag{5-135}$$

令综合系数 $\Lambda = \varphi_m \mu_g c_{gm} + \mu_g \varphi_f c_{gf} \dfrac{k_{am} k_{fi}}{k_m k_f} + \alpha \varphi_m \cdot SV \cdot \dfrac{k_H \mu_g R_k}{\rho_{g\xi}}$，可得

$$\frac{1}{r_{2D}^2} \frac{\partial}{\partial r_{2D}} \left[r_{2D}^2 \frac{\partial \bar{m}_{mD}}{\partial r_{2D}} \right] = \omega_m (1+\sigma) s \bar{m}_{mD} - \frac{1 - \omega_f - \omega_m}{\lambda_1} f_1(s) \cdot \bar{m}_{mD} \tag{5-136}$$

令

$$f_2(s) = \omega_m (1+\sigma) - \frac{1 - \omega_f - \omega_m}{\lambda_1 s} f_1(s)$$

有

$$\frac{1}{r_{2D}^2} \frac{\partial}{\partial r_{2D}} \left[r_{2D}^2 \frac{\partial \bar{m}_{mD}}{\partial r_{2D}} \right] = s f_2(s) \bar{m}_{mD} \tag{5-137}$$

通解为

$$\bar{m}_{mD} = \frac{A}{r_{2D}} e^{\sqrt{s f_2(s)} r_{2D}} + \frac{B}{r_{2D}} e^{-\sqrt{s f_2(s)} r_{2D}} \tag{5-138}$$

将 Laplace 变换之后的初始条件带入上式并对 r_{mD} 求导，带入裂缝渗流方程(5-131)得

$$\frac{1}{r_{3D}} \frac{\partial}{\partial r_{3D}} \left(r_{3D} \frac{\partial \bar{m}_{fD}}{\partial r_{3D}} \right) - \frac{\lambda_2}{5} \left[\sqrt{s f_2(s)} \coth(\sqrt{s f_2(s)}) - 1 \right] \bar{m}_{fD} = \frac{1}{15} \omega_f \lambda_2 s \bar{m}_{fD} \tag{5-139}$$

令 $f_3(s) = \dfrac{\omega_f \lambda_2 s}{15} + \dfrac{\lambda_2}{5} \left[\sqrt{s f_2(s)} \coth(\sqrt{s f_2(s)}) - 1 \right]$，则

$$\frac{1}{r_{3D}} \frac{\partial}{\partial r_{3D}} \left(r_{3D} \frac{\partial \bar{m}_{fD}}{\partial r_{3D}} \right) = f_3(s) \bar{m}_{fD} \tag{5-140}$$

假设三重孔隙介质圆形封闭页岩气藏中一口直井，考虑井筒储集效应 C_D 和表皮因子 S 的影响，在 Laplace 空间中拟压力下相应的边界条件为[13]

$$\left(C_D s \bar{m}_{wD} - r_{fD} \frac{\partial \bar{m}_{fD}}{\partial r_{3D}} \right)_{r_{3D}=1} = \frac{1}{s} \tag{5-141}$$

$$\bar{m}_{wD} = \left(\bar{m}_{fD} - S \frac{\partial \bar{m}_{fD}}{\partial r_{3D}} \right)_{r_{3D}=1} \tag{5-142}$$

$$\frac{\partial \bar{m}_{fD}}{\partial r_{3D}} \bigg|_{r_{3D}=R_D} = 0 \left(R_D = \frac{r_e}{r_w} \right) \tag{5-143}$$

将边界条件结合方程(5-140)，得 Laplace 空间拟压力分布表达式

$$\bar{m}_{fD} = \frac{1}{s}$$

$$\times \frac{MI_0\left(\sqrt{f_3(s)}\,r_{3D}\right) + K_0\left(\sqrt{f_3(s)}\,r_{3D}\right)}{C_D s\left[MI_0\left(\sqrt{f_3(s)}\right) + K_0\left(\sqrt{f_3(s)}\right)\right] - (C_D s \cdot S + 1)\sqrt{f_3(s)}\left[MI_1\left(\sqrt{f_3(s)}\right) - K_1\left(\sqrt{f_3(s)}\right)\right]}$$

$$(5\text{-}144)$$

将上式及其导数代入式(5-142)，最终得到 Laplace 空间考虑井筒储集效应和表皮因子的封闭页岩气藏非稳态渗流井底无因次拟压力，经过 Stehfest 反演得到双对数坐标中压力和压力导数曲线如下：

$$\bar{m}_{wD} = \frac{1}{s}$$

$$\times \frac{MI_0\left(\sqrt{f_3(s)}\right) + K_0\left(\sqrt{f_3(s)}\right) - S\sqrt{f_3(s)}\left[MI_1\left(\sqrt{f_3(s)}\right) - K_1\left(\sqrt{f_3(s)}\right)\right]}{C_D s\left[MI_0\left(\sqrt{f_3(s)}\right) + K_0\left(\sqrt{f_3(s)}\right)\right] - (C_D s \cdot S + 1)\sqrt{f_3(s)}\left[MI_1\left(\sqrt{f_3(s)}\right) - K_1\left(\sqrt{f_3(s)}\right)\right]}$$

$$(5\text{-}145)$$

三、井底压力动态影响因素分析

基于对上一小节双重介质模型中的各不同因素对井底动态的分析的基础，本小节应用三重介质模型分别对不同因素下参数对井底压力导数进行图形处理分析，可从图形（图 5-11）中直观反映各因素对井底压力动态的影响。下面就各参数对压力动态的影响进行讨论。

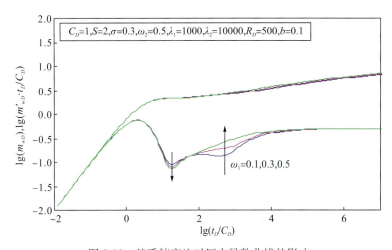

图 5-11　基质储容比对压力导数曲线的影响

图 5-11 是在其他参数不变的条件下，改变基质储容比 ω_m 对压力和压力导数复合曲线的影响。基质储容比主要决定压力导数曲线第二个过渡段下凹的深度和宽度：ω_m 越小，过渡段就越长，凹子就越深越宽。且对第一个过渡段也有影响，但是影响趋势相反且幅度较小。

裂缝储容比 ω_f 决定第一个过渡段下凹的深度和宽度，从图 5-12 中可以看出改变裂缝储容比对第一个过渡段的影响不大，而对第二个过渡段的影响较大，且 ω_f 越小，过渡段越长且凹子越深。

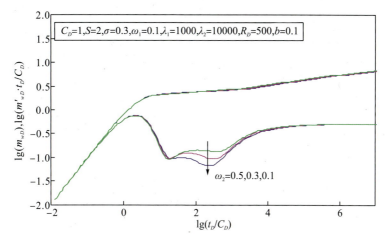

图 5-12　裂缝储容比对压力导数曲线的影响

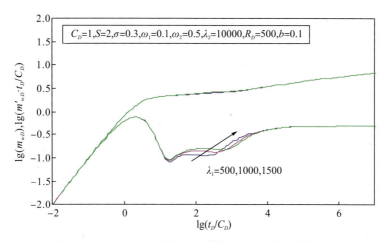

图 5-13　干酪根到基质的窜流系数对压力导数曲线的影响

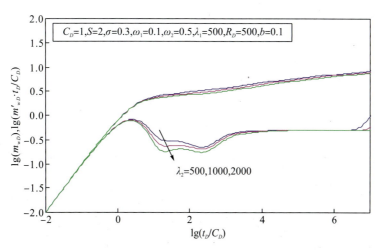

图 5-14　基质到裂缝的窜流系数对压力导数曲线的影响

如图 5-13、图 5-14 所示，窜流系数 λ_1 和 λ_2 分别影响了第二个过渡段和第一个过渡段出现的时间，窜流系数的值越大，则过渡段出现的时间越晚，凹子就越往右移。

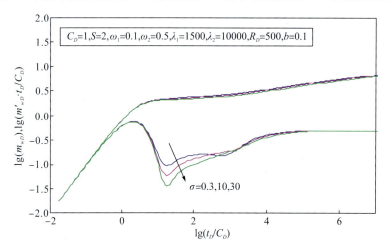

图 5-15　吸附系数对压力导数曲线的影响

从图 5-15 中可以发现，吸附系数决定基质系统向裂缝系统流动过渡段的下凹深度及宽度：σ 越大，过渡段越长，凹子就越深并且越宽。并影响干酪根向基质系统流动过渡段的凹子：σ 越大，凹子越浅。这说明吸附系数越大，基质系统从干酪根系统吸附更多的甲烷，而向裂缝系统提供更少的甲烷气体。

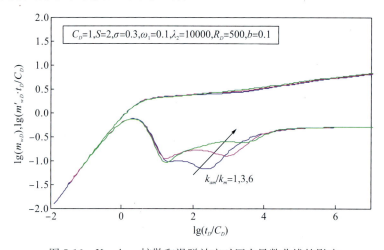

图 5-16　Knudsen 扩散和滑脱效应对压力导数曲线的影响

从视渗透率表达式 $k_{am} = C_{gm} D_m \mu_g + F k_m$ 中可以发现等式右边的参数都是常数，因此对比 k_{am}/k_m 的值对压力导数曲线的影响，从图 5-16 中可以发现，k_{am}/k_m 值越大，第二个过渡段的凹子越浅且出现时间越晚。说明 Knudsen 扩散和滑脱效应导致增大的视渗透率使得压力下降得慢，所以凹子变浅，且干酪根系统向基质系统供给得越晚，凹子越靠后。

第三节　页岩气藏三线性渗流数学模型

三线性流模型将储层划分为三个区域，分别为外区、内区及人工裂缝区，如图 5-17 所示。其中：外区为未被压裂到的储层，流体沿人工裂缝方向线性流动；内区为裂缝间的线性流，流体垂直人工裂缝方向线性流动；人工裂缝区为人工裂缝内部的线性流，流体遵循 Darcy 渗流[14]。

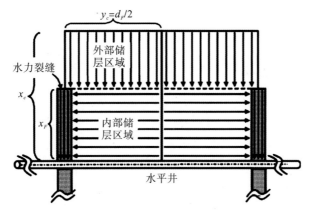

$y_c = d_F/2$

外部储层区域

水力裂缝

x_c

x_F

内部储层区域

水平井

图 5-17　页岩气藏压裂井水平井三线性流模型(据高杰，2014)

流体从外区流向内区，再从内区流向人工裂缝，最后由人工裂缝流向水平井。页岩气在内外区运移包括解吸、扩散、窜流和渗流等复杂过程，但在人工裂缝内只存在渗流，基质中的流动机理为解吸作用和扩散作用，不存在由于压力差而引起的渗流。页岩气扩散机理满足 Fick 第一定律，吸附解吸过程应用 Langmuir 等温吸附方程，可结合 Darcy 定律建立三线性流模型。

一、模型假设条件

(1)单相气体等温渗流，不考虑重力和毛管力的作用；

(2)与气体的压缩系数相比，储层的压缩系数可以忽略不计；

(3)储层外边界封闭，一口水平井被不可变形的垂直裂缝贯穿；

(4)裂缝与水平井为轴对称，裂缝半长 x_F，裂缝宽度 w_F，裂缝高度等于储层厚度 h，裂缝间距 d_F，在 $d_F/2$ 处平行裂缝方向无流体流动。

(5)内区与外区交界面没有附加压力降。

定义无因次变量为：无因次拟压力 $m_D = \dfrac{k_I h_I}{1.2734 \times 10^{-2} q_{sc} T}\big[m(P_i) - m(P)\big]$；无因次时间 $t_D = \dfrac{3.6 k_I}{\sigma_1 x_F^2} t$；无因次导压系数比 $\eta_{OI} = \dfrac{\eta_O}{\eta_I}$，$\eta_{FI} = \dfrac{\eta_F}{\eta_I}$；无因次储层导流能力 $F_{CD} = \dfrac{k_I x_F}{k_O y_e}$；无因次裂缝导流能力 $F_{CD} = \dfrac{k_F w_F}{k_I x_e}$；无因次距离 $x_D = \dfrac{x}{x_F}$，$y_D = \dfrac{y}{x_F}$；无因次储容比

$$\omega_O = \frac{\mu(\varphi c)_O}{\sigma_O}, \quad \omega_I = \frac{\mu(\varphi c)_I}{\sigma_I}; \quad \text{无因次窜流系数} \ \lambda = \frac{3.6k_I}{\sigma_I x_F^2}\tau; \quad \text{解吸系数} \ a =$$

$$\frac{1.2734\times10^{-2}q_{sc}}{k_I h_I}\frac{V_L m_L}{(m_i + m_L)(m + m_L)}。 \quad \text{其中，拟压力} \ m(P) = 2\int_{P_F}^{P}\frac{P}{\mu z}\mathrm{d}P; \quad \sigma_i =$$

$$\mu(\varphi c)_i + \frac{k_I h_I P_{sc}}{0.6367\times10^{-2}T_{sc}q_{sc}} \ (i = O, I); \quad \text{导压系数} \ \eta_O = \frac{3.6k_O}{\sigma_O}, \quad \eta_I = \frac{3.6k_i}{\sigma_I}, \quad \eta_F$$

$$= \frac{3.6k_F}{\mu c_F \varphi_F}。$$

以上各式中，τ——解吸时间；

$\qquad\qquad k$——渗透率；

$\qquad\qquad \mu$——页岩气黏度；

$\qquad\qquad c$——压缩系数；

$\qquad\qquad \varphi$——孔隙度；

$\qquad\qquad T$——储层温度；

$\qquad\qquad q$——产量；

$\qquad\qquad m_L$——Langmuir 拟压力；

$\qquad\qquad V_L$——Langmuir 体积；

$\qquad\qquad$下标 D——无因次；

$\qquad\qquad$下标 sc——标准状态；

$\qquad\qquad$下标 O、I 和 F——外区、内区和裂缝区。

二、模型的建立与求解

(一)外区数值模型

流体沿 x 方向流动，将运动方程、状态方程及 Fick 第一定律结合连续性方程，得到外区的渗流方程为

$$\frac{\partial^2 m_{OD}}{\partial x_D^2} = \frac{1}{\eta_{OI}}\left[\omega_O\frac{\partial m_{OD}}{\partial t_D} - (1-\omega_O)\frac{\partial V_{OD}}{\partial t_D}\right] \tag{5-146}$$

Fick 方程为

$$\frac{\partial V_{OD}}{\partial t_D} = \frac{1}{\tau}(V_{ED} - V_{OD}) \tag{5-147}$$

根据 Langmuir 等温吸附方程，求得无因次平衡状态下页岩气浓度[15] $V_{ED} = -am_{OD}$，方程(5-147)可化为

$$\frac{\partial V_{OD}}{\partial t_D} = \frac{1}{\lambda}(V_{ED} - V_{OD}) \tag{5-148}$$

式中，下标 E——平衡状态下。

将方程(5-146)、方程(5-148)及 V_{ED} 表达式进行 Laplace 变换可得

$$\frac{\partial^2 \overline{m}_{OD}}{\partial x_D^2} = \frac{1}{\eta_{OI}}\left[\omega_O s\overline{m}_{OD} - (1-\omega_O)s\,\overline{V}_{OD}\right] \tag{5-149}$$

$$s\,\bar{V}_{OD} = \frac{1}{\lambda}(\bar{V}_{ED} - \bar{V}_{OD}) \tag{5-150}$$

$$\bar{V}_{ED} = a\bar{m}_{OD} \tag{5-151}$$

将方程(5-150)及方程(5-151)代入方程(5-149)中，得到外区渗流方程简化表达式：

$$\frac{\partial^2 \bar{m}_{OD}}{\partial x_D^2} = \frac{f_1(s)}{\eta_{OI}}\bar{m}_{OD} \tag{5-152}$$

假设页岩气藏外边界封闭，将边界条件进行 Laplace 变换，结合渗流方程(5-152)得到外区的数学模型为

$$\frac{\partial^2 \bar{m}_{OD}}{\partial x_D^2} = \frac{f_1(s)}{\eta_{OI}}\bar{m}_{OD} \tag{5-153}$$

$$\left.\frac{\partial^2 \bar{m}_{OD}}{\partial x_D^2}\right|_{x_D = x_{eD}} = 0 \tag{5-154}$$

$$\bar{m}_{OD}\big|_{x_D=1} = \bar{m}_{ID}\big|_{x_D=1} \tag{5-155}$$

以此求得外区压力表达式为

$$\bar{m}_{OD} = \bar{m}_{ID}\big|_{x_D=1} \frac{\cosh\left[\sqrt{f_1(s)/\eta_{OI}}\,(x_{eD}-x_D)\right]}{\cosh\left[\sqrt{f_1(s)/\eta_{OI}}\,(x_{eD}-1)\right]} \tag{5-156}$$

（二）内区数值模型

内区的流体沿 y 方向，即垂直于人工裂缝区流动，其渗流方程为

$$\frac{\partial^2 m_{OD}}{\partial x_D^2} + \frac{1}{y_{ED}R_{CD}}\left.\frac{\partial m_{OD}}{\partial t_D}\right|_{x_D=1} = \omega_I \frac{\partial m_{OD}}{\partial t_D} - (1-\omega_I)\frac{\partial V_{OD}}{\partial t_D} \tag{5-157}$$

根据方程(5-149)的求解方法，可以得到内区渗流方程简化形式为

$$\frac{\partial^2 m_{OD}}{\partial y_D^2} + \frac{1}{y_{ED}R_{CD}}\left.\frac{\partial \bar{m}_{OD}}{\partial x_D}\right|_{x_D=1} - f_2(s)\bar{m}_{OD} = 0 \tag{5-158}$$

对边界条件进行 Laplace 变换，结合式(5-158)可得到内区的数学模型为

$$\frac{\partial^2 \bar{m}_{ID}}{\partial y_D^2} + \frac{1}{y_{ED}R_{CD}}\left.\frac{\partial \bar{m}_{OD}}{\partial x_D}\right|_{x_D=1} - f_2(s)\bar{m}_{ID} = 0 \tag{5-159}$$

$$\left.\frac{\partial \bar{m}_{OD}}{\partial x_D}\right|_{x_D=1} = -\beta_O \bar{m}_{OD}\big|_{x_D=1} \tag{5-160}$$

$$\left.\frac{\partial \bar{m}_{OD}}{\partial y_D}\right|_{y_D=y_{ED}} = 0 \tag{5-161}$$

$$\bar{m}_{OD}\big|_{y_D=w_{p/2}} = \bar{m}_{FD}\big|_{y_D=w_{p/2}} \tag{5-162}$$

将式(5-156)代入内区渗流模型式(5-159)～式(5-162)中，可以得到内区的压力表达式为

$$\bar{m}_{ID} = \bar{m}_{FD}\big|_{y_D=w_{p/2}} \frac{\cosh\left[\sqrt{\alpha_O}\,(y_{ED}-y_D)\right]}{\cosh\left[\sqrt{\alpha_O}\,(y_{ED}-w_D/2)\right]} \tag{5-163}$$

（三）人工裂缝区数值模型

流体沿人工裂缝区 x 方向向井底渗流，在 Laplace 空间中的数学模型为

$$\frac{\partial^2 \bar{m}_{FD}}{\partial x_D^2} + \frac{2}{F_{CD}} \frac{\partial \bar{m}_{OD}}{\partial y_D}\bigg|_{y_D = w_D/2} - \frac{s}{\eta_{FI}} \bar{m}_{FD} = 0 \qquad (5\text{-}164)$$

$$\frac{\partial \bar{m}_{ID}}{\partial x_D^2}\bigg|_{y_D = w_D/2} = -\beta_F \bar{m}_{FD}\bigg|_{y_D = w_D/2} \qquad (5\text{-}165)$$

$$\frac{\partial \bar{m}_{OD}}{\partial x_D}\bigg|_{x_D = 1} = 0 \qquad (5\text{-}166)$$

$$\frac{\partial \bar{m}_{OD}}{\partial x_D}\bigg|_{x_D = 0} = -\frac{\pi}{F_{FD}s} \qquad (5\text{-}167)$$

将式(5-163)代入数学模型式(5-164)~式(5-167)中,可得到人工裂缝区域压力表达式为

$$\bar{m}_{FD} = \frac{\pi}{F_{CD}s \sqrt{\alpha_F}} \frac{\cosh\left[\sqrt{\alpha_F}\,(1 - x_D)\right]}{\sinh(\sqrt{\alpha_F})} \qquad (5\text{-}168)$$

在不考虑井筒储存和表皮效应的条件下,当 $x_D = 0$ 时,裂缝的压力即为井底压力,所以 Laplace 空间中无因次井底压力的表达式为

$$\bar{m}_{wD} = \frac{\pi}{F_{CD}s \sqrt{\alpha_F} \tanh(\sqrt{\alpha_F})} \qquad (5\text{-}169)$$

(四)考虑井筒储存和表皮效应时的水平井井底压力

在 Laplace 空间中,由 Duhame 原理和叠加原理考虑井储效应和表皮效应,可得到 Laplace 空间解的关系式为

$$\bar{m}_{wD}(s_c, C_D) = \frac{s\bar{m}_{wD} + s_c}{s\left[1 + C_D s\,(s\bar{m}_{wD} + s_c)\right]} \qquad (5\text{-}170)$$

先利用 Stehfest 数值反演方法对式(5-170)进行反演,可以得到真实空间内的压力解,再通过计算机编制程序,绘制压力特征曲线进行分析。

三、敏感性参数分析

将参数设定为:$C_D = 10^{-6}$,$s_c = 10^{-3}$,$a = 5$,$\omega_O = 0.04$,$\omega_I = 0.06$,$\lambda = 100$,$y_{ED} = 1$,$w_D = 10^{-6}$,$F_{CD} = 0.1$,$\eta_{OI} = 1\eta_{FI} = 600$。根据这些参数作出试井曲线图(图 5-18)。

从图(5-18)中可以看出,页岩气压裂水平井三线性流模型的压力曲线可以划分为以下几个阶段:①人工裂缝储集阶段,此阶段压力和压力导数曲线重合,均为斜率为 1 的直线;②人工裂缝和地层的双线性流阶段,此阶段压力导数为斜率 1/4 的直线;③地层线性流阶段,此阶段压力导数为斜率为 1/2 的直线;④解吸扩散阶段;⑤系统拟稳态流动阶段,此阶段压力和压力导数曲线上翘并重合,均为斜率为 1 的直线。

从图(5-19)中可以看出:解吸系数主要影响解吸扩散阶段,随着地层压力下降,解吸作用越显著,所以当解吸系数增大时,需要从地层中提供的能量越多,在导数曲线上体现出下凹段越深越宽的规律;而当解吸系数较小时,吸附气解吸出的游离气量较少,扩散作用不明显,在导数曲线上体现出下凹段越浅越窄的规律。

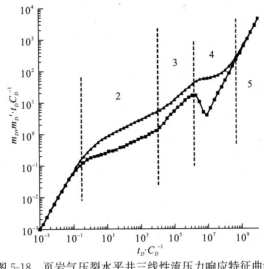

图 5-18　页岩气压裂水平井三线性流压力响应特征曲线

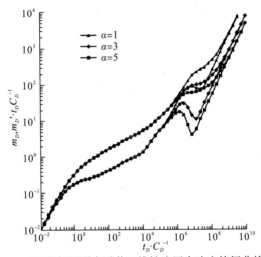

图 5-19　α 对页岩气压裂水平井三线性流压力响应特征曲线的影响

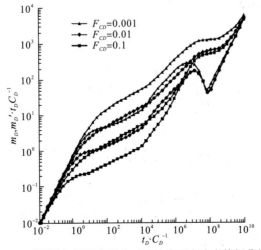

图 5-20　F_{CD} 对页岩气压裂水平井三线性流压力响应特征曲线的影响

从图(5-20)中可以看出：裂缝导流能力主要影响双线性流和线性流阶段，裂缝导流能力越大，裂缝输送流体的能力越强，裂缝线性流阶段结束得越早，流动阶段会出现双线性流和地层线性流；当裂缝导流能力较小时，裂缝输送流体的能力越差，裂缝与地层线性流共存时间越长，甚至可能不会出现地层线性流动阶段。

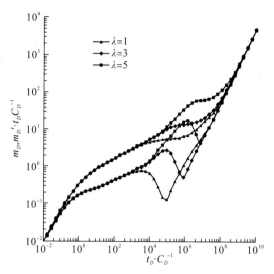

图 5-21　λ 对页岩气压裂水平井三线性流压力响应特征曲线的影响

从图(5-21)中可以看出：窜流系数越大，则发生解吸的时间越长，基质中流体向微裂缝扩散时间越晚，地层线性流阶段持续的时间越长，导数曲线上下体现处凹段发生的时间越晚；窜流系数越小，则发生解吸的时间越短，基质中流体向裂缝扩散时间越早，地层线性流阶段有可能被掩盖，在导数曲线上则体现出下凹段发生的时间越早。

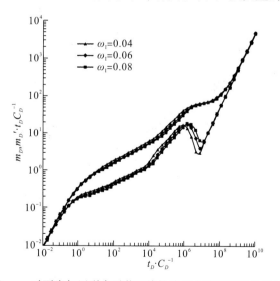

图 5-22　ω_1 对页岩气压裂水平井三线性流压力响应特征曲线的影响

从图(5-22)中可以看出：内区弹性储容比越大，内区微裂缝的储容能力占内区总的储容能力比例也越大，对地层供给能力越强，导数曲线下凹段呈现越浅越窄的现象；内区弹性储容比越小，内区微裂缝的储容能力占内区总的储容能力比例也越小，对地层供给能力越弱，导数曲线下凹段呈现越深越宽的现象。

参 考 文 献

［1］Uleberg K，Kleppe J. Dual porosity，dual permeability formulation for fractured rerservoir simulation ［J］. Reservoir Recovery Techniques，2011

［2］De Swaan，Abraham. Analytic solutions for determining naturally fractured reservoir properties by well testing ［J］. SPE 5346，1976（6）：117-122.

［3］King G R，华桦译，张伦友校. 关于有限水侵的煤层和泥盆系页岩气藏的物质平衡方法 ［J］. 天然气勘探与开发，1994，16（3）：62-70

［4］李新景，吕宗刚，董大忠，等. 北美页岩气资源形成的地质条件 ［J］. 天然气工业，2009，29（5）：27-32

［5］聂海宽，唐玄，边瑞康. 页岩气成藏控制因素及中国南方页岩气发育有利区预测 ［J］. 石油学报，2009，30（4）：484-491

［6］Javadpour F. Nanopores and apparent permeability of gas flow in mudrocks（shales and siltstone）［J］. Journal of Canadian Petroleum Technology，2009，48(8)，16-21.

［7］Brown G P，DiNardo A，et al. The flow of gases in pipes at low pressure ［J］. Journal of Applied Physics，1946，17，802-813.

［8］Igwe G J I. Gas transport mechanism and slippage phenomenon in porous media ［J］. Society of Petroleum Engineers，16479，1987.

［9］Javadpour F，Fisher D，Unsworth M. Nanoscale gas flow in shale gas sediments ［J］. Journal of Canadian Petroleum Technology，2007，46(10)，55-61.

［10］Shabro V，Torres-Verdin C，Javadpour F. Numerical Simulation of Shale-Gas Production：from Pore-Scale Modeling of Slip-Flow，Knudsen Diffusion and Langmuir Desorption to Reservoir Modeling of Compressible Fluid. Society of Petroleum Engineers，144355，2011.

［11］Apaydin O G，Ozkan E，Raghavan R. Effect of Discontinuous Microfractures on Ultratight Matrix Permeability of a Dual-Porosity Medium ［J］. Society of Petroleum Engineers，147391.

［12］Raghavan R，Chin L Y. Productivity changes in reservoirs with stress-dependent permeability ［J］. Society of Petroleum Engineers，77535，2002.

［13］孔祥言. 高等渗流力学(第2版) ［M］. 合肥：中国科学技术大学出版社，2010.

［14］高杰，张烈辉，刘启国，等. 页岩气压裂水平井线性流试井模型研究 ［J］. 水动力研究与进展，2014，29（1）：108-113.

［15］严涛，贾永禄. 考虑表皮和井筒储存效应的有限导流垂直裂缝井三线性流动模型试井分析 ［J］. 油气井测试，2004，13(1)：1-4.

第六章 页岩气藏数值模拟

页岩气数值模拟模型包括双重介质模型、多重介质模型和等效介质模型。其中双重介质模型采用得最多，模型假设页岩由基岩和裂缝两种孔隙介质构成。气体在页岩中以游离态和吸附态两种形式存在，裂缝中仅存在游离态气，基岩中不仅存在游离态气，还有部分气体吸附于基岩孔隙表面。模型一般假设页岩气在裂缝中流动是 Darcy 流动和高速非 Darcy 流（Forchheimer 流），在基岩孔隙中的运移机制是 Fick 扩散或考虑克林肯伯格效应的非 Darcy 流动。

Watson 等[1]采用理想双孔隙介质模型对 Devonian 页岩气井产能进行研究，预测了页岩气井累积产气量随时间的变化规律；Ozkan 等[2]采用双重介质模型对页岩气运移规律进行了研究；Wu Yushu 等[3]建立了考虑应力敏感和克林肯伯格效应的致密裂缝性气藏多重介质模型，研究了克林肯伯格效应对产能的影响，并比较了双重介质模型和多重介质模型的差别；Moridis 等[4]建立了考虑多组分吸附的页岩气等效介质模型，假设气体在介质中流动是 Darcy 流或高速非 Darcy 流，考虑效应和扩散的影响；Freeman 等[5,6]基于 Tough+数值模拟器研究了超致密基岩渗透率、水力压裂水平井、多重孔隙和渗透率场等因素对气井生产的影响；Zhang Xu 等[7]利用 Eclipse 模拟器，在考虑多组分解吸和多孔隙系统基础上，分析了油藏参数和水力压裂参数对页岩气井产能的影响；Cipolla[8]等用油藏数值模拟软件分析了裂缝导流能力、裂缝间距及解吸等压裂参数对页岩气产能的影响。

第一节 页岩气藏气-水两相渗流数学模型

本节基于多相流体渗流理论及数值模拟理论，考虑页岩气从基质表面开始解吸，经扩散方式由基质进入裂缝，再由裂缝系统以渗流方式进入井筒的全过程，建立考虑解吸、扩散、渗流和滑脱效应的页岩气储层气-水两相渗流数学模型，基质系统中考虑解吸和扩散，裂缝系统中为考虑滑脱效应的广义 Darcy 渗流。

一、模型假设条件

该模型的基本假设条件如下：

（1）页岩气储层在开发过程中温度基本上保持不变，假定储层流体在流动过程中温度恒定；

（2）由于页岩基质孔隙直径很小，水分子直径大于基质孔隙直径而无法进入，可假设基质系统中仅存在气体（吸附气和游离气），裂缝系统中同时存在气体和水，两相互不相溶；

(3)假设页岩基质块为理想的立方体岩块；

(4)假设页岩气储层为基质系统和裂缝系统组成的微可压缩、非均质、各项异性的双重介质，基质块之间无流体流动，流体先由基质流向裂缝，再通过裂缝流向井筒，模型为双孔单渗模型；

(5)水为微可压缩，气体为可压缩；

(6)页岩气的运移产出经历了解吸、扩散、渗流三个过程，基质系统中仅考虑解吸和扩散，裂缝系统中为考虑滑脱效应的广义 Darcy 渗流，其中页岩气吸附满足 Langmuir 等温吸附模型，扩散为拟稳态扩散，满足 Fick 第一定律；

(7)考虑重力和毛管力的影响。

二、裂缝系统气-水两相渗流数学模型

(一)气相渗流方程

为了推导出三维情况下流体渗流过程中的质量守恒方程，在整个渗流场中取一个微小单元来进行具体分析，如图 6-1 所示。所取的微小体积单元为一个六面体，单元体的长、宽、高分别为 Δx、Δy、Δz，流体均沿着坐标轴的正方向流经六面体，已知三个方向上的速度以及流体密度，则在 Δt 时间内流体在三个坐标轴方向上流入和流出的质量流量可以确定。

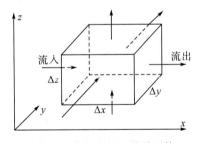

图 6-1 直角坐标三维单元体

六面体中流体流量变化的主控因素有三个，包括裂缝中气体的渗流、由井筒产出的气体和基质系统与裂缝系统间的扩散。由于多孔介质及流体是(微)可压缩的，那么 Δt 时间内六面体中流体质量的变化表现为单元体内孔隙体积和流体密度的变化。根据质量守恒定律可以得到

$$-\left[(\rho_g v_{gx})|_{x+\Delta x} - (\rho_g v_{gx})|_x\right] \cdot \Delta y \Delta z \Delta t - \left[(\rho_g v_{gy})|_{y+\Delta y} - (\rho_g v_{gy})|_y\right] \cdot \Delta x \Delta z \Delta t - \left[(\rho_g v_{gz})|_{z+\Delta z} - (\rho_g v_{gz})|_z\right] \cdot \Delta x \Delta y \Delta t + \rho_g q_g \Delta x \Delta y \Delta z \Delta t + \rho_g q_{mfg} \Delta x \Delta y \Delta z \Delta t$$
$$= \left[(\rho_g \varphi_f s_g)|_{t+\Delta t} - (\rho_g \varphi_f s_g)|_t\right] \cdot \Delta x \Delta y \Delta z$$

$$(6\text{-}1)$$

等式的左右两边同时除以 $\Delta x \Delta y \Delta z \Delta t$，并对其取极限($\Delta x$、$\Delta y$、$\Delta z$ 及 Δt 均趋于 0)，得到其微分算子的形式为

$$-\nabla(\rho_{\mathrm{g}} v_{\mathrm{g}}) + \rho_{\mathrm{g}} q_{\mathrm{g}} + \rho_{\mathrm{g}} q_{\mathrm{mfg}} = \frac{\partial}{\partial t}(\rho_{\mathrm{g}} \varphi_{\mathrm{f}} s_{\mathrm{g}}) \tag{6-2}$$

考虑流体的体积系数的定义：

$$B_{\mathrm{g}} = \frac{\rho_{\mathrm{sc}}}{\rho_{\mathrm{g}}} \tag{6-3}$$

将上式代入方程(6-2)，并两端同时除以 ρ_{sc}，得到

$$-\nabla(\frac{v_{\mathrm{g}}}{B_{\mathrm{g}}}) + q_{\mathrm{sg}} + q_{\mathrm{smfg}} = \frac{\partial}{\partial t}(\frac{\varphi_{\mathrm{f}} s_{\mathrm{g}}}{B_{\mathrm{g}}}) \tag{6-4}$$

式中，v_{g}——气体的流速，m/d；

B_{g}——裂缝系统中气体的体积系数，$\mathrm{m^3/m^3}$；

q_{sg}——地面条件下的产气量，$\mathrm{m^3/(m^3 \cdot d)}$；

q_{smfg}——地面条件下基质系统与裂缝系统间的扩散量，$\mathrm{m^3/(m^3 \cdot d)}$；

φ_{f}——裂缝系统孔隙度，无因次；

s_{g}——裂缝系统中的含气饱和度，无因次；

∇——Hamilton算子，表示取其后面的量的梯度。

页岩气在裂缝系统中的运移为考虑滑脱效应的广义Darcy渗流，根据Darcy定律可以得到裂缝系统中考虑重力影响的气体三维流动Darcy方程为

$$v_{\mathrm{g}} = -\frac{\alpha k_{\mathrm{g}}}{\mu_{\mathrm{g}}}(\nabla P_{\mathrm{fg}} - \rho_{\mathrm{g}} g \nabla D) \tag{6-5}$$

2001年，Kewen和Roland研究发现了气、液两相流的滑脱效应，滑脱效应对气-水两相流阶段的流体流动有着重要的影响[9]。因此本文在建立裂缝系统气-水两相渗流方程时，考虑了气体滑脱效应对渗流的影响，气体分子的滑脱效应在运动方程中表现为视渗透率的增加。

由相对渗透率的定义及方程(6-3)可知，在考虑气体滑脱效应的情况下，气相的渗透率的表达式为

$$k_{\mathrm{g}} = k_{\mathrm{a}} k_{\mathrm{rg}} = k_{\mathrm{g\infty}}(1 + \frac{b}{\overline{P}}) k_{\mathrm{rg}} \tag{6-6}$$

将方程(6-6)代入方程(6-5)，得到考虑滑脱效应的广义Darcy运动方程：

$$v_{\mathrm{g}} = -\frac{\alpha k_{\mathrm{g\infty}} k_{\mathrm{rg}}}{\mu_{\mathrm{g}}}(1 + \frac{b}{\overline{P}})(\nabla P_{\mathrm{fg}} - \rho_{\mathrm{g}} g \nabla D) \tag{6-7}$$

式中，v_{g}——气体的流速，m/d；

α——单位转换系数，8.64×10^{-5}；

k_{rg}——气相相对渗透率，无因次；

μ_{g}——气体黏度，mPa·s；

P_{fg}——裂缝系统中的气体压力，kPa；

g——重力加速度，$9.81\mathrm{m/s^2}$；

ρ_{g}——裂缝系统中气体的密度，$\mathrm{t/m^3}$；

D——地层深度，m。

将考虑滑脱效应的广义Darcy运动方程代入式(6-4)，得到裂缝系统中气体渗流的一般方程式为

$$\nabla\Big[\frac{\alpha k_{g\infty}k_{rg}}{B_g\mu_g}\Big(1+\frac{b}{P}\Big)(\nabla P_{fg}-\rho_g g\ \nabla D)\Big]+q_{sg}+q_{smfg}=\frac{\partial}{\partial t}\Big(\frac{\varphi_f s_g}{B_g}\Big)\tag{6-8}$$

（二）水相渗流方程

假设水相不含溶解气，水在裂缝系统中运移方式为 Darcy 渗流，且滑脱效应对水相的渗流无影响，根据 Darcy 定律可以得到裂缝系统中水相渗流方程一般形式为

$$\nabla\Big[\frac{\alpha k_{g\infty}k_{rw}}{B_w\mu_w}(\nabla P_{fw}-\rho_w g\ \nabla D)\Big]+q_{sw}=\frac{\partial}{\partial t}\Big(\frac{\varphi_f s_w}{B_w}\Big)\tag{6-9}$$

式中，k_{rw}——水相相对渗透率，无因次；

$\quad\quad B_w$——裂缝系统中水的体积系数，m^3/m^3；

$\quad\quad \mu_w$——水相黏度，$mPa\cdot s$；

$\quad\quad P_{fw}$——裂缝系统中的水相压力，kPa；

$\quad\quad \rho_w$——水相密度，t/m^3；

$\quad\quad q_{sw}$——地面条件下的产水量，$m^3/(m^3\cdot d)$；

$\quad\quad s_w$——裂缝系统中的含水饱和度，无因次。

（三）辅助方程

方程(6-8)和方程(6-9)中含有 4 个未知量，分别是 P_{fw}、P_{fg}、s_w 和 s_g，因此还需要两个辅助方程，即裂缝系统中的气、水饱和度关系式和毛管压力关系式，气、水饱和度满足如下方程：

$$s_w+s_g=1\tag{6-10}$$

毛管压力满足如下方程：

$$P_{cgw}(s_w)=P_{fg}-P_{fw}\tag{6-11}$$

式中，$P_{cgw}(s_w)$——气、水两相间的毛管压力，kPa。

由气、水相渗流方程和辅助方程组成的方程组，共有 4 个未知变量，方程组可解。模型中其他物理量均是求解变量的函数，包括气、水相对渗透率，以及气、水两相的密度和黏度。

$$\begin{aligned}
k_{rw}&=k_{rw}(s_w),k_{rg}=k_{rg}(s_g)\\
\rho_g&=\rho_g(P_{fg}),\rho_w=\rho_w(P_{fw})\\
\mu_g&=\mu_g(P_{fg}),\mu_w=\mu_w(P_{fw})
\end{aligned}\tag{6-12}$$

三、基质系统中气体的运移方程

由于水分子直径大于基质孔隙直径而无法进入，基质系统中仅存在气体，同时页岩气在基质系统中的运移过程仅考虑扩散，遵循 Fick 第一定律。在拟稳态条件下，认为基质中的页岩气在扩散过程中的每一个时间段都有一个平均浓度[10]，基质系统内气体的平均浓度随时间的变化率与气体平均浓度和基质内表面气体浓度的差成正比，同时引入解吸时间 τ，可得到

$$\frac{\mathrm{d}\bar{V}_{\mathrm{m}}}{\mathrm{d}t} = \frac{1}{\tau}\left[V_{\mathrm{E}}(P_{\mathrm{fg}}) - \bar{V}_{\mathrm{m}}\right] \tag{6-13}$$

同时，由基质系统到裂缝系统的扩散量为

$$q_{\mathrm{smfg}} = -F_{\mathrm{G}}\frac{\mathrm{d}\bar{V}_{\mathrm{m}}}{\mathrm{d}t} \tag{6-14}$$

式中，$\bar{V}_{\mathrm{m}}$——基质系统内气体的平均浓度，$\mathrm{cm}^3/\mathrm{cm}^3$；

      $V_{\mathrm{E}}(P_{\mathrm{fg}})$——基质系统内表面气体浓度，$\mathrm{cm}^3/\mathrm{cm}^3$；

      τ——页岩气解吸时间，s；

      F_{G}——基质单元几何因子，与几何模型形状有关，F_{G}的取值见表 6-1。

表 6-1　基质单元的形状系数和几何因子

基质单元形状	特征参数	几何因子 F_{G}	形状系数 σ
块状	半厚度 h	2	$(\pi/2h)2$
柱状	半径 r	4	$(2.4082/r)2$
球状	半径 r	6	$(\pi/2r)2$

基质系统中存在页岩气的解吸，基质单元中同时含有解吸气和游离气，根据页岩气解吸模型 Langmuir 方程和真实气体状态方程，得到基质单元内表面气体浓度为

$$V_{\mathrm{E}}(P_{\mathrm{fg}}) = \frac{V_{\mathrm{L}}P_{\mathrm{fg}}}{P_{\mathrm{L}} + P_{\mathrm{fg}}} + \frac{\varphi_{\mathrm{f}}}{B_{\mathrm{g}}} \tag{6-15}$$

基质单元中气体的平均浓度为

$$\bar{V}_{\mathrm{m}} = \frac{V_{\mathrm{L}}P_{\mathrm{mg}}}{P_{\mathrm{L}} + P_{\mathrm{mg}}} + \frac{\varphi_{\mathrm{m}}}{B_{\mathrm{g}}} \tag{6-16}$$

四、模型的定解条件

要构成一个完整的数学模型，除了描述流体渗流特征的偏微分方程和相应辅助方程外，还要有针对具体问题的定解条件，定解条件包括初始条件和边界条件。

(一)初始条件

初始条件是指油气藏在进行开采初始时刻或某一时刻起，油气藏内部各点的压力、温度和各相饱和度的分布情况，该模型假定的储层流体流动温度恒定，因此初始条件仅包括初始压力和初始饱和度。

页岩气储层在开发的初始状态 $(t=0)$ 时，储层内各点的压力分布和饱和度分布表示如下：

$$P_{\mathrm{fg}}(x,y,z,t)\big|_{t=0} = P_{\mathrm{fg}}^{0}(x,y,z) \tag{6-17}$$

$$P_{\mathrm{mg}}(x,y,z,t)\big|_{t=0} = P_{\mathrm{mg}}^{0}(x,y,z) \tag{6-18}$$

$$s_{\mathrm{g}}(x,y,z,t)\big|_{t=0} = s_{\mathrm{gi}} \tag{6-19}$$

$$s_{\mathrm{w}}(x,y,z,t)\big|_{t=0} = s_{\mathrm{wc}} \tag{6-20}$$

(二)边界条件

油气藏数值模拟中的边界条件主要包括内边界条件和外边界条件两大类,其中内边界条件是指油气藏中生产井或注入井所处的状态,外边界条件是指油气藏外边界所处的状态。

1. 内边界条件

内边界条件通常包括定产量(或定注入量)条件和定井底流压条件两类内边界条件。

(1)定井底流压条件:

$$P_{fg}(x,y,z,t) = P_{wf}(t) \tag{6-21}$$

(2)定产量条件:

$$Q_{vg}(x,y,z,t) = Q_{vg}(t) \tag{6-22}$$

$$Q_{vw}(x,y,z,t) = Q_{vw}(t) \tag{6-23}$$

式中,$P_{wf}(t)$——井底流压函数,kPa;

$Q_{vg}(t)$——标准状态下井的产气量函数,m^3/d;

$Q_{vw}(t)$——标准状态下井的产水量函数,m^3/d。

2. 外边界条件

一个实际油气藏的外边界可以有三种形式:定压外边界、定流量外边界和混合外边界,本模型中仅考虑定压外边界和定流量边界中的封闭外边界两种形式。

(1)定压外边界条件(Dirichlet 边界条件):

油气藏外边界的压力为一已知函数,可表示为

$$P_{fg}(x,y,z,t)\big|_{\Gamma} = f_P(x,y,z,t),(x,y,z) \in \Gamma \tag{6-24}$$

其中,Γ——边界,$f_P(x,y,z,t)$为已知函数。这种边界条件在数学上称为第一类边界条件,或称 Dirichlet 边界条件。当油气藏具有较大的天然供水区或注水保持边界上的压力不变时,可以认为边界压力为一定值。

$$\frac{\partial s_g}{\partial n}\bigg|_{\Gamma} = 0,(x,y,z) \in \Gamma \tag{6-25}$$

(2)定流量外边界(Neumann 边界条件):

油气藏边界上有流量通过,且流量为已知函数,可表示为

$$\frac{\partial P_{fg}}{\partial n}\bigg|_{\Gamma} = f_L(x,y,z,t),(x,y,z) \in \Gamma \tag{6-26}$$

其中,n——边界的法线方向,$f_L(x,y,z,t)$为已知函数,这种边界条件在数学上称为第二类边界条件,或称 Neumann 边界条件。

本节研究页岩气藏的封闭边界,边界上无流量通过,可表示为

$$\frac{\partial P_{fg}}{\partial n}\bigg|_{\Gamma} = 0,(x,y,z) \in \Gamma \tag{6-27}$$

$$\frac{\partial s_g}{\partial n}\bigg|_{\Gamma} = 0,(x,y,z) \in \Gamma \tag{6-28}$$

第二节　页岩气藏气-水两相渗流数值模型

为了定量地认识渗流区域内压力和饱和度在不同位置上随时间的变化情况，须结合初始条件和边界条件对渗流方程进行求解。基于所建立的数学模型，气、水两相的渗流运动方程(6-8)和式(6-9)均为非线性偏微分方程，无法用解析法进行求解，因此采用数值法近似求解。本节利用油气藏数值模拟技术中应用最广泛的有限差分法对数学模型进行离散化得到有限差分方程组，即非线性方程组；再用 IMPES 方法对其做线性化处理得到线性代数方程组，建立水平井开采时页岩气的数值模型。在该数值模型基础上，利用 Matlab 编制计算机程序，采用迭代法求解，得到压力和饱和度分布，研究页岩气藏水平井开采时单井产能的变化规律，以及滑脱效应对渗透率的影响，同时还对影响页岩气井产能的多个因素进行敏感性分析。

一、有限差分法介绍

有限差分法是油藏数值模拟中应用最早，也是迄今为止应用最广泛的一种离散化方法，其有关理论和方法也比有限元法及其他数值方法成熟。该方法的基本求解原理就是以差商来近似地代替偏导数，从而以差分方程代替偏微分方程，在求解区域内的有限个点上形成相应的代数方程组，然后对代数方程组进行求解[58]。

(一)离散化概念

所谓离散化就是把连续的问题分开变成可以数值计算的若干离散点的问题，即将实际油藏的连续求解区域划分为若干个离散点，通过求解这些有限个离散点上的压力和饱和度的值来近似视为实际油藏问题的解。该方法同时也可以控制计算的精度，划分网格越小，油藏描述的精度就越高，但相应的计算工作量也就越大。离散化包括空间离散和时间离散。

空间离散就是在所研究的油藏空间范围内，把连续的求解区域按一定的网格系统剖分成有限个单元和网格，通常采用矩形网格；时间离散是指在所研究的时间范围内，把时间离散成一定数量的时间段，在每一个时间段内对问题进行求解以得到有关参数的新值，时间步长的大小取决于所要解决的特定问题。

(二)网格系统

油藏数值模拟中常用的网格系统主要包括块中心网格和点中心网格两类。块中心网格就是把研究区域剖分成小块(各块的大小可以不同)以后，把小块的几何中心作为节点。而点中心网格与块中心网格的不同之处是把网格线的交点作为节点，如图 6-2 所示，网格块的位置如图中虚线所示。

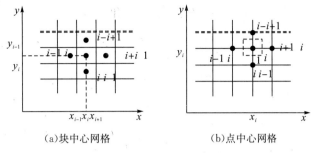

(a)块中心网格   (b)点中心网格

图 6-2 网格系统示意图

　　不管是块中心网格系统还是点中心网格系统，在后面建立差分方程都是一样的。两种网格系统的不同之处有两点：一是对于同一油藏问题，点中心网格系统所得的离散点数目比块中心网格的多；二是两种网格系统在处理边界条件时有所不同，如边界上有流量通过时，用块中心网格较合适，而当边界上给定压力条件时，用点中心网格更好。前一章所建渗流模型的外边界条件采用封闭外边界条件，因此本文选用块中心网格进行数值模拟更为有效。

二、建立数值模型

（一）裂缝系统两相连续性方程的差分处理

　　令方程(6-8)和方程(6-9)的右端项分别为 L_g 和 L_w，并进行展开得到

$$L_g = \frac{\partial}{\partial t}\left(\frac{\varphi_f s_g}{B_g}\right) = \frac{\varphi_f}{B_g}\frac{\partial s_g}{\partial t} + \frac{s_g}{B_g}\frac{\partial \varphi_f}{\partial t} - \frac{\varphi_f s_g}{B_g^2}\frac{\partial B_g}{\partial t}$$
$$= \frac{\varphi_f}{B_g}\frac{\partial s_g}{\partial t} + \left(\frac{s_g}{B_g}\frac{\partial \varphi_f}{\partial P_{fg}} - \frac{\varphi_f s_g}{B_g^2}\frac{\partial B_g}{\partial P_{fg}}\right)\frac{\partial P_{fg}}{\partial t} \tag{6-29}$$

$$L_w = \frac{\partial}{\partial t}\left(\frac{\varphi_f s_w}{B_w}\right) = \frac{\varphi_f}{B_w}\frac{\partial s_w}{\partial t} + \frac{s_w}{B_w}\frac{\partial \varphi_f}{\partial t} - \frac{\varphi_f s_w}{B_w^2}\frac{\partial B_w}{\partial t}$$
$$= \frac{\varphi_f}{B_w}\frac{\partial s_w}{\partial t} + \left(\frac{s_w}{B_w}\frac{\partial \varphi_f}{\partial P_{fg}} - \frac{\varphi_f s_w}{B_w^2}\frac{\partial B_w}{\partial P_{fg}}\right)\frac{\partial P_{fg}}{\partial t} \tag{6-30}$$

为便于求解，对方程(6-29)和方程(6-30)分别乘以 B_g 和 B_w，则有

$$B_g L_g + B_w L_w = \varphi_f\frac{\partial s_g}{\partial t} + \left(s_g\frac{\partial \varphi_f}{\partial P_{fg}} - \frac{\varphi_f s_g}{B_g}\frac{\partial B_g}{\partial P_{fg}}\right)\frac{\partial P_{fg}}{\partial t}$$
$$+ \varphi_f\frac{\partial s_w}{\partial t} + \left(s_w\frac{\partial \varphi_f}{\partial P_{fg}} - \frac{\varphi_f s_w}{B_w}\frac{\partial B_w}{\partial P_{fg}}\right)\frac{\partial P_{fg}}{\partial t} \tag{6-31}$$

根据岩石和流体压缩系数的定义式，变形得到

$$C_f = \frac{1}{\varphi_f}\frac{\partial \varphi_f}{\partial P_{fg}}, C_g = -\frac{1}{B_g}\frac{\partial B_g}{\partial P_{fg}}, C_w = -\frac{1}{B_w}\frac{\partial B_w}{\partial P_{fg}} \tag{6-32}$$

将以上压缩系数的表达式及 $s_w + s_g = 1$ 代入方程(6-31)，得到

$$B_g L_g + B_w L_w = \varphi_f(C_f + C_g s_g + C_w s_w)\frac{\partial P_{fg}}{\partial t} = \varphi_f C_t\frac{\partial P_{fg}}{\partial t} \tag{6-33}$$

其中，综合岩石压缩系数 $C_t = C_f + C_g s_g + C_w s_w$。

对方程(6-8)和方程(6-9)的左端项分别乘以 B_g 和 B_w，即

$$左端项(气相) = B_g \nabla\left[\frac{\alpha k_{g\infty} k_{rg}}{B_g \mu_g}\left(1+\frac{b}{P}\right)\nabla(P_{fg}-\rho_g g D)\right] + B_g(q_{sg}+q_{smfg}) \quad (6-34)$$

$$左端项(水相) = B_w \nabla\left[\frac{\alpha k_{g\infty} k_{rw}}{B_w \mu_w}\nabla(P_{fg}-P_{cgw}-\rho_w g D)\right] + B_w q_{sw} \quad (6-35)$$

为简化起见，令

$$\beta_g = \frac{\alpha k_{g\infty} k_{rg}}{B_g \mu_g}\left(1+\frac{b}{P}\right) \quad (6-36)$$

$$\beta_w = \frac{\alpha k_{g\infty} k_{rw}}{B_w \mu_w} \quad (6-37)$$

将变形后的气、水两相的连续性方程相加，则得到

$$B_g \nabla[\beta_g \nabla(P_{fg}-\rho_g g D)] + B_w \nabla[\beta_w \nabla(P_{fg}-P_{cgw}-\rho_w g D)] +$$
$$B_g(q_{sg}+q_{smfg}) + B_w q_{sw} = \varphi_f C_t \frac{\partial P_{fg}}{\partial t} \quad (6-38)$$

首先对压力方程进行差分，差分的方法选用五点差分格式有限差分法，采用中心差分进行空间离散，两端同时乘以单元体体积 $V_B = \triangle x_i \triangle y_j \triangle z_k$，由于差分方程展开项较多，在此以 $V_B \nabla(\beta_g \nabla P_{fg})$ 项为例进行分析，差分得到

$$V_B \nabla(\beta_g \nabla P_{fg}) = V_B\left[\frac{\beta_{gi+\frac{1}{2},j,k}\frac{P_{fgi+1,j,k}-P_{fgi,j,k}}{0.5(\triangle x_{i+1}+\triangle x_i)} + \beta_{gi-\frac{1}{2},j,k}\frac{P_{fgi-1,j,k}-P_{fgi,j,k}}{0.5(\triangle x_{i-1}+\triangle x_i)}}{\triangle x_i}\right]$$

$$+ V_B\left[\frac{\beta_{gi,j+\frac{1}{2},k}\frac{P_{fgi,j+1,k}-P_{fgi,j,k}}{0.5(\triangle y_{j+1}+\triangle y_j)} + \beta_{gi,j-\frac{1}{2},k}\frac{P_{fgi,j-1,k}-P_{fgi,j,k}}{0.5(\triangle y_{j-1}+\triangle y_j)}}{\triangle y_j}\right]$$

$$+ V_B\left[\frac{\beta_{gi,j,k+\frac{1}{2}}\frac{P_{fgi,j,k+1}-P_{fgi,j,k}}{0.5(\triangle z_{k+1}+\triangle z_k)} + \beta_{gi,j,k-\frac{1}{2}}\frac{P_{fgi,j,k-1}-P_{fgi,j,k}}{0.5(\triangle z_{k-1}+\triangle z_k)}}{\triangle z_k}\right]$$

$$= T_{gxi+\frac{1}{2},j,k} \cdot (P_{fgi+1,j,k}-P_{fgi,j,k}) + T_{gxi-\frac{1}{2},j,k} \cdot (P_{fgi-1,j,k}-P_{fgi,j,k})$$
$$+ T_{gyi,j+\frac{1}{2},k} \cdot (P_{fgi,j+1,k}-P_{fgi,j,k}) + T_{gyi,j-\frac{1}{2},k} \cdot (P_{fgi,j-1,k}-P_{fgi,j,k})$$
$$+ T_{gzi,j,k+\frac{1}{2}} \cdot (P_{fgi,j,k+1}-P_{fgi,j,k}) + T_{gzi,j,k-\frac{1}{2}} \cdot (P_{fgi,j,k-1}-P_{fgi,j,k})$$
$$(6-39)$$

其中，T_{gx}、T_{gy}、T_{gz}——分别表示气相在 x、y、z 网格间流动时的传导系数。

为简化压力方程的差分方程，引入下面的简化符号：

$$\Delta T_g \Delta P_{fg} = \Delta T_{gx}\Delta P_{fgx} + \Delta T_{gy}\Delta P_{fgy} + \Delta T_{gz}\Delta P_{fgz} \quad (6-40)$$

其中：

$$\Delta T_{gx}\Delta P_{fgx} = T_{gxi+\frac{1}{2},j,k} \cdot (P_{fgi+1,j,k}-P_{fgi,j,k}) + T_{gxi-\frac{1}{2},j,k} \cdot (P_{fgi-1,j,k}-P_{fgi,j,k})$$
$$(6-41)$$

$$\Delta T_{gy}\Delta P_{fgy} = T_{gyi,j+\frac{1}{2},k} \cdot (P_{fgi,j+1,k}-P_{fgi,j,k}) + T_{gyi,j-\frac{1}{2},k} \cdot (P_{fgi,j-1,k}-P_{fgi,j,k})$$
$$(6-42)$$

$$\Delta T_{gz}\Delta P_{fgz} = T_{gzi,j,k+\frac{1}{2}} \cdot (P_{fgi,j,k+1}-P_{fgi,j,k}) + T_{gzi,j,k-\frac{1}{2}} \cdot (P_{fgi,j,k-1}-P_{fgi,j,k})$$
$$(6-43)$$

其他项均按照如上展开方式，压力方程两端同时乘以单元体体积 V_B，差分得到

$$B_g\big[\Delta T_g\Delta P_{fg}-\Delta T_g\Delta(\rho_g gD)\big]+B_w\big[\Delta T_w\Delta P_{fg}-\Delta T_w\Delta(P_{cgw}+\rho_w gD)\big]+$$

$$B_gV_B(q_{sg}+q_{smfg})+B_wV_Bq_{sw}=V_B\varphi_fC_t\frac{\partial P_{fg}}{\partial t}$$

(6-44)

按照 IMPES 方法的求解原则，将上式进行离散展开，差分过程中对裂缝系统压力 P_{fg} 做隐式处理，其他参数采用上一时刻计算的值进行显示处理，得到

$$B^n_{gi,j,k}\{[T^n_{gi+\frac{1}{2},j,k}(P^{n+1}_{fgi+1,j,k}-P^{n+1}_{fgi,j,k})-T^n_{gi-\frac{1}{2},j,k}(P^{n+1}_{fgi,j,k}-P^{n+1}_{fgi-1,j,k})+T^n_{gi,j+\frac{1}{2},k}(P^{n+1}_{fgi,j+1,k}-P^{n+1}_{fgi,j,k})+$$

$$T^n_{gi,j-\frac{1}{2},k}(P^{n+1}_{fgi,j,k}-P^{n+1}_{fgi,j-1,k})+T^n_{gi,j,k+\frac{1}{2}}(P^{n+1}_{fgi,j,k+1}-P^{n+1}_{fgi,j,k})+T^n_{gi,j,k-\frac{1}{2}}(P^{n+1}_{fgi,j,k}-P^{n+1}_{fgi,j,k-1})]-$$

$$[T^n_{gi+\frac{1}{2},j,k}\rho_g g(D_{i+1,j,k}-D_{i,j,k})-T^n_{gi-\frac{1}{2},j,k}\rho_g g(D_{i,j,k}-D_{i-1,j,k})+T^n_{gi,j+\frac{1}{2},k}\rho_g g(D_{i,j+1,k}-D_{i,j,k})-$$

$$T^n_{gi,j-\frac{1}{2},k}\rho_g g(D_{i,j,k}-D_{i,j-1,k})+T^n_{gi,j,k+\frac{1}{2}}\rho_g g(D_{i,j,k+1}-D_{i,j,k})-T^n_{gi,j,k-\frac{1}{2}}\rho_g g(D_{i,j,k}-D_{i,j,k-1})]\}+$$

$$B^n_{wi,j,k}[T^n_{wi+\frac{1}{2},j,k}(P^{n+1}_{fgi+1,j,k}-P^{n+1}_{fgi,j,k})-T^n_{wi-\frac{1}{2},j,k}(P^{n+1}_{fgi,j,k}-P^{n+1}_{fgi-1,j,k})+T^n_{wi,j+\frac{1}{2},k}(P^{n+1}_{fgi,j+1,k}-P^{n+1}_{fgi,j,k})+$$

$$T^n_{wi,j-\frac{1}{2},k}(P^{n+1}_{fgi,j,k}-P^{n+1}_{fgi,j-1,k})+T^n_{wi,j,k+\frac{1}{2}}(P^{n+1}_{fgi,j,k+1}-P^{n+1}_{fgi,j,k})+T^n_{wi,j,k-\frac{1}{2}}(P^{n+1}_{fgi,j,k}-P^{n+1}_{fgi,j,k-1})]-$$

$$B^n_{wi,j,k}\{T^n_{wi+\frac{1}{2},j,k}[(P_{cgwi+1,j,k}+\rho_w gD_{i+1,j,k})-(P_{cgwi,j,k}+\rho_w gD_{i,j,k})]-T^n_{wi-\frac{1}{2},j,k}[(P_{cgwi,j,k}+\rho_w gD_{i,j,k})-$$

$$(P_{cgwi-1,j,k}+\rho_w gD_{i-1,j,k})]+T^n_{wi,j+\frac{1}{2},k}[(P_{cgwi,j+1,k}+\rho_w gD_{i,j+1,k})-(P_{cgwi,j,k}+\rho_w gD_{i,j,k})]-$$

$$T^n_{wi,j-\frac{1}{2},k}[(P_{cgwi,j,k}+\rho_w gD_{i,j,k})-(P_{cgwi,j-1,k}+\rho_w gD_{i,j-1,k})]+T^n_{wi,j,k+\frac{1}{2}}[(P_{cgwi,j,k+1}+\rho_w gD_{i,j,k+1})-$$

$$(P_{cgwi,j,k}+\rho_w gD_{i,j,k})]-T^n_{wi,j,k-\frac{1}{2}}[(P_{cgwi,j,k}+\rho_w gD_{i,j,k})-(P_{cgwi,j,k-1}+\rho_w gD_{i,j,k-1})]\}+$$

$$B^n_{gi,j,k}\Delta x_i\Delta y_j\Delta z_k(q_{sg}+q_{smfg})_{i,j,k}+B^n_{wi,j,k}\Delta x_i\Delta y_j\Delta z_kq_{swi,j,k}=\left(\frac{V_B\varphi_fC_t}{\Delta t}\right)_{i,j,k}(P^{n+1}_{fgi,j,k}-P^n_{fgi,j,k})$$

(6-45)

其中，气、水两相流体在网格间流动时的传导系数的表达式为

$$T^n_{gi\pm\frac{1}{2}}=\frac{\Delta y_j\Delta z_k\left(1+\dfrac{b}{\bar{P}}\right)_{i\pm\frac{1}{2}}k_{g\infty i\pm\frac{1}{2}}}{0.5(\Delta x_{i\pm1}+\Delta x_i)}\left(\frac{k_{rg}}{B_g\mu_g}\right)^n_{i\pm\frac{1}{2}}$$

(6-46)

$$T^n_{gj\pm\frac{1}{2}}=\frac{\Delta x_i\Delta z_k\left(1+\dfrac{b}{\bar{P}}\right)_{j\pm\frac{1}{2}}k_{g\infty j\pm\frac{1}{2}}}{0.5(\Delta y_{j\pm1}+\Delta y_j)}\left(\frac{k_{rg}}{B_g\mu_g}\right)^n_{j\pm\frac{1}{2}}$$

(6-47)

$$T^n_{gk\pm\frac{1}{2}}=\frac{\Delta x_i\Delta y_j\left(1+\dfrac{b}{\bar{P}}\right)_{k\pm\frac{1}{2}}k_{g\infty k\pm\frac{1}{2}}}{0.5(\Delta z_{k\pm1}+\Delta z_k)}\left(\frac{k_{rg}}{B_g\mu_g}\right)^n_{k\pm\frac{1}{2}}$$

(6-48)

$$T^n_{wi\pm\frac{1}{2},j,k}=\frac{\Delta y_j\Delta z_kk_{g\infty i\pm\frac{1}{2}}}{0.5(\Delta x_{i\pm1}+\Delta x_i)}\left(\frac{k_{rw}}{B_w\mu_w}\right)^n_{i\pm\frac{1}{2}}$$

(6-49)

$$T^n_{wi,j\pm\frac{1}{2},k}=\frac{\Delta x_i\Delta z_kk_{g\infty j\pm\frac{1}{2}}}{0.5(\Delta y_{j\pm1}+\Delta y_j)}\left(\frac{k_{rw}}{B_w\mu_w}\right)^n_{j\pm\frac{1}{2}}$$

(6-50)

$$T^n_{wi,j,k\pm\frac{1}{2}}=\frac{\Delta x_i\Delta y_jk_{g\infty k\pm\frac{1}{2}}}{0.5(\Delta z_{k\pm1}+\Delta z_k)}\left(\frac{k_{rw}}{B_w\mu_w}\right)^n_{k\pm\frac{1}{2}}$$

(6-60)

由于差分方程中含有非线性系数，需要对连续性方程进行线性化处理（即求解有限差分方程）。根据未知量的求解顺序及非线性系数的处理方法的不同，数值模拟中常用的求

解方法有隐式压力显式饱和度法、半隐式方法、隐式压力隐式饱和度法和全隐式方法。本文对方程(6-44)采用的求解方法是 IMPES 方法,即隐式压力显式饱和度法,该方法属于顺序求解法的一种,是数值模拟中最常用、最简单的一种方法,也是做典型油气藏研究时最有效的方法;而全隐式方法更适用于解决非等温渗流、水锥、气锥等强非线性问题。IMPES 方法的求解思路是先对方程(6-44)进行差分,建立线性代数方程组,利用隐式方法求出 $n+1$ 时刻的气相压力 P_{fg}^{n+1},同时得到 P_{fw}^{n+1};将 P_{fw}^{n+1} 代入水相连续性方程中,用显示方法求出 $n+1$ 时刻的饱和度分布。

方程(6-46)的传导系数表达式主要由三部分参数组成,在对参数进行处理时,与时间有关的气、水相对流度采用上游权处理方法,与时间无关的参数则采用调和平均计算,绝对渗透率采用调和平均计算,储层平均压力采用算术平均计算。

(二)基质系统气体扩散方程的差分处理

对扩散方程(6-13)进行差分,得到

$$\frac{\bar{V}_{\mathrm{m}i,j,k}^{n+1} - \bar{V}_{\mathrm{m}i,j,k}^{n}}{\Delta t} = \frac{1}{\tau}\left[V_{\mathrm{E}}(P_{\mathrm{fg}i,j,k}^{n}) - \bar{V}_{\mathrm{m}i,j,k}^{n}\right] \tag{6-61}$$

对方程(6-15)进行差分,可以得到 $V_{\mathrm{E}}(P_{\mathrm{fg}i,j,k}^{n})$ 为

$$V_{\mathrm{E}}(P_{\mathrm{fg}i,j,k}^{n}) = \frac{V_{\mathrm{L}}P_{\mathrm{fg}i,j,k}^{n}}{P_{\mathrm{L}} + P_{\mathrm{fg}i,j,k}^{n}} + \left(\frac{\varphi_{\mathrm{f}}}{B_{\mathrm{g}}}\right)_{i,j,k}^{n} \tag{6-62}$$

将以上两个方程代入方程(6-14),得到扩散量为

$$(q_{\mathrm{smfg}})_{i,j,k}^{n+1} = -\frac{F_{\mathrm{G}}}{\tau}\left[\frac{V_{\mathrm{L}}P_{\mathrm{fg}i,j,k}^{n}}{P_{\mathrm{L}} + P_{\mathrm{fg}i,j,k}^{n}} + \left(\frac{\varphi_{\mathrm{f}}}{B_{\mathrm{g}}}\right)_{i,j,k}^{n} - \bar{V}_{\mathrm{m}i,j,k}^{n}\right] \tag{6-63}$$

根据表 6-1 中几何因子 F_{G} 的取值原则,本模型取 $F_{\mathrm{G}}=2$。

(三)定解条件的差分处理

1. 初始条件

对数学模型中的初始条件进行离散,得到

$$P_{\mathrm{fg}i,j,k}^{1} = P_{\mathrm{fg}}^{0}(x_i, y_j, z_k) \tag{6-64}$$

$$P_{\mathrm{mg}i,j,k}^{1} = P_{\mathrm{mg}}^{0}(x_i, y_j, z_k) \tag{6-65}$$

$$s_{\mathrm{g}i,j,k}^{1} = s_{\mathrm{g}}^{0}(x_i, y_j, z_k) \tag{6-66}$$

$$s_{\mathrm{w}i,j,k}^{1} = s_{\mathrm{wc}}^{0}(x_i, y_j, z_k) \tag{6-67}$$

2. 内边界条件

内边界条件的处理就是对井的处理,内边界条件是指井底的控制条件,包括定流量条件和定井底流动压力条件两种。水平井开采与直井开采在数值模拟过程中,二者的数值模型一样,但在内边界条件处理方式上有明显不同。由于目前页岩气藏的开发主要采用水平井开采技术,因此本文也仅对页岩气藏水平井开采数值模拟进行研究,下面对水平井的内边界条件的处理方法进行详细阐述。图 6-3 为直井和水平井的含井网格形状示意图。

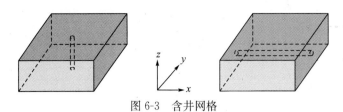

图 6-3　含井网格

对于水平井，当水平井的水平段与 x 轴平行时，yz 平面上的流动为径向流；当水平段与 y 轴平行时，xz 平面上的流动为径向流。现假设另一个三维坐标轴 lmn，n 方向为井轴方向，lm 平面上为径向流，同时考虑井筒表皮效应的影响，则在 lm 面上的生产指数 PID 为

$$\text{PID} = \frac{2\pi\sqrt{k_l k_m}\,\Delta n}{\ln\dfrac{r_{\mathrm{e}}}{r_{\mathrm{w}}} + S - \dfrac{3}{4}} \tag{6-68}$$

式中，k_l，k_m——l，m 轴方向的渗透率，mD；

　　　r_{e}，r_{w}——等效供给半径和井筒等效半径，m；

　　　S——表皮系数，无因次。

对于各向异性的储层，井筒等效供给半径为

$$r_{\mathrm{e}} = \frac{0.28\left[\left(\dfrac{k_l}{k_m}\right)^{0.5}\Delta m^2 + \left(\dfrac{k_m}{k_l}\right)^{0.5}\Delta l^2\right]^{0.5}}{\left(\dfrac{k_l}{k_m}\right)^{0.25} + \left(\dfrac{k_m}{k_l}\right)^{0.25}} \tag{6-69}$$

根据坐标系 lmn 和坐标系 xyz 之间存在的对应关系，对坐标进行转换，即在 xyz 三维空间上，当水平段与 x 轴平行时，$r_{\mathrm{e}} = \dfrac{0.28\left[\left(\dfrac{k_y}{k_z}\right)^{0.5}\Delta z^2 + \left(\dfrac{k_z}{k_y}\right)^{0.5}\Delta y^2\right]^{0.5}}{\left(\dfrac{k_y}{k_z}\right)^{0.25} + \left(\dfrac{k_z}{k_y}\right)^{0.25}}$；当水平段与 y 轴平行时，$r_{\mathrm{e}} = \dfrac{0.28\left[\left(\dfrac{k_x}{k_z}\right)^{0.5}\Delta z^2 + \left(\dfrac{k_z}{k_x}\right)^{0.5}\Delta x^2\right]^{0.5}}{\left(\dfrac{k_x}{k_z}\right)^{0.25} + \left(\dfrac{k_z}{k_x}\right)^{0.25}}$。

内边界条件为定产量生产时，给定生产井总的产气量为 Q_{vg}，假设生产井共射穿 L 个完井段，则第 m 个完井段的产气量 Q_{vgm} 为

$$Q_{\mathrm{vgm}} = Q_{\mathrm{vg}} \cdot \frac{(\text{PID}\lambda_{\mathrm{g}})_m}{\displaystyle\sum_{m=1}^{L}(\text{PID}\lambda_{\mathrm{g}})_m} \tag{6-70}$$

则第 m 个完井段的产水量 Q_{vwm} 为

$$Q_{\mathrm{vwm}} = Q_{\mathrm{vgm}} \cdot \frac{\lambda_{\mathrm{wm}}}{\lambda_{\mathrm{gm}}} \tag{6-71}$$

其中，气、水相对流度 λ_{g}、λ_{w} 的表达式分别为

$$\lambda_{\mathrm{g}} = \frac{k_{\mathrm{rg}}}{B_{\mathrm{g}}\mu_{\mathrm{g}}}\left(1 + \frac{b}{\bar{P}}\right) \tag{6-72}$$

$$\lambda_{\mathrm{w}} = \frac{k_{\mathrm{rw}}}{B_{\mathrm{w}}\mu_{\mathrm{w}}} \tag{6-73}$$

此时井底流压 P_{wf} 为

$$P_{\mathrm{wf}} = \frac{\sum_{m=1}^{L}(\mathrm{PID}_m P_{\mathrm{wf}m})}{\sum_{m=1}^{L}\mathrm{PID}_m} \qquad (6\text{-}74)$$

$$P_{\mathrm{wf}m} = P_{\mathrm{fg}m} - \frac{Q_{\mathrm{vg}m}+Q_{\mathrm{vw}m}}{\mathrm{PID}(\lambda_{\mathrm{g}}+\lambda_{\mathrm{w}})} \qquad (6\text{-}75)$$

其中，$P_{\mathrm{fg}m}$——第 m 个完井段的裂缝压力；

$\quad\quad P_{\mathrm{wf}m}$——第 m 个完井段的井底流压。

定井底流压生产时，网格块的压力有显式和隐式两种处理方法，显式方法较隐式方法更为简单，只需将 n 时刻的网格块压力作为供给压力直接带入公式计算产量。采用显式处理井底网格块的压力时，各完井段的产气量为

$$Q_{\mathrm{vg}m} = (\mathrm{PID}\cdot\lambda_{\mathrm{g}})_m (P_{\mathrm{fg}m}^n - P_{\mathrm{wf}}) \qquad (6\text{-}76)$$

同理，可根据方程(6-71)计算得到每个完井段的产水量 $Q_{\mathrm{vw}m}$。

3. 外边界条件

在定压外边界条件下，离散得到（P_{g} 表示基质或裂缝中的气体压力）

$$P_{\mathrm{g}i,j,k}^n = f_{\mathrm{P}i,j,k}^n,(i,j,k)\in\varGamma \qquad (6\text{-}77)$$

在封闭外边界条件下，离散有

$$P_{\mathrm{g}N_x,j,k}^n = P_{\mathrm{g}(N_x-1),j,k}^n$$
$$P_{\mathrm{g}i,N_y,k}^n = P_{\mathrm{g}i,(N_y-1),k}^n \qquad (6\text{-}78)$$
$$P_{\mathrm{g}i,j,N_z}^n = P_{\mathrm{g}i,j,(N_z-1)}^n$$

其中，N_x，N_y，N_z——分别表示网格在 x、y、z 三个坐标轴方向上的最大网格数。

三、数值模型求解

(一)裂缝系统中气相压力求解

对方程(6-45)进行整理，将未知项都移到方程的左端，已知项移到方程右端，整理得到

$$\begin{aligned}&AT_{i,j,k}P_{\mathrm{fg}i,j,k-1}^{n+1} + AS_{i,j,k}P_{\mathrm{fg}i,j-1,k}^{n+1} + AW_{i,j,k}P_{\mathrm{fg}i-1,j,k}^{n+1} + E_{i,j,k}P_{\mathrm{fg}i,j,k}^{n+1}\\&+AE_{i,j,k}P_{\mathrm{fg}i+1,j,k}^{n+1} + AN_{i,j,k}P_{\mathrm{fg}i,j+1,k}^{n+1} + AB_{i,j,k}P_{\mathrm{fg}i,j,k+1}^{n+1} = B_{i,j,k}\end{aligned} \qquad (6\text{-}79)$$

其中，

$$AT_{i,j,k} = B_{\mathrm{g}i,j,k}^n T_{\mathrm{g}i,j,k-\frac12}^n + B_{\mathrm{w}i,j,k}^n T_{\mathrm{w}i,j,k-\frac12}^n$$
$$AS_{i,j,k} = B_{\mathrm{g}i,j,k}^n T_{\mathrm{g}i,j-\frac12,k}^n + B_{\mathrm{w}i,j,k}^n T_{\mathrm{w}i,j-\frac12,k}^n$$
$$AW_{i,j,k} = B_{\mathrm{g}i,j,k}^n T_{\mathrm{g}i-\frac12,j,k}^n + B_{\mathrm{w}i,j,k}^n T_{\mathrm{w}i-\frac12,j,k}^n$$
$$AE_{i,j,k} = B_{\mathrm{g}i,j,k}^n T_{\mathrm{g}i+\frac12,j,k}^n + B_{\mathrm{w}i,j,k}^n T_{\mathrm{w}i+\frac12,j,k}^n$$
$$AN_{i,j,k} = B_{\mathrm{g}i,j,k}^n T_{\mathrm{g}i,j+\frac12,k}^n + B_{\mathrm{w}i,j,k}^n T_{\mathrm{w}i,j+\frac12,k}^n$$
$$AB_{i,j,k} = B_{\mathrm{g}i,j,k}^n T_{\mathrm{g}i,j,k+\frac12}^n + B_{\mathrm{w}i,j,k}^n T_{\mathrm{w}i,j,k+\frac12}^n$$

$$E_{i,j,k} = -\left[AT_{i,j,k}+AS_{i,j,k}+AW_{i,j,k}+AE_{i,j,k}+AN_{i,j,k}+AB_{i,j,k}+\frac{(V_{\mathrm B}\varphi_{\mathrm f}C_{\mathrm t})^n_{i,j,k}}{\Delta t}\right]$$

$$B_{i,j,k} = -\left[B^n_{\mathrm{g}i,j,k}(-G^n_{\mathrm g}+Q_{\mathrm{sg}i,j,k}+Q_{\mathrm{smf}gi,j,k})+B^n_{\mathrm{w}i,j,k}(-G^n_{\mathrm w}+Q_{\mathrm{sw}i,j,k})+\frac{(V_{\mathrm B}\varphi_{\mathrm f}C_{\mathrm t})^n_{i,j,k}}{\Delta t}P^n_{\mathrm{fg}i,j,k}\right]$$

$$G^n_{\mathrm g} = T^n_{\mathrm{g}i+\frac12,j,k}\rho_{\mathrm g}g(D_{i+1,j,k}-D_{i,j,k})-T^n_{\mathrm{g}i-\frac12,j,k}\rho_{\mathrm g}g(D_{i,j,k}-D_{i-1,j,k})+T^n_{\mathrm{g}i,j+\frac12,k}\rho_{\mathrm g}g(D_{i,j+1,k}-D_{i,j,k})$$
$$-T^n_{\mathrm{g}i,j-\frac12,k}\rho_{\mathrm g}g(D_{i,j,k}-D_{i,j-1,k})+T^n_{\mathrm{g}i,j,k+\frac12}\rho_{\mathrm g}g(D_{i,j,k+1}-D_{i,j,k})-T^n_{\mathrm{g}i,j,k-\frac12}\rho_{\mathrm g}g(D_{i,j,k}-D_{i,j,k-1})$$

$$G^n_{\mathrm w} = T^n_{\mathrm{w}i+\frac12,j,k}\left[(P_{\mathrm{cgw}i+1,j,k}+\rho_{\mathrm w}gD_{i+1,j,k})-(P_{\mathrm{cgw}i,j,k}+\rho_{\mathrm w}gD_{i,j,k})\right]-T^n_{\mathrm{w}i-\frac12,j,k}\left[(P_{\mathrm{cgw}i,j,k}+\rho_{\mathrm w}gD_{i,j,k})\right.$$
$$\left.-(P_{\mathrm{cgw}i-1,j,k}+\rho_{\mathrm w}gD_{i-1,j,k})\right]+T^n_{\mathrm{w}i,j+\frac12,k}\left[(P_{\mathrm{cgw}i,j+1,k}+\rho_{\mathrm w}gD_{i,j+1,k})-(P_{\mathrm{cgw}i,j,k}+\rho_{\mathrm w}gD_{i,j,k})\right]$$
$$-T^n_{\mathrm{w}i,j-\frac12,k}\left[(P_{\mathrm{cgw}i,j,k}+\rho_{\mathrm w}gD_{i,j,k})-(P_{\mathrm{cgw}i,j-1,k}+\rho_{\mathrm w}gD_{i,j-1,k})\right]+T^n_{\mathrm{w}i,j,k+\frac12}\left[(P_{\mathrm{cgw}i,j,k+1}+\rho_{\mathrm w}gD_{i,j,k+1})\right.$$
$$\left.-(P_{\mathrm{cgw}i,j,k}+\rho_{\mathrm w}gD_{i,j,k})\right]-T^n_{\mathrm{w}i,j,k-\frac12}\left[(P_{\mathrm{cgw}i,j,k}+\rho_{\mathrm w}gD_{i,j,k})-(P_{\mathrm{cgw}i,j,k-1}+\rho_{\mathrm w}gD_{i,j,k-1})\right]$$

$$Q_{\mathrm{sg}i,j,k} = V_{\mathrm B}q_{\mathrm{sg}i,j,k}$$
$$Q_{\mathrm{smf}gi,j,k} = V_{\mathrm B}q_{\mathrm{smf}gi,j,k}$$
$$Q_{\mathrm{sw}i,j,k} = V_{\mathrm B}q_{\mathrm{sw}i,j,k}$$

将方程(6-79)与相应的定解条件相结合，得到关于 $n+1$ 时刻裂缝系统中气相压力 P^{n+1}_{fg} 的大型稀疏线性方程组，其系数矩阵为 7 对角大型稀疏矩阵，整个方程组可以写成 $AX=B$ 的形式。线性代数方程组的求解方法基本上可以分为直接解法和迭代解法，对于阶数不太高的方程组，直接解法是比较有效的，而对于大型稀疏线性方程组，采用迭代法进行求解比较有效。在众多迭代解法中，预处理共轭梯度法是求解大型油气藏数值模拟问题的一种最为成功、有效和先进的方法，其迭代收敛速度不依赖于迭代因子的选取，收敛速度极快，应用范围广，适用于像页岩气、煤层气这类复杂气藏的数值模拟计算。预处理共轭梯度法具体的算法很多，本文选择其中一种较有代表性的方法(矩阵的不完全 LU 分解与 ORTHOMIN 加速法相结合)对 $n+1$ 时刻各网格点的气相压力进行编程求解。

(二)裂缝系统中气、水相饱和度求解

对水相渗流方程(6-9)进行离散化，水相饱和度做显式处理，并将 $n+1$ 时刻各网格点的气相压力代入其中，得到水相渗流差分方程：

$$\Delta T^n_{\mathrm w}\Delta P^{n+1}_{\mathrm{fg}}-G^{n+1}_{\mathrm w}+Q^n_{\mathrm{sw}i,j,k}=\frac{1}{\Delta t}\left[\left(\frac{V_{\mathrm B}\varphi_{\mathrm f}s_{\mathrm w}}{B_{\mathrm w}}\right)^{n+1}_{i,j,k}-\left(\frac{V_{\mathrm B}\varphi_{\mathrm f}s_{\mathrm w}}{B_{\mathrm w}}\right)^n_{i,j,k}\right] \tag{6-80}$$

推算得到 $n+1$ 时刻含水饱和度计算公式为

$$s^{n+1}_{\mathrm{w}i,j,k}=\left(\frac{B_{\mathrm w}}{V_{\mathrm B}\varphi_{\mathrm f}}\right)^{n+1}_{i,j,k}\left[\Delta t\left(\Delta T^n_{\mathrm w}\Delta P^{n+1}_{\mathrm{fg}}-G^{n+1}_{\mathrm w}+Q^n_{\mathrm{sw}i,j,k}\right)+\left(\frac{V_{\mathrm B}\varphi_{\mathrm f}s_{\mathrm w}}{B_{\mathrm w}}\right)^n_{i,j,k}\right] \tag{6-81}$$

根据饱和度归一化方程计算出 $n+1$ 时刻的气相饱和度：

$$s^{n+1}_{\mathrm g}=1-s^{n+1}_{\mathrm w} \tag{6-82}$$

(三)基质系统中气体压力与浓度求解

根据基质系统气体扩散差分方程(6-61)，可得到 $n+1$ 时刻基质系统内气体的浓度 $\bar V^{n+1}_{\mathrm{m}i,j,k}$ 为

$$\bar V^{n+1}_{\mathrm{m}i,j,k}=\frac{\Delta t}{\tau}\left[V_{\mathrm E}(P^n_{\mathrm{fg}i,j,k})-\bar V^n_{\mathrm{m}i,j,k}\right]+\bar V^n_{\mathrm{m}i,j,k} \tag{6-83}$$

将表达式 $B_{g} = \dfrac{\rho_{gsc} ZRT}{MP_{mg}}$ 代入基质系统中的气体平均浓度表达式(6-16)中，并进行离散，得到

$$\bar{V}_{mi,j,k}^{n+1} = \frac{V_{L} P_{mgi,j,k}^{n+1}}{P_{L} + P_{mgi,j,k}^{n+1}} + \left(\frac{M\varphi_{m}}{\rho_{gsc} ZRT}\right)_{i,j,k}^{n} P_{mgi,j,k}^{n+1} \tag{6-84}$$

令 $h = \dfrac{M\varphi_{m}}{\rho_{gsc} ZRT}$，$h$ 在离散过程中为显示处理，并对上式进行变型求解得到 $n+1$ 时刻基质系统中气体压力的表达式为

$$P_{mgi,j,k}^{n+1} = \frac{\bar{V}_{mi,j,k}^{n+1} - P_{L} h_{i,j,k}^{n} - V_{L} + \sqrt{(P_{L} h_{i,j,k}^{n} + V_{L} - \bar{V}_{mi,j,k}^{n+1})^{2} + 4 P_{L} \bar{V}_{mi,j,k}^{n+1} h_{i,j,k}^{n}}}{2 h_{i,j,k}^{n}} \tag{6-85}$$

四、参数处理

模型中所给定的一些基本参数都是网格节点处的值，在两个网格节点中间处的参数值是未知的，但在建立差分方程时，尤其是中心差商时，需用到两个网格节点交界处的未知值，因此需对部分参数进行相应的处理。

1. 绝对渗透率

绝对渗透率是与时间无关的参数，采用调和平均值计算，即

$$k_{i\pm\frac{1}{2}} = \frac{2k_{i} k_{i\pm1}}{k_{i} + k_{i\pm1}}, k_{j\pm\frac{1}{2}} = \frac{2k_{j} k_{j\pm1}}{k_{j} + k_{j\pm1}}, k_{k\pm\frac{1}{2}} = \frac{2k_{k} k_{k\pm1}}{k_{k} + k_{k\pm1}} \tag{6-86}$$

2. 气、水相对流度

气、水相对流度表达式中的相对渗透率是与时间有关的参数，采用上游权处理方法，上游权法指该参数的取值原则是取流动方向上的上游节点值，以气体相对流度为例有

$$\lambda_{gi\pm\frac{1}{2}} = \begin{cases} \lambda_{gi}, \Phi_{i} > \Phi_{i\pm1} \\ \lambda_{gi\pm1}, \Phi_{i} < \Phi_{i\pm1} \end{cases}, \lambda_{gj\pm\frac{1}{2}} = \begin{cases} \lambda_{gj}, \Phi_{j} > \Phi_{j\pm1} \\ \lambda_{gj\pm1}, \Phi_{j} < \Phi_{j\pm1} \end{cases}, \lambda_{gk\pm\frac{1}{2}} = \begin{cases} \lambda_{gk}, \Phi_{k} > \Phi_{k\pm1} \\ \lambda_{gk\pm1}, \Phi_{k} < \Phi_{k\pm1} \end{cases} \tag{6-87}$$

其中，Φ——势函数。

3. 相对渗透率曲线和毛管压力曲线

根据相对渗透率曲线和毛管压力曲线的特征，分别采用一维线性插值方法和三次样条插值方法得到相对渗透率值和毛管压力值，即使用 Matlab 编程软件中的 interp1 和 spline 两个插值函数，插值曲线光滑[59]。

4. 平均压力

平均压力采用算术平均值进行计算，即

$$\bar{P}_{i\pm\frac{1}{2}} = \frac{\bar{P}_{i} + \bar{P}_{i\pm1}}{2}, \bar{P}_{j\pm\frac{1}{2}} = \frac{\bar{P}_{j} + \bar{P}_{j\pm1}}{2}, \bar{P}_{k\pm\frac{1}{2}} = \frac{\bar{P}_{k} + \bar{P}_{k\pm1}}{2} \tag{6-88}$$

五、页岩气藏三维气-水两相渗流模拟程序

(一)程序框图

在上述数值模型基础上,利用 Matlab 编制计算机程序,计算分析在封闭外边界和定压内边界条件下部分因素对气井产量的影响,研究页岩气藏水平井开采时单井产能的变化规律。三维气-水两相渗流数值模拟程序框图如图 6-4 所示,主要源码见附录 2。

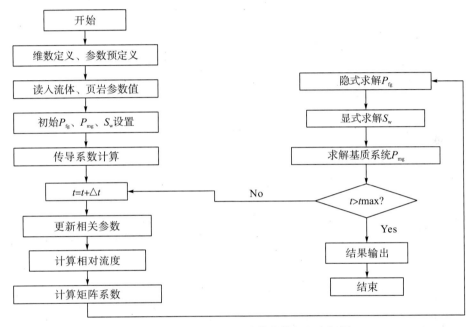

图 6-4 三维气-水两相流数值模拟程序框图

(二)算例分析

由于无法获取实际区块的储层物性参数和水平井的生产动态数据,本文对模型基本参数的选取参照了国外相关论文[11-14]及 Eclipse 软件技术说明,模拟的基本参数如表 6-2 所示。模型网格数为 $60 \times 22 \times 1$,模型大小为 $1500m \times 550m \times 10m$,水平井方位(10:50,11,1)。根据相对渗透率曲线和毛管压力曲线的特征,模拟中分别采用一维线性插值方法和三次样条插值方法得到相对渗透率值和毛管压力值,插值曲线光滑。

表 6-2 数值模拟基本参数

气藏参数	
地层深度/m	2100
有效厚度/m	10
水平井长度/m	1000
气藏原始压力/MPa	28

续表

气藏参数	
气藏温度/℃	45
储层岩石参数	
基质、裂缝孔隙度	10%、1%
储层岩石参数	
基质渗透率/mD	0.001
天然裂缝渗透率 X、Y/mD	0.01
天然裂缝渗透率 Z/mD	0.001
岩石密度/(kg·m^{-3})	1434
岩石压缩系数/MPa^{-1}	1.45×10^{-4}
储层流体参数	
气体相对密度	0.678
Langmuir 压力常数/MPa	4.55
Langmuir 体积常数/(cm^3·g^{-1})	4.199
地层气体的密度/(kg·m^{-3})	142.9
地层水的密度/(kg·m^{-3})	1100
地层气体的黏度/(mPa·s)	0.018
地层水的黏度/(mPa·s)	0.12
地层气体、水的体积系数/(m^3·m^{-3})	0.0045、1
地层气体、水的压缩系数/MPa^{-1}	8.72×10^{-2}、5.8×10^{-4}
气体压缩因子	0.96
其他参数	
定井底流压/MPa	10
解吸时间/d	15
表皮系数	−1
井筒半径/m	0.1
通用气体常数	8.314
甲烷摩尔质量/(g·mol^{-1})	16

　　本节对影响页岩气藏水平井产能的几个主要因素进行了敏感性分析，包括天然裂缝渗透率、Langmuir 压力常数、Langmuir 体积常数和水平井水平段长度，同时也就滑脱效应对渗透率的影响进行了分析。在对某一个参数进行敏感性分析时，模型中其他参数均保持不变，模拟结果如图 6-5～图 6-10 所示。其中图 6-5 和图 6-6 分别是储层的压力和滑脱渗透率对气测渗透率的贡献率 k/k_0 的分布图，从分布图中可以看出，在越靠近井筒附近的地带，k/k_0 越大，滑脱效应对气体在孔道中的渗流能力影响更大；同时在越靠近井筒的位置，储层孔隙压力也越低，二者的变化规律有一致的相反性，即储层孔隙压力越低，k/k_0 越大；说明气体渗流过程中滑脱效应的强弱很大程度上取决于储层孔隙压力的大小，当储层孔隙压力较小的时候，滑脱效应对渗透率的影响较大，滑脱效应明显；

当储层孔隙压力较大的时候，滑脱效应对渗透率的影响较小，滑脱效应不明显，模拟分析结果与第二章的实验结论一致。

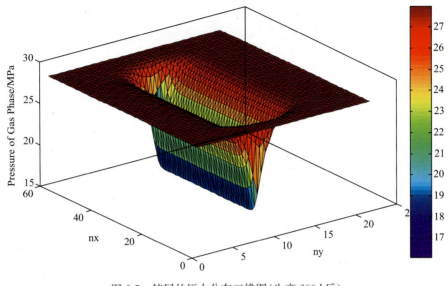

图 6-5 储层的压力分布三维图（生产 600d 后）

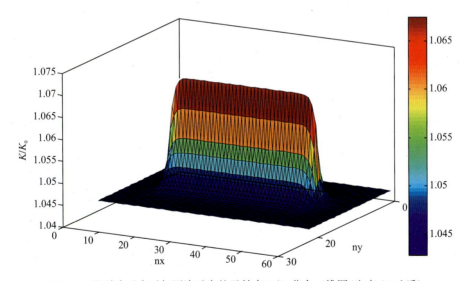

图 6-6 滑脱渗透率对气测渗透率的贡献率 k/k_0 分布三维图（生产 600d 后）

1. 天然裂缝渗透率

从图 6-7 中可以看出，天然裂缝渗透率对水平井的产气量影响很大，随着天然裂缝渗透率由 0.001mD 增大至 0.05mD，对应的水平井初始日产气量由 1561.89m³/d 上升到 7809.45m³/d，气井产量上升明显；由于裂缝渗透率越高，地层水的产出速度越快，导致地层平均压力下降得越快，从而使得气体解吸速度加快，解吸气含量迅速增加，气井产量越高；天然裂缝渗透率的提高也为气体流向井筒提供了更为顺畅的流动通道；天然裂缝渗透率的变化对页岩气藏水平井产量的敏感性很强；对于天然裂缝渗透率特别低，且未实施压裂增产措施的页岩储层，即使是进行水平井开采，日产气量仍然很低，甚至不到 $1000\text{m}^3/\text{d}$，必须通过对有效储层进行压裂来达到提高气井产量的目的。

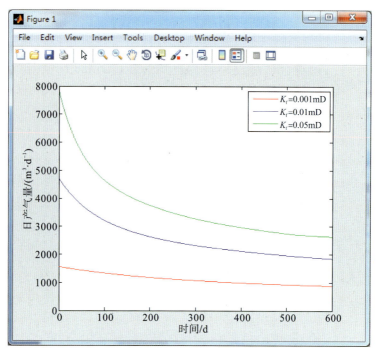

图 6-7 日产气量与时间的关系曲线（不同天然裂缝渗透率）

2. Langmuir 体积常数

Langmuir 体积常数是指单位体积页岩对气体的最大吸附体积，决定了页岩对气体的吸附能力，对于含气量和饱和压力一定的页岩储层来说，Langmuir 体积常数越大，页岩对气体的吸附能力越强。从图 6-8 中可以看出，Langmuir 体积常数对气井初期的产量影响不大，随着 Langmuir 体积常数的增大，气井的初期产气量略有增加，这是由于在页岩储层中游离气含量一定的条件下，Langmuir 体积常数越大，基质系统中的吸附气含量越大，总的页岩气含量越大，在相同生产条件下气井的产气量就越高，但在气井的生产初期，气井所产出的气体主要来源于游离气，吸附气对气井产量的贡献很小，因此气井的产气量增加幅度不大。

3. Langmuir 压力常数

Langmuir 压力常数是指气体吸附量达到极限吸附量一半时对应的压力，与 Langmuir 体积常数共同决定了页岩的吸附等温曲线。Langmuir 压力常数也反映了页岩气的解吸难易程度，Langmuir 压力常数越大，页岩储层的吸附气越容易发生解吸，相同时间内气井产量越高。从图 6-9 中可以看出，Langmuir 压力常数对气井初期的产量影响也不大，随着 Langmuir 压力常数的增大，气井的初期产气量有所增加，但增加幅度不是很大，随着 Langmuir 压力常数的增大，其对气井产量的影响也越来越小，说明 Langmuir 压力常数的变化对页岩气藏水平井初期产量的敏感性很弱，但影响不能忽略。

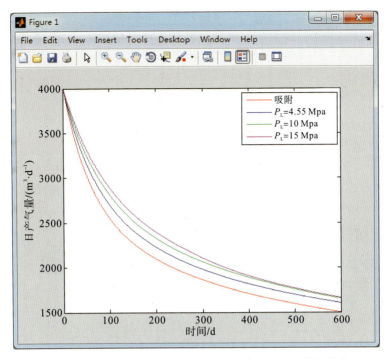

图 6-8　日产气量与时间的关系曲线（不同 Langmuir 体积常数）

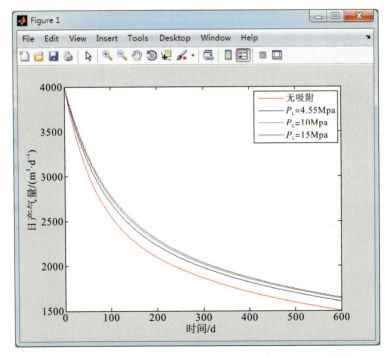

图 6-9　日产气量与时间的关系曲线（不同 Langmuir 压力常数）

为了研究吸附气对气井产能的影响，同时也建立了不考虑吸附气的方案，从图 6-8 和图 6-9 中均可以看出，不考虑吸附气时的气井初期产量低于考虑吸附气时的产量，游离气运移和吸附气解吸共同决定了页岩气井的产量，其中吸附气所占的比例较低，尤其是在气井生产初期，但影响不可忽略，吸附气含量的多少也对页岩气的稳产时间具有一定的影响。在生产过程中，吸附气含量对气井的最终产量具有一定的影响，不能忽略吸附-解吸的影响。

4. 水平井水平段长度

水平井水平段长度的多少意味着气井与页岩储层的接触面积的大小，当页岩储层的有效储气区的长度远大于水平井水平段长度时，水平井水平段越长，气井与页岩储层的接触面积越大，气井连通的气体渗流通道越多，渗流面积越大，气井的产气量越高。从图 6-10 中可以看出，水平井水平段长度对气井的产量影响很大，随着水平段长度的增加，页岩储层气井的产气量明显上升；另外，当水平井末端接近页岩储层的有效储气区边界时，水平井水平段长度的增加对气井产量的影响不再明显。

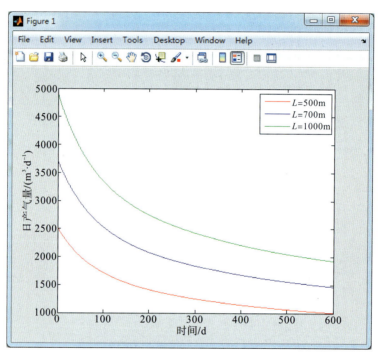

图 6-10　日产气量与时间的关系曲线（不同水平井水平段长度）

第三节　页岩气藏水平井开采机理

一、数值模拟器的选择

商业数值模拟软件 Eclipse2011 认为页岩储层中的天然气同时储存在基质系统和天然裂缝系统内，其中吸附气赋存于基质内，并吸附在页岩有机物上，游离气则赋存于页岩储层的裂缝孔隙和基质孔隙内。Eclipse2011 页岩气模块可对多孔隙系统进行描述，即在双重介质系统基础上，对页岩基质网格进行离散化处理，将原先定义的基质网格离散成多个嵌套子网格，再将子网格分为基岩体积和孔隙体积，其中吸附气储存在基岩体积中，游离气则储存在孔隙体积中，原理如图 6-11 所示，该做法更能准确表征流体在低渗透率基质网格块中的瞬间流动。在建立气藏单井模型时，页岩气藏的特性，如基质、裂缝系统渗透率、Langmuir 压力常数、基质-裂缝耦合因子(Sigma)、气体扩散系数、有机质含量以及甲烷等温吸附曲线函数等都可以很容易地包括在模型中。同时 Eclipse 模拟器还可以很好地对水平井及分段压裂进行模拟，通过油气藏模拟可以对影响气井产能的多种因素(气藏自身参数和水平井分段压裂参数)进行敏感性分析，为提高气井产量提供理论指导。

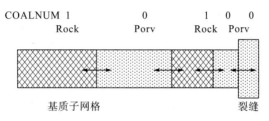

图 6-11　基质嵌套子网格原理

二、模型建立

地质模型中心设置一口水平井，水平井长度为 921m，通过控制网格尺寸来模拟分段压裂裂缝及天然裂缝，基准方案的模型网格数为 89×41×1，其中基质嵌套子网格数为 4，模型大小为 1251m×534.2m×10m。该模型中还利用传导率乘数的方法来模拟页岩气储层中的天然裂缝渗透率随地层压力的变化，以此在模型的裂缝系统中考虑滑脱效应对气井产量的影响。模型中吸附气的吸附-解吸过程遵循 Langmuir 等温吸附定律，甲烷的吸附等温曲线如图 6-12 所示，模型基本参数如表 6-3 所示。

表 6-3　模型基本参数设置

气藏参数	
模拟开始时间	2015 年 1 月 1 日
模拟时间/a	30
网格大小/m	X：1251；Y：534.2；Z：9
网格数	89×41×1
基质嵌套子网格数	4
埋深/m	2100
有效厚度/m	10
水平井长度/m	921
气藏温度/℃	45
储层岩石参数	
基质、天然裂缝孔隙度	0.1、0.01

储层岩石参数	
基质、天然裂缝渗透率/mD	0.0001、0.001
岩石密度/(kg·m^{-3})	1434
岩石压缩系数/MPa^{-1}	1.45×10^{-4}
基质-裂缝耦合因子	0.08
储层流体参数	
气体比重	0.678
地层气体、水的压缩系数/MPa^{-1}	8.72×10^{-2}、5.8×10^{-4}
Langmuir 压力常数/MPa	5.76
Langmuir 体积常数/(cm^3·g^{-1})	3.78
储层流体参数	
气体扩散系数/(m^2·d^{-1})	0.65
气体组分	100%CH$_4$
初始条件	
气藏原始压力/MPa	20.68
初始含水饱和度	5%
分段压裂参数	
压裂段数	10
压裂间距/m	90
裂缝半长/m	124.5
裂缝高度/m	10
人工裂缝导流能力/(mD·m^{-1})	10

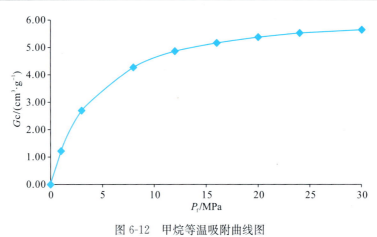

图 6-12　甲烷等温吸附曲线图

所建立的地质模型、属性模型以及模拟过程中裂缝系统的压力和含气饱和度分布如图 6-13～图 6-19 所示。

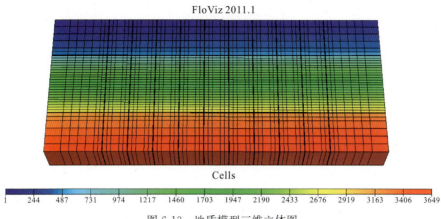

图 6-13 地质模型三维立体图

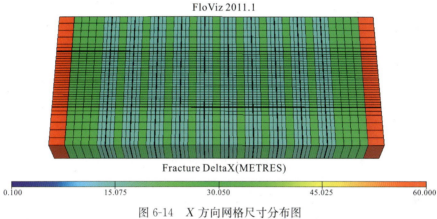

图 6-14 X 方向网格尺寸分布图

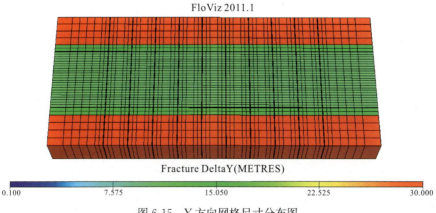

图 6-15 Y 方向网格尺寸分布图

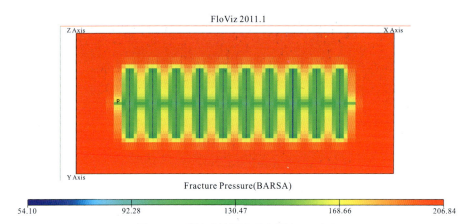

图 6-16　裂缝系统压力分布图（2025 年）

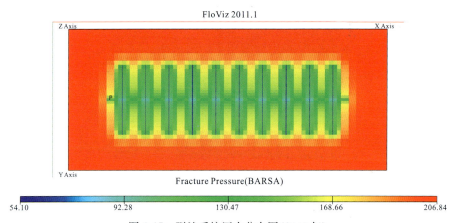

图 6-17　裂缝系统压力分布图（2045 年）

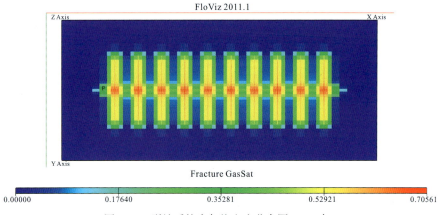

图 6-18　裂缝系统含气饱和度分布图（2025 年）

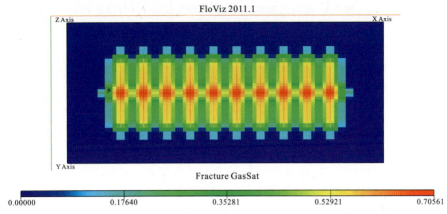

图 6-19　裂缝系统含气饱和度分布图(2045 年)

三、页岩气井开采动态模拟

　　页岩气藏的特殊储层特征决定了页岩气具有特殊的渗流方式,从宏观和微观流动特征分析,页岩气在双重介质中的流动是一个复杂的多尺度流动过程,运移产出机理特殊,同时页岩储层压力的降低是使页岩气发生解吸和运移的直接动力。页岩气井在投产初期的产气量高,这部分气主要是来源于聚集在基质孔隙和裂缝孔隙中的游离气,但递减较快;随着游离气不断被采出,以及地层水被采出,地层压力也在不断降低,吸附于页岩基质表面的天然气开始慢慢解吸,在浓度差的作用下运移至裂缝,最后进入井筒被采出,后期产量递减缓慢,气井生产年限较长。图 6-20 为模拟模型考虑滑脱和不考虑滑脱两种方案下分段压裂水平井的日产气量变化曲线,表 6-4 给出了两种方案下不同生产时期气井的日产气量。

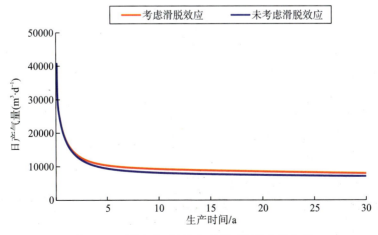

图 6-20　两种方案下日产气量随时间的变化曲线

表 6-4   两种方案下不同生产时期气井的日产气量表

是否考虑滑脱效应	不同生产时期的日产气量/($\times 10^4 \mathrm{m}^3 \cdot \mathrm{d}^{-1}$)						
	0.5a	1a	3a	5a	10a	20a	30a
考虑	2.255	1.776	1.186	1.037	0.929	0.855	0.801
不考虑	2.237	1.746	1.115	0.945	0.818	0.751	0.712

从水平井开采页岩气的日产量曲线和日产气量表均可以看出，页岩气井在开采初期储层压力较高，产气量高，这部分气主要来源于裂缝孔隙中的游离气，在生产的第一年时间里，气井产气量递减异常显著，从 $4.065 \times 10^4 \mathrm{m}^3 / \mathrm{d}$ 下降至 $1.776 \times 10^4 \mathrm{m}^3 / \mathrm{d}$，第一年内的产量递减率达到了 56%；之后几年里，由于游离气的大量产出，以及气体的解吸扩散速度小于渗流运移速度，日产量曲线的下滑趋势开始变缓；随着地层压力和游离气的进一步下降和产出，在中后期相当长一段时间里，基岩表面的吸附气快速解吸后在基质孔隙中出现大量的解吸气，增加了基质孔隙和裂缝孔隙中气体的浓度，在扩散和渗流作用下最终运移到井筒，导致气井产量在生产中后期保持稳步缓慢递减的状态。总结起来就是，页岩气井在生产初期的产气量很高，但递减迅速，在之后相当长一段时间内产量较低，递减缓慢，稳产时间很长。

在气井生产过程中，储层的压力分布变化情况也反映了气井开采动态的情况，图 6-21 分别列出了气井在生产 0.5a、1a、5a、10a、20a、30a 后裂缝系统网格的压力分布。从图 6-21 所示的压力分布图来看，在页岩气藏水平井生产的初期，压力降低最早出现于人工压裂形成的主裂缝，最先产出的气体也主要是这些裂缝中的游离气；随着开采的不断进行，主裂缝处的压力不断降低，压降漏斗随之增大，压力波及范围扩大，裂缝周围的吸附气在降压过程中开始解吸，未被改造的储层开始向主裂缝供气。在开发的中后期，压力的波及范围不再扩大，储层压力递减趋势很小，单井控制储量范围有限，只能通过增加井的数量来提高页岩气产量。

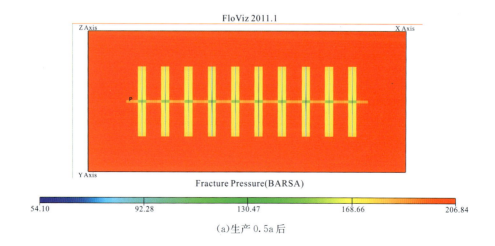

(a)生产 0.5a 后

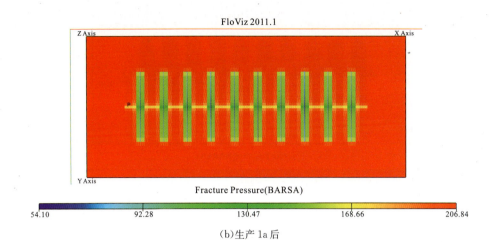

(b)生产 1a 后

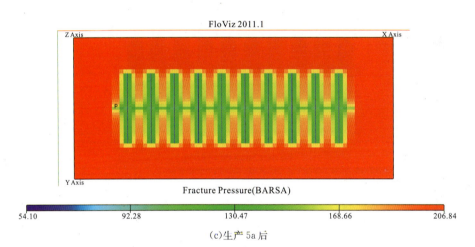

(c)生产 5a 后

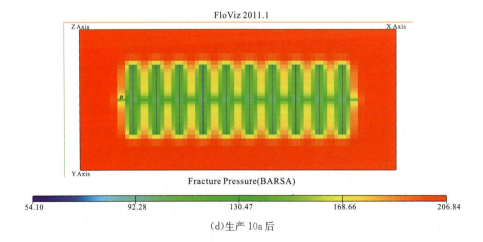

(d)生产 10a 后

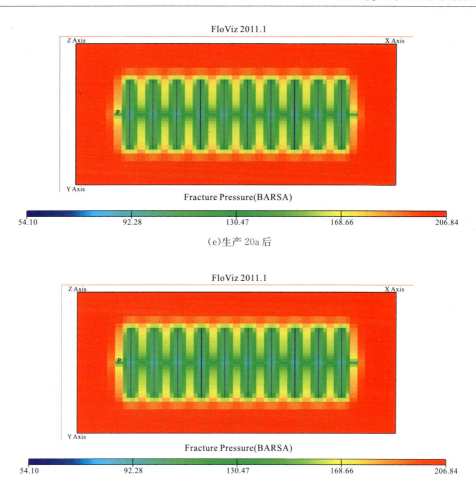

(e)生产 20a 后

(f)生产 30a 后

图 6-21　不同生产时期时裂缝系统网格的压力分布图

四、页岩气井开采影响因素分析

影响页岩气井开采的主要因素包括滑脱、吸附、天然裂缝渗透率、岩石压缩系数、气体扩散系数、基质-裂缝耦合因子（Sigma）、Langmuir 压力常数、Langmuir 体积常数等气藏自身参数，以及分段压裂裂缝间距、裂缝半长、裂缝导流能力等水平井分段压裂参数。模型采用控制井底压力生产，井底压力为 5MPa，预测起始时间为 2015 年 1 月 1日，模拟生产时间为 30a。对某一个参数进行敏感性分析时，其余参数均保持不变。

（一）滑脱效应影响

在模拟过程中，针对页岩气体滑脱效应对气井产量是否存在影响，分别做了两个方案的模拟研究，方案 Shale-Gas 未考虑气体滑脱效应的影响；方案 Shale-Gas-Slippage 则利用传导率乘数的方法来模拟页岩气储层中天然裂缝系统的渗透率随地层压力的变化，以此在模型中考虑气体滑脱效应的影响。该方法最早是由 Clarkson 和 McGovern 于 2005年用于模拟煤层气储层的绝对渗透率变化[65]。图 6-22 为模拟模型考虑滑脱效应和不考虑滑脱效应两种方案下分段压裂水平井的累计产气量曲线，表 6-5 给出了两种方案下气井生产 30a 后的累计产气量。

从图 6-22 和表 6-5 中可以看出，在水平井开采的前两年时间里，两种方案的产气量差别不大，之后开始存在一定的差异。说明在水平井开采的前两年，滑脱效应对水平井产气量的影响很小，而之后滑脱效应对产气量的影响开始变得明显，滑脱效应有利于提高水平井在中后期的产量；储层孔隙压力越低，滑脱效应越明显。滑脱效应的存在，使气体流动更加顺畅，从而使页岩气井的产量增大。因此在页岩气的生产开发过程中，应尽量考虑滑脱效应对产气量的影响，加快相应页岩气开发技术的创新，才能合理高效地开发页岩气。

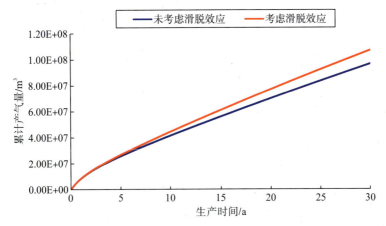

图 6-22　两种方案下气井的累计产气量曲线

表 6-5　两种方案下气井生产 30 年后的累计产气量

方案	累计产气量/($\times 10^8 m^3$)
考虑滑脱效应	1.074
未考虑滑脱效应	0.969

(二)吸附气影响

页岩气藏与常规气藏最主要的区别在于页岩基质表面吸附有大量的天然气，即为吸附气，为了研究吸附气对页岩气井产量的影响，建立了考虑吸附气和不考虑吸附气两种方案，方案 Shale-Gas-Slippage 考虑了气体的吸附，方案 Shale-Gas-Slippage-No-Desorption 未考虑气体的吸附。图 6-23 和图 6-24 分别为两种方案的日产量曲线和累计产气量曲线，表 6-6 为两种方案下气井生产 30a 后的累计产气量。

表 6-6　两种方案下气井生产 30a 后的累计产气量

是否考虑吸附气	累计产气量/($\times 10^8 m^3$)
考虑吸附气	1.074
未考虑吸附气	0.515

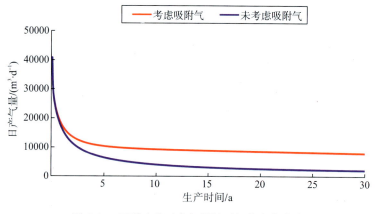

图 6-23　两种方案日产气量随时间的变化曲线

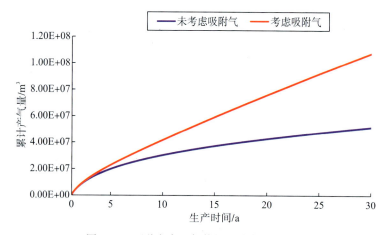

图 6-24　两种方案下气井的累计产气量曲线

从图 6-23 和图 6-24 中的两条曲线中可以明显看出，不考虑吸附气时的气井产量明显低于考虑吸附气时的产量；在气井生产初期，考虑吸附气和不考虑吸附气的日产量曲线基本重合，吸附气对气井产能没有明显影响；在生产中后期，考虑吸附气的日产量曲线明显高于不考虑吸附气的日产量曲线，吸附气对气井产能影响很大；这是因为在生产初期，以游离气为主要气源，游离气主导着气井产量的高低，随着游离气的大量产出及储层压力的降低，吸附气对气井产能的贡献日益突出。页岩气井的产量是游离气运移和吸附气解吸共同作用的结果，解吸气所占的比例很低，尤其是在气井生产初期，但影响不可忽略，吸附气含量的多少也对页岩气的稳产时间具有一定的影响，对于吸附气含量很高的储层，其对页岩气井的产能影响更大。在生产过程中，吸附气含量对气井的最终产量具有较大影响，不能忽略吸附-解吸的影响。

(三)天然裂缝渗透率影响

分别采用四种天然裂缝渗透率来模拟研究其对水平井产气量的影响，各方案所对应的天然裂缝网格渗透率值和累计产气量见表 6-7，模拟结果见图 6-25。

表 6-7　不同方案天然裂缝渗透率及累计产气量

方案	天然裂缝网格渗透率/mD	累计产气量/($\times 10^8 m^3$)
方案 1	0.001	1.074
方案 2	0.0001	0.465
方案 3	0.0005	0.660
方案 4	0.005	1.648

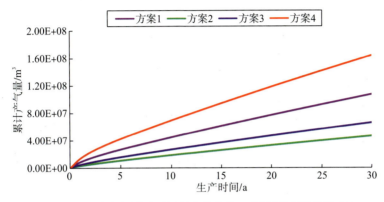

图 6-25　累计产气量随时间的变化曲线（不同天然裂缝渗透率）

从表 6-7、图 6-25 中可以看出，天然裂缝渗透率对页岩气藏水平井的产气量影响很大，随着天然裂缝渗透率从 0.0001mD 增大到 0.005mD，水平井的累计产气量从 $0.465 \times 10^8 m^3$ 增加到 $1.648 \times 10^8 m^3$，累计产气量增长幅度很大，说明裂缝渗透率对水平井产气量的敏感性很强。同时，天然裂缝渗透率越高，产水速度也却快，地层压力下降得越快，从而导致页岩气解吸速度越快，天然裂缝渗透率的提高也为气体流向井筒提供了更为顺畅的流动通道。

（四）岩石压缩系数影响

分别采用三种岩石压缩系数来模拟研究其对水平井产气量的影响，各方案所对应的岩石压缩系数值和累计产气量见表 6-8，模拟结果见图 6-26。

从表 6-8、图 6-26 可以看出，岩石压缩系数由 $1.45 \times 10^{-5} MPa^{-1}$ 增大至 1.45×10^{-3} MPa^{-1}，气井的累计产气量略有增加，但增加幅度极小。由此说明页岩储层的岩石压缩系数的变化对气井的产气量基本无影响，敏感性很弱。

表 6-8　不同方案岩石压缩系数及累计产气量

方案	岩石压缩系数/MPa^{-1}	累计产气量/($\times 10^8 m^3$)
方案 1	1.45×10^{-4}	1.074
方案 2	1.45×10^{-5}	1.070
方案 3	1.45×10^{-3}	1.083

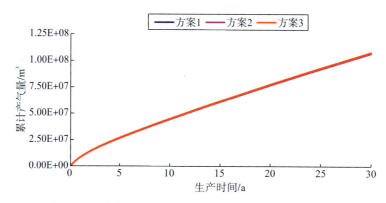

图 6-26　累计产气量随时间的变化曲线(不同岩石压缩系数)

(五)气体扩散系数影响

分别采用四种气体扩散系数来模拟研究其对水平井产气量的影响,各方案所对应的气体扩散系数值和累计产气量见表 6-9,模拟结果见图 6-27。

表 6-9　不同方案气体扩散系数及累计产气量

方案	气体扩散系数/(m²·d⁻¹)	累计产气量/(×10⁸m³)
方案 1	0.65	1.074
方案 2	0.065	0.575
方案 3	3.25	1.586
方案 4	6.5	1.713

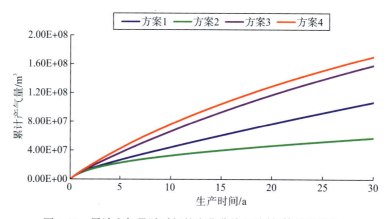

图 6-27　累计产气量随时间的变化曲线(不同气体扩散系数)

气体扩散系数反映了基质孔隙中页岩气的扩散能力。由表 6-9 和图 6-27 可以看出,当气体扩散系数从 $0.065\mathrm{m^2/d}$ 增大到 $6.5\mathrm{m^2/d}$ 时,生产 30a 后的水平井累计产气量由 $0.575\times10^8\mathrm{m^3}$ 上升至 $1.713\times10^8\mathrm{m^3}$,增长幅度较大,气体扩散系数对气井产量的影响较大;从图中还可以看到,气体扩散系数对气井生产初期的产气量影响较小,其对产气量的影响主要是在生产的中后期,这是因为气井在生产初期的产气主要是裂缝孔隙中的游离气,气体的运移以裂缝中的渗流为主,扩散作用相对很弱;随着游离气的大量产出,基质中的吸附气开始大量解吸，压力下降缓慢，气体的扩散作用开始突显出来。

（六）基质-裂缝耦合因子影响

分别采用四种基质-裂缝耦合因子来模拟研究其对水平井产气量的影响，各方案所对应的基质-裂缝耦合因子值和累计产气量见表 6-10，模拟结果见图 6-28。

表 6-10　不同方案基质-裂缝耦合因子及累计产气量

方案	基质-裂缝耦合因子	累计产气量/($\times 10^8\mathrm{m}^3$)
方案 1	0.08	1.074
方案 2	0.004	0.526
方案 3	0.04	0.859
方案 4	0.4	1.396

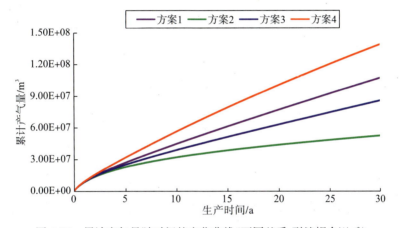

图 6-28　累计产气量随时间的变化曲线（不同基质-裂缝耦合因子）

基质-裂缝耦合因子（Sigma）是双重孔隙介质的一个重要表征参数，表示双重孔隙储层中裂缝系统与基质系统之间流体交换的难易程度，反映出气体由基质系统向裂缝窜流的能力。由表 6-10 和图 6-28 可以看出，基质-裂缝耦合因子对产气量的影响较大，当基质-裂缝耦合因子从 0.004 增大到 0.4 时，生产 30a 后的水平井累计产气量由 $0.526\times 10^8\mathrm{m}^3$ 上升至 $1.396\times 10^8\mathrm{m}^3$，产量上升幅度较大；从图中还可以看到，基质-裂缝耦合因子对气井产量的影响也主要发生在开采的中后期，与气体扩散系数对气井产量的影响类似，初期气井所产出的气主要是裂缝孔隙中的游离气，到中后期基质系统中的游离气和解吸气对气井产量的贡献越来越大，对于双孔单渗模型，裂缝系统与基质系统间的气体交换作用显得异常重要。

（七）Langmuir 压力常数影响

分别采用四种 Langmuir 压力常数来模拟研究其对水平井产气量的影响，各方案所对应的 Langmuir 压力常数值和累计产气量见表 6-11，模拟结果见图 6-29。

表 6-11　不同方案 Langmuir 压力常数及累计产气量

方案	Langmuir 压力常数/MPa	累计产气量/($\times 10^8 \mathrm{m}^3$)
方案 1	5.76	1.074
方案 2	1.44	0.818
方案 3	2.88	0.957
方案 4	11.52	1.138

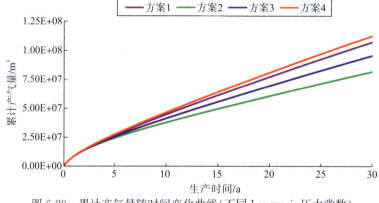

图 6-29　累计产气量随时间变化曲线(不同 Langmuir 压力常数)

Langmuir 压力常数是指气体吸附量达到极限吸附量一半时对应的压力,与 Langmuir 体积常数共同决定了页岩基质的吸附等温曲线。Langmuir 压力常数越大,页岩储层的吸附气越容易发生解吸,相同时间内气井产量越高。从表 6-11 和图 6-29 中可以看出,当 Langmuir 压力常数由 1.67MPa 增加到 13.5MPa 时,水平井生产 30a 后的累计产气量由 $0.818 \times 10^8 \mathrm{m}^3$ 增长至 $1.138 \times 10^8 \mathrm{m}^3$,其对气井产能的影响主要发生在开采的中后期,开采初期无明显影响;同时,随着 Langmuir 压力常数越来越大,气井产气量增加的幅度也越来越小。Langmuir 压力常数的变化对水平井产气量具有一定的影响,敏感性中等。

(八)Langmuir 体积常数影响

分别采用四种 Langmuir 体积常数来模拟研究其对水平井产气量的影响,各方案所对应的 Langmuir 体积常数值和累计产气量见表 6-12,模拟结果见图 6-30。

Langmuir 体积常数是指单位体积页岩对气体的最大吸附体积。从表 6-12 和图 6-30 中可以看出,当 Langmuir 体积常数由 0.95cm³/g 增加到 7.56cm³/g 时,生产 30a 后的水平井累计产气量由 $0.686 \times 10^8 \mathrm{m}^3$ 增长至 $1.352 \times 10^8 \mathrm{m}^3$,气井产量的增长幅度越来越大,Langmuir 体积常数变化对产气量的影响较大。在页岩储层中游离气含量一定的条件下,Langmuir 体积常数越大,基质系统中的吸附气含量越高,总的页岩气含量越高,在生产中后期气井的产气量就越高。

表 6-12　不同方案 Langmuir 体积常数及累计产气量

方案	Langmuir 体积常数/(cm³·g⁻¹)	累计产气量/($\times 10^8 \mathrm{m}^3$)
方案 1	3.78	1.074
方案 2	0.95	0.686

方案	Langmuir 体积常数/(cm³·g⁻¹)	累计产气量/(×10⁸m³)
方案 3	1.9	0.841
方案 4	7.56	1.352

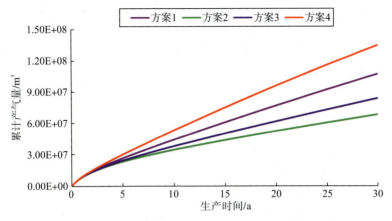

图 6-30　累计产气量随时间变化曲线(不同 Langmuir 体积常数)

(九)分段压裂裂缝间距影响

分别采用三种分段压裂裂缝间距来模拟研究其对水平井产气量的影响,各方案所对应的裂缝间距值和累计产气量见表 6-13,模拟气井产气量随时间变化曲线如图 6-31,储层的压力分布如图 6-32 所示。

表 6-13　不同方案裂缝间距及累计产气量

方案	裂缝间距/m	累计产气量/(×10⁸m³)
方案 1	90	1.074
方案 2	180	0.823
方案 3	270	0.685

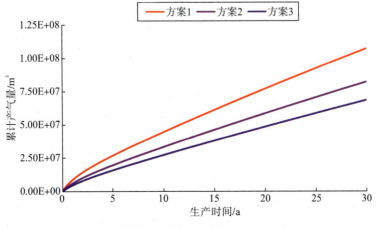

图 6-31　累计产气量随时间变化曲线(不同裂缝间距)

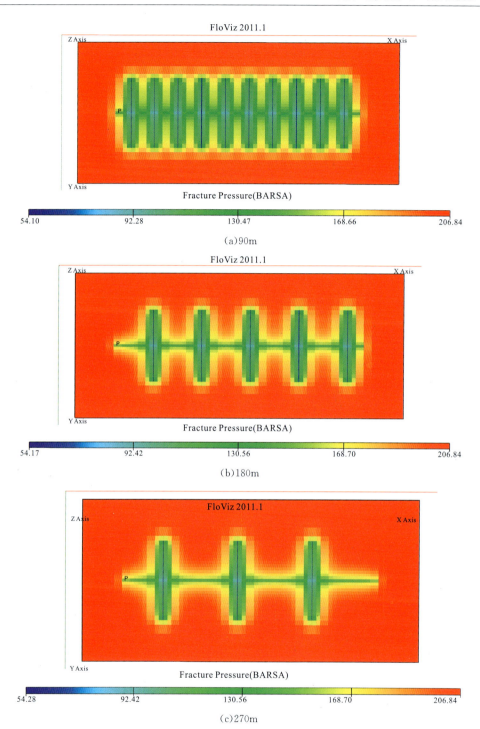

（a）90m

（b）180m

（c）270m

图 6-32　生产 30a 后裂缝系统网格的压力分布图(不同裂缝间距)

从表 6-13 和图 6-31 中可以看出，分段压裂裂缝间距对气井产量的影响很强，当裂缝间距由 90m 增加到 270m 时，生产 30a 后的水平井累计产气量由 $1.074 \times 10^8 \mathrm{~m}^3$ 下降至 $0.685 \times 10^8 \mathrm{~m}^3$，下降幅度很大，裂缝间距的变化对水平井产气量敏感性很强。说明在综合考虑储层条件和压裂成本的前提下，应尽量缩短裂缝间距，增加分段压裂裂缝条数，扩大有效压裂面积，将压裂裂缝与天然裂缝充分连通，增加流体的有效流动通道。

（十）分段压裂裂缝半长影响

分别采用四种分段压裂裂缝半长来模拟研究其对水平井产气量的影响，各方案所对应的裂缝半长值和累计产气量见表 6-14，模拟气井产气量随时间变化曲线如图 6-33，储层的压力分布如图 6-34 所示。

表 6-14　不同方案压裂裂缝半长及累计产气量

方案	裂缝半长/m	累计产气量/($\times 10^8 m^3$)
方案 1	124.5	1.074
方案 2	40	0.308
方案 3	80	0.503
方案 4	162	1.226

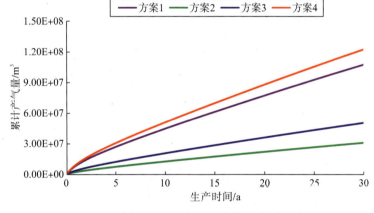

图 6-33　累计产气量随时间变化曲线（不同裂缝半长）

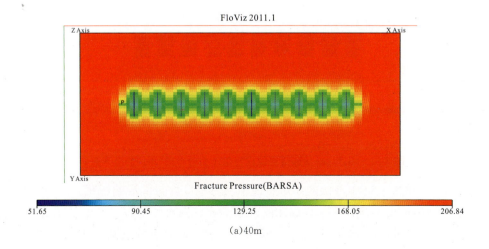

（a）40m

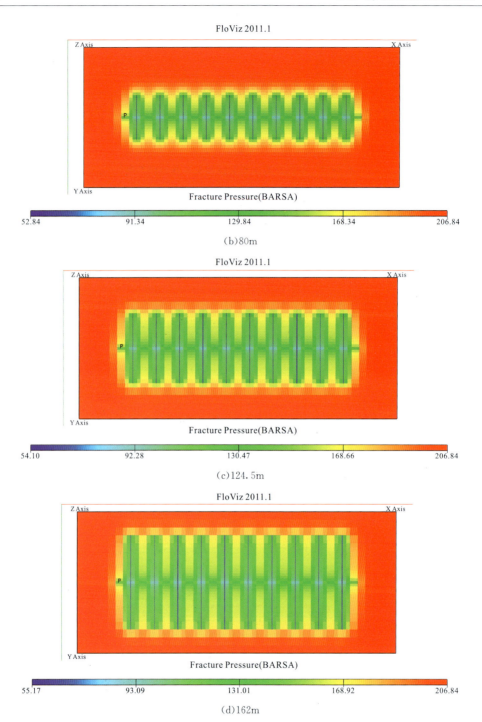

图 6-34 生产 30a 后裂缝系统网格的压力分布图(不同裂缝半长)

从表 6-14 和图 6-33 中可以看出,裂缝半长对气井产量的影响很强,当裂缝半长由 40m 增加到 162m 时,生产 30a 后的水平井累计产气量由 0.308×10^8 m³ 上升至 1.226×10^8 m³,上升幅度很大,裂缝半长的变化对水平井产气量敏感性很强。随着分段压裂裂缝半长的增加,水平井产气量明显增大,但当裂缝半长增加到一定值的时候,气井产量的增长幅度随裂缝半长的增加而减小，这是因为当裂缝半长增加到一定值的时候，压裂裂缝已经充分连通了远井地带的天然裂缝，提供了充足的流体流动通道，有利于远井地带的页岩气向井筒流动。同时当裂缝半长很短的时候，气井产量十分低，因此在充分考虑压裂成本的前提下，尽可能增大裂缝半长，将压裂裂缝与远井地带的天然裂缝进行连通，有利于增加水平井产气量。

（十一）分段压裂裂缝导流能力影响

分别采用四种分段压裂裂缝导流能力来模拟研究其对水平井产气量的影响，各方案所对应的压裂裂缝导流能力值和累计产气量见表 6-15，模拟气井产气量随时间变化曲线如图 6-35。

表 6-15　不同方案压裂裂缝导流能力及累计产气量

方案	压裂裂缝导流能力/(mD·m)	累计产气量/(×10⁸m³)
方案 1	10	1.074
方案 2	1	0.674
方案 3	5	0.988
方案 4	50	1.176

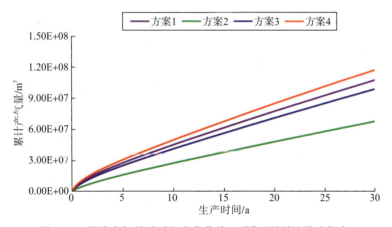

图 6-35　累计产气量随时间变化曲线（不同压裂裂缝导流能力）

从表 6-15 和图 6-35 中可以看出，压裂裂缝导流能力对气井产量的影响很强，当压裂裂缝导流能力长由 1mD·m 增加到 50mD·m 时，生产 30a 后的水平井累计产气量由 $0.674×10^8 m^3$ 上升至 $1.176×10^8 m^3$，上升幅度很大，压裂裂缝导流能力的变化对水平井产气量敏感性很强。因此，在压裂施工过程中，应尽可能增加压裂裂缝的导流能力，提高压裂支撑剂的性能，加大流体在压裂裂缝中的流动效率。

参 考 文 献

[1] Ted W A，Michael G III J，John L W，et al. An analytical model for history matching naturally fractured reservoir production data ［R］. SPE，18856，1990.

[2] Ozkan E，Raghavan R. Modeling of fluid transfer from shale matrix to fracture network ［R］. SPE，134830，2009.

［3］ Wu Yushu，George Moridis，Bai Baojun. A multi-continuum method for gas production in tight fracture reservoirs ［R］. SPE，118944，2009.

［4］ Moridis G J，Blasingame T A，Freeman C M. Analysis of mechanisms of flow in fractured tight gas and shale gas reservoirs ［R］. SPE，139250，2010.

［5］ Freeman C M，Moridis G，Ilk D，et al. A numerical study of transport and storage effects for tight gas and shale gas reservoirs ［R］. SPE，131583，2010.

［6］ Freeman C M，Moridis G，Ilk D，Blasingame T A. A numerical study of performance for tight gas and shale gas reservoir systems ［R］. SPE，124961，2009.

［7］ Zhang X，Du C，Deimbacher F，et al. Sensitivity studies of horizontal wells with hydraulic fractures in shale gas reservoirs ［C］ //International Petroleum Technology Conference. International Petroleum Technology Conference，2009.

［8］ Cipolla C L，Lolon E P，Mayerhofer M J，et al. Fracture design consideration in horizontal wells drilled in unconventional gas reservoirs ［R］. SPE，119366，2009.

［9］ Kewen L，Roland N H. Gas slippage in Two-Phase flow and the effect of temperature ［C］. SPE-68778-MS presented at SPE Western Regional Meeting，Bakersfield，California，26-30 March 2001.

［10］ 李斌. 煤层气非平衡吸附的数学模型和数值模拟 ［J］. 石油学报，1996，17(4)：42-49

［11］ Aboaba A L. Estimation of Fracture Properties for a Horizontal Well with Multiple Hydraulic Fractures in Gas Shale ［D］. West Virginia University，2010.

［12］ Adekoya F. Production Decline Analysis Of Horizontal Well In Gas Shale Reservoirs ［D］. West Virginia University，2009.

［13］ Essa M T. Analysis of Pressure Data from the Horizontal Wells with Multiple Hydraulic Fractures in Shale Gas ［D］. West Virginia University，2011.

［14］ Amirmasoud Kalantari-Dahaghi. Reservoir modeling of New Albany Shale ［D］. West Virginia University，2010.

第七章　页岩气藏体积压裂

页岩储层通过体积压裂后，多级裂缝交织在一起形成缝网系统，增大储层基质与裂缝壁面的接触面积，提高储层整体渗透率，实现了储层长宽高三维方向的全面改造。本章主要阐释体积压裂的概念，介绍页岩气藏体积压裂的工艺，并给出体积压裂设计实例。

第一节　页岩气藏体积压裂概念

一、体积压裂的概念与内涵

体积压裂[1-3]是在水力压裂的过程中，在形成一条或者多条主裂缝的同时，通过分段多簇射孔、高排量、大液量、低黏液体以及转向材料和技术的应用，实现对天然裂缝、岩石层理的沟通，以及在主裂缝的侧向强制形成次生裂缝，并在次生裂缝上继续分枝形成二级次生裂缝。以此类推，应尽最大可能增加改造体积，让主裂缝与多级次生裂缝交织形成裂缝网络系统，将可以进行渗流的有效储集体"打碎"，使裂缝壁面与储层基质的接触面积最大，使得油气从任意方向的基质向裂缝的渗流距离最短，极大地提高储层整体渗透率，实现对储层在长、宽、高三维方向的全面改造，有效改善储集层的渗流特征及整体渗流能力，从而提高压裂增产效果和增产有效期。

内涵之一：体枳改造技术的裂缝起裂模型突破了传统经典模式，不再是单一的张性裂缝起裂与扩展，而是具有复杂缝网的起裂与扩展形态。形成的裂缝不是简单的双翼对称裂缝，而是复杂缝网[1,2]。在实际应用中，目前主要采用裂缝复杂指数（fracture complex index，FCI）来表征体积改造效果的好坏[4]。一般来说，FCI值越大，说明产生的裂缝越复杂、越丰富，形成的改造体积就越大，改造效果就越好[5]。

内涵之二：利用体积改造技术"创造"的裂缝，其表现形式不是单一的张开型破坏，而是剪切破坏以及错断、滑移等。体积改造技术"打破"了裂缝起裂与扩展的传统理论与模型。目前对裂缝剪切起裂以及张性起裂的研究大多使用经典力学理论，而 Hossain 等[6]采用分形理论反演模拟天然裂缝网络，在考虑了线弹性和弹性裂缝变形以及就地应力场变化的基础上，建立了节理、断层发育条件下裂缝剪切扩展模型，是今后推动体积改造技术在理论研究方面进步的基础。国内学者[7,8]在进行缝网压裂技术探索的同时，也在积极探索建立体积改造技术的理论与技术体系。

内涵之三：体积改造技术"突破"了传统压裂裂缝渗流理论模式，其核心是基质中的流体向裂缝的"最短距离"渗流，大幅度降低了基质中的流体实现有效渗流的驱动压力，大大缩短了基质中的流体渗流到裂缝中的距离。由于传统理论模式下的压裂裂缝为双翼对称裂缝，往往以一条主缝为主导来实现改善储集层的渗流能力，主裂缝的垂直方向上仍然是基质中的流体向裂缝的"长距离"渗流，单一主流通道无法改善储集层的整体渗流能力。在基质中的流体向单一裂缝的垂向渗流中，如果基质渗透率极低，基质中流体向人工裂缝实现有效渗流的距离将非常短，要实现"长距离"渗流需要的驱动压力非常大，因此，该裂缝模式极大地限制了储集层的有效动用率。如果采用水平井开发，井眼轨迹沿砂体展布有利方向布置，然后实施分段压裂，可以大幅度缩短基质中气体向裂缝流动的距离。若采用体积改造技术，通过压裂产生裂缝网络，就可使基质中流体向裂缝的渗流距离变得更短。这样的技术理念将会促使井网优化的理念随之发生改变。在实施"体积改造"过程中，由于储集层形成复杂裂缝网络，使储集层渗流特征发生了改变，主要体现在基质中的流体可以"最短距离"向各方向裂缝渗流，压裂裂缝起裂后形成复杂的网络缝，被裂缝包围的基质中的流体自动选择向流动距离最短的裂缝渗流，然后从裂缝向井筒流动。此外，这个"最短距离"并不一定单纯指路径距离，也含有最佳距离的含义，即在基质中流体向裂缝的渗流过程中，其流动遵循最小阻力原理，自动选择最佳路径(并不一定是物理意义上的最短距离)。

内涵之四：体积改造技术适用于具有较高脆性指数的储集层。储集层脆性指数不同，体积改造技术方法也不同。按照岩石矿物学分类判断，一般石英含量超过 30% 可认为页岩具有较高脆性指数。由于脆性指数越高，岩石越易形成复杂缝网，因此，脆性指数的大小是指导优选改造技术模式和液体体系的关键参数。

内涵之五：体积改造技术通常采用"分段多簇射孔"改造储集层的理念，是对水平井分段压裂通常采用的单簇射孔模式的突破。"分段多簇"射孔利用缝间干扰实现裂缝的转向，产生更多的复杂缝，是储集层压裂改造技术理论的一个重大突破，是体积改造技术的关键之一[1]。简言之，分段多簇射孔及相应的改造技术方法是体积改造技术理念的重要体现形式，实现缝间应力干扰的最重要的手段就是分段多簇射孔压裂，判断水平井油气层改造中是否充分使用了狭义的体积改造技术理念，关键看是否采用了分段多簇射孔及相应的改造技术方法。

二、体积压裂适用地层条件

(1)天然裂缝发育，且天然裂缝方位与最小主地应力方位一致。在此情况下，压裂裂缝方位与天然裂缝方位垂直，容易形成相互交错的网络裂缝。天然裂缝存在与否、方位、产状及数量直接影响到压裂裂缝网络的形成，而天然裂缝中是否含有充填物对形成复杂缝网起着关键作用。在"体积压裂"中，天然裂缝系统更容易先于基岩开启，原生和次生裂缝的存在能够增加产生复杂裂缝的可能性，从而极大地增大改造体积(SRV)。

(2)岩石硅质含量高(大于 35%)，脆性系数高。岩石硅质(石英和长石)含量高，使得岩石在压裂过程中产生剪切破坏，不是形成单一裂缝，而是有利于形成复杂的网状缝，从而大幅度提高了裂缝体积。大量研究及现场试验表明：富含石英或者碳酸盐岩等脆性矿物的储层有利于产生复杂缝网，黏土矿物含量高的塑性地层不易形成复杂缝网，不同页岩储层"体积压裂"时应选用各自适宜的技术对策。

(3)敏感性不强，适合大型滑溜水压裂。弱水敏地层，有利于提高压裂液用液规模，同时使用滑溜水压裂，滑溜水黏度低，可以进入天然裂缝中，迫使天然裂缝扩展到更大范围，大大扩大改造体积。

第二节 页岩气井压裂技术

一、水平井分段压裂

水平井分段压裂[9,10]或其他材料段塞，在水平井筒内一次压裂一个井段，逐段压裂，压开多条裂缝。目前水平井分段压裂主要施工方式有滑套封隔器分段压裂和可钻式桥塞分段压裂。

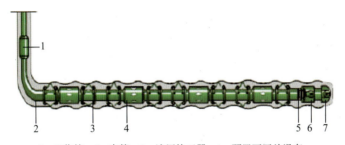

1—工作筒；2—套管；3—液压扶正器；4—预置可开关滑套；
5—长翼高效胶塞；6—浮箍；7—浮鞋

图 7-1 滑套封隔器分段压裂工艺示意图(据吕玮，2013)

滑套封隔器分段压裂(图 7-1)工艺过程为：①将水平井预置可开关滑套配接的套管串下入后固井；②连续管配接液控开关工具作为启闭滑套的钥匙，下入套管串内；③钥匙到达第 1 个预置滑套内，启动液控开关工具(油管加压)；④使启闭滑套的钥匙开始工作，开启预置可开关滑套，进行压裂；⑤压裂完成后，再启动液控开关工具，关闭预置可开关滑套；⑥如此动作反复对每一级进行开启关闭，完成每一级的压裂工作。滑套封隔器分段压裂采用套管固井完井方式，因而可以满足页岩气体积压裂大规模大排量的要求。除此以外，其还具有分段级数不受限制、周期短、费用低、后期可通过启闭滑套实施重复压裂等特点。可钻式桥塞分段压裂施工过程与滑套封隔器分段压裂过程类似：①进行第一段主压裂之前，利用电缆下入射孔枪对第一施工段进行射孔；②完成第一段射孔后，利用光套管进行主压裂；③待第一段主压裂完成后，利用电缆下入复合桥塞和射孔枪联作工具串，坐封复合桥塞暂堵第一段，坐封完成后对桥塞丢手，上提射孔枪至第二施工段，进行射孔；④完成第二段射孔后，起出电缆，利用套管对第二段进行主压裂；⑤后续层段施工可重复第二段施工步骤，直至所有层段都压裂完成。

二、水力喷射压裂

水力喷射压裂(hydroulic jetting fracturing，HJD)[11]是用高速和高压流体携带砂体进行射孔，打开地层与井筒之间的通道后，提高流体排量，从而在地层中打开裂缝的水力压裂技术。该压裂技术是集射孔、压裂、隔离一体化的增产措施，具有自身独特的定位性，无需封隔器，通过安装在施工管柱上面的喷射工具，利用水力作用在地层形成一个或者数个喷射通道，一趟管柱即可实现多段射孔压裂。

水利喷射压裂增产机理为：流体通过喷射工具，油管中的高压能量被转换成动能，产生高速流体冲击岩石形成射孔通道，完成水力射孔。高速流体的冲击作用在水力射孔孔道顶端产生微裂缝，降低了地层起裂压力。射流继续作用在喷射通道中形成增压。向环空中泵入流体增加环空压力，喷射流体增压和环空压力的叠加超过破裂压力瞬间将射孔孔眼顶端处地层压破。环空流体在高速射流的带动下进入射孔通道和裂缝中，使裂缝得以充分扩展，能够得到较大的裂缝。水力喷射压裂由 3 个过程共同完成：水力喷砂射孔、水力压裂和环空挤压。优点是不受水平井完井方式的限制，可在裸眼和各种完井结构水平井实现压裂，缺点是受到压裂井深和加砂规模的限制。水力喷射压裂技术在低压、低产、低渗、多薄互层的页岩储层改造中能够获得良好的效果。

三、重复压裂

所谓重复压裂[12,13]是指同层第二次的或更多次的压裂，即第一次对某层段进行压裂后，对该层段再进行压裂，甚至更多次的压裂。当页岩气井初始压裂处理已经无效或现有的支撑剂因时间关系损坏或质量下降，导致气体产量大幅下降时，可采用重复压裂技术。重复压裂能够重新压裂裂缝或使裂缝重新取向，使页岩气井产能恢复到初始状态甚至更高。

重复压裂技术对处理低渗、天然裂缝发育、层状和非均质地层很有效，特别是页岩气藏，重复压裂能重建储层到井眼的线性流，在井底诱导产生新裂缝，从而增加裂缝数量和空间，提高作业井的生产能力。在页岩气藏中应用重复压裂技术能够很好地重建储层到井眼之间的线性流，产生导流能力更强的支撑裂缝系统，来恢复或增加产能。决定页岩气重复压裂成功与否的一个重要因素是裂缝转向。

四、同步压裂

同步压裂[13,14]指对 2 口或 2 口以上的配对井进行同时压裂，是近几年在巴尼特页岩储层改造过程中逐渐发展起来的主流技术之一。同步压裂采用使压裂液和支撑剂在高压下从一口井向另一口井运移距离最短的方法，来增加水力压裂裂缝网络的密度和表面积，利用井间连通的优势来增大工作区裂缝的程度和强度，最大限度地连通天然裂缝。同步压裂最初是 2 口互相接近且深度大致相同的水平井间的同时压裂，目前已发展成 3 口井同时压裂，甚至 4 口井同时压裂。同步压裂对页岩气井短期内增产非常明显，而且对工作区环境影响小，完井速度快，节省压裂成本，是页岩气开发中后期比较常用的压裂技术。

五、缝网压裂

所谓"缝网压裂"就是利用储层两个水平主应力差与裂缝延伸净压力的关系[15]，一旦实现裂缝延伸净压力大于两个水平主应力差值与岩石抗张强度之和时，则容易产生分叉缝，多个分叉缝形成缝网系统，最终形成以主裂缝为主干的纵横"网状缝"系统，其中，主裂缝为"缝网"系统的主干，而分叉缝延伸一定长度后又回复到原来的方位。这种实现"网状"裂缝系统的压裂技术称为"缝网压裂"技术(图 7-2)。

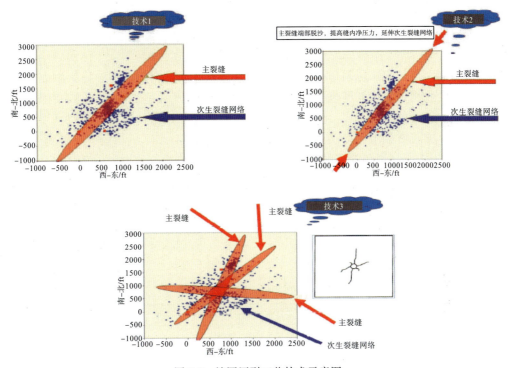

图 7-2　缝网压裂工艺技术示意图

"缝网压裂"在垂直于主裂缝方向上形成人工多裂缝，改善了储层的渗流特征，提高了改造效果和增产有效期。目前，进行"缝网压裂"主要采取主缝净压力控制法、端部脱砂压裂法及水平井横切缝多段压裂技术等，缺点就是没有切实可行的检测方法，有待进一步加强。

六、清水压裂

清水压裂(又称滑溜水压裂或减阻水压裂)技术是在清水中加入少量的添加剂如表面活性剂、稳定剂、减阻剂等作为压裂液，携带少量支撑剂，采用大液量、大排量工艺技术进行的压裂作业[16,17]。清水压裂用清水添加微量添加剂作为压裂液，相比以往使用的凝胶压裂液，不但能够减小压裂对地层的伤害，获得比凝胶压裂更高的产量，而且还能节约30％的成本。清水压裂技术采用的压裂液主体是清水，压裂作业结束后残渣少，不需要清理，且更有利于裂缝的延伸，因此在低渗透气藏储层改造中能取得很好的效果。由于该技术具有成本低、伤害低以及能够深度解堵等优点，是一种清洁压裂技术，所以是目前应用较多的压裂技术手段。

清水压裂的过程是首先泵入"岩石酸"来清理可能被钻井液封堵的近井地带，然后进行清水压裂，将大量的带有少量粗砂支撑剂的清水注入裂缝中，使裂缝延伸，最后进行冲刷，将支撑剂从井眼中移除。清水压裂利用储层中的天然裂缝，将压裂液注入其中使地层产生诱导裂缝，在压裂过程中，岩石碎屑脱落到裂缝中，与注入的粗砂一起起到支撑剂的作用，使裂缝在冲刷之后仍保持张开。

七、泡沫压裂

二氧化碳、氮气泡沫压裂是由液态二氧化碳、氮气和增稠剂及多种化学添加剂组成的液—液混合物携带支撑剂迅速进入地层，完成压裂过程[15]。

作为一种新型的压裂方式，泡沫压裂特别适合于低压、低渗透水敏地层。与常规水力压裂相比，它具有如下优点：

(1)氮气泡沫压裂液和常规水基压裂液相比只有固体支撑剂和少量压裂液进入地层；

(2)氮气泡沫压裂液可在裂缝壁面形成阻挡层，从而大大降低压裂液向地层内滤失的速度，减少滤失量，减轻压裂液对地层的伤害；

(3)返排效果好。

上述以"体积压裂"为目的的压裂工艺，都有自身独特的技术特点(表7-1)。在开采页岩气时，要结合实际情况和各压裂技术的适用条件，选取合适的压裂方式[12]。

表7-1　压裂技术特点及适用性

技术名称	技术特点	适用性
水平井分段压裂	分段分级压裂，技术较为成熟，使用广泛	产层较多或水平井段较长的井
水力喷射压裂	定位准确。不需要机械封隔，节省作业时间	很适用于裸眼完井水平井
重复压裂	通过重新打开裂缝获裂缝重新取向增产	适用于老井和产量下降的井
同步压裂	多口井同时作业，节省作业时间且效果好于依次压裂	井眼密度大，井位距离近
清水压裂	减阻水为压裂液主要成分，成本低，但是携砂能力有限	适用于天然裂缝系统发育的井
泡沫压裂	地层伤害小，滤失低，携砂能力强	水敏性地层和埋深较浅的井

第三节　页岩气藏体积压裂缝网模型

在页岩层进行体积压裂时，由于页岩特殊物理性质及其内部天然裂缝的影响，会产生一个水力裂缝与天然裂缝相互连通的复杂缝网系统(图7-3)。

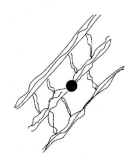

图 7-3　页岩储层压裂后形成的网状裂缝

一、离散化缝网模型

离散化缝网(discrete fracture network，DFN)模型最早由 Meyer 等[18,19] 提出。该模型基于自相似原理及 Warren 和 Root 的双重介质模型，利用网格系统模拟解释裂缝在 3 个主平面上的拟三维离散化扩展和支撑剂在缝网中的运移及铺砂方式，通过连续性原理及网格计算方法获得压裂后缝网几何形态。DFN 模型基本假设如下：压裂改造体积为 $2a \times 2b \times h$ 的椭球体由直角坐标系 XYZ 表征 X 轴平行于最大水平主应力方向，Y 轴平行于最小水平主应力方向，Z 轴平行于垂向应力方向。包含一条主裂缝及多条次生裂缝，主裂缝垂直于 h 方向，在 $X\text{-}Z$ 平面内扩展次生裂缝分别垂直于 XYZ 轴缝，间距分别为 dx，dy，dz。考虑缝间干扰及压裂液滤失地层及流体不可压缩。基于以上假设作出 DFN 模型几何模型的示意图(图 7-4)。

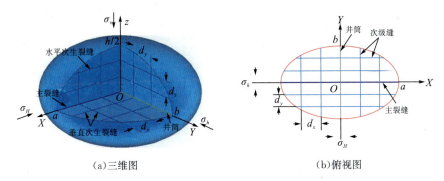

(a)三维图　　　　　　　　　(b)俯视图

图 7-4　DNF 几何模型三维，平面俯视图

DFN 模型主要数学方程如下所示。

(一)连续性方程

在考虑滤失的情况下压裂液泵入体积与滤失体积之差等于缝网中所含裂缝的总体积。即

$$\int_0^t q(\tau)\mathrm{d}\tau - V_t(t) - V_{sP}(t) = V_f(t) \tag{7-1}$$

式中，q——压裂液流量，$\mathrm{m}^3/\mathrm{min}$；

　　　V_t——滤失量，m^3；

V_{sP}——初滤失量，m^3；

V_f——总裂缝体积，m^3。

（二）流体流动方程

假设压裂液在裂缝中的流动为层流，遵循幂率流体流动规律，其流动方程为

$$\frac{\mathrm{d}P}{\mathrm{d}x} = -\left(\frac{2n'+1}{4n'}\right)^{n'}\frac{k'\,(q/a)^{n'}}{\Phi\,(n')^{n'}b^{2n'+1}} \tag{7-2}$$

式中，P——缝内流体压力，MPa；

n'——流态指数，无因次；

k'——稠度系数，$Pa\cdot s^n$；

a，b——分别为椭圆长轴半长及短轴半长，m；

$\Phi(n')$——积分函数，无因次。

（三）缝宽方程

主裂缝缝宽方程为

$$\omega_x = \Gamma_w\frac{(1-v^2)}{E}(P - \sigma_h - \Delta\sigma_{xx}) \tag{7-3}$$

应用离散化缝网模型进行压裂优化设计时，需要首先设定次生裂缝缝宽、缝高、缝长等参数与主裂缝相应参数的关系，假设次生裂缝几何分布参数；然后按设计支撑剂的沉降速度以及铺砂方式，将地层物性、施工条件等参数代入以上数学模型，通过数值分析方法求得主裂缝的几何形态和次生裂缝压裂改造后的复杂缝网几何形态。DFN 模型是目前模拟页岩气体积压裂复杂缝网的成熟模型之一，特别是考虑了缝间干扰和压裂液滤失问题后，更能够准确描述缝网几何形态及其内部压裂液流动规律，对缝网优化设计具有重要意义；其不足之处在于需要人为设定次生裂缝与主裂缝的关系，主观性强，约束条件差，且本质上仍是拟三维模型[20]。

二、线网模型

线网模型首先是由 Xu 等[21-24]提出的，该模型基于流体渗流方程及连续性方程，同时考虑了流体与裂缝及裂缝之间的相互作用[20]。

线网模型基本假设如下：①压裂改造体积为沿井轴对称的 $2a\times2b\times h$ 的椭柱体，由直角坐标系 XYZ 表征，X 轴平行于 σ_H 方向，Y 轴平行于 σ_h 方向，Z 轴平行于 σ_V 方向；②将缝网等效成两簇分别垂直于 X 轴、Y 轴的缝宽、缝高均恒定的裂缝，缝间距分别为 dx、dy；③考虑流体与裂缝以及裂缝之间的相互作用；④不考虑压裂液滤失。基于以上假设，做出线网模型的几何模型示意图（图 7-5）。

线网模型考虑了压裂过程中改造体积的实时扩展以及施工参数的影响，能够对已完成压裂进行缝网分析，同时可以基于该分析对之后的压裂改造方案进行二次优化设计。其不足之处在于模拟缝网几何形态较为简单，需借助于地球物理技术的帮助获取部分参数，同时由于不能模拟水平裂缝的起裂及扩展问题，及忽略了滤失问题，所以使用时具

有较大的局限性[20]。

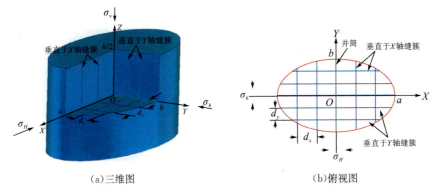

(a)三维图　　　　　　　　　　　　　(b)俯视图

图 7-5　HFN 几何模型三维、平面俯视图

第四节　页岩气藏压裂水平井产能模型

一、页岩气藏压裂水平井产能模型

(一)基本假设

(1)流体为单相微可压缩的，渗流是非稳态的，不考虑重力的影响；

(2)裂缝穿过整个油层厚度；

(3)流体先从地层流入裂缝，再沿裂缝流入井筒，则压裂水平井产量为各条裂缝流体产量之和；

(4)裂缝垂直于水平井筒的横向裂缝，并与井眼对称；

(5)各条裂缝之间存在相互干扰；

(6)裂缝内存在渗流阻力和压力损失。

页岩气藏中，压裂水平井的渗流过程可分为两个阶段，即气藏—裂缝渗流阶段和裂缝—井筒渗流阶段。不同阶段具有不同的渗流区域、流动介质和渗流机理，分别考虑各个阶段的影响因素和渗流特征，建立相应的产能模型。

(二)气藏—裂缝渗流模型

1.稳态渗流方程

气藏—裂缝渗流中，流动介质为储集层基质。对于页岩气藏，基质内流体的流动呈非 Darcy 渗流特征，启动压力梯度、压敏效应等非 Darcy 因子对产能的影响非常大[25]。

可将每一条裂缝简化为线源，则油井生产时在地层中发生平面二维非 Darcy 椭圆渗流，即形成以油井为中心、以裂缝端点为焦点的共轭等压椭圆柱面和双曲面流线族。

当气井生产时在地层中形成等压椭圆柱面(图 7-6)，其直角坐标和椭圆坐标的关系为

$$\begin{cases} x = a \cos\lambda \\ y = b \sin\eta \end{cases} \tag{7-4}$$

其中，$a = x_f \cosh\xi$，$b = x_f \sinh\xi$。

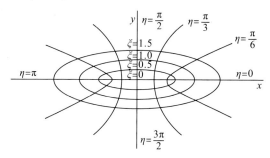

图 7-6   等压椭圆柱面流场

考虑启动压力梯度和压敏效应的单相不稳定渗流数学模型由下列基本方程(广义 Darcy 公式)组成：

$$\bar{v} = \frac{k}{\mu}\left(\frac{\mathrm{d}P}{\mathrm{d}\bar{y}} - G\right) \tag{7-5}$$

应力敏感方程：

$$k = k_i e^{-\alpha_k(P_i - P)} \tag{7-6}$$

式(7-4)中，平均短半轴半径为

$$\bar{y} = \frac{1}{\pi/2}\int_0^{\pi/2} y\,\mathrm{d}\eta = \frac{2b}{\pi} = \frac{2x_f \sinh\xi}{\pi} \tag{7-7}$$

则

$$\frac{\mathrm{d}P}{\mathrm{d}\bar{y}} = \frac{\mathrm{d}P}{\mathrm{d}\xi}\frac{\mathrm{d}\xi}{\mathrm{d}\bar{y}} = \frac{\mathrm{d}P}{\mathrm{d}\xi}\frac{1}{\mathrm{d}\bar{y}/\mathrm{d}\xi} = \frac{\mathrm{d}P}{\mathrm{d}\xi}\frac{\pi}{2x_f \cosh\xi} \tag{7-8}$$

在 Y 轴方向椭圆过流断面的平均质量流速为

$$\bar{v} = \frac{q}{A} = \frac{q}{4x_f h \cosh\xi} \tag{7-9}$$

由式(7-5)～式(7-9)可得到

$$\frac{q}{4x_f h \cosh\xi} = \frac{k_i}{\mu}\exp\left[\alpha_k(P - P_i)\right]\left(\frac{\mathrm{d}P}{\mathrm{d}\xi}\frac{\pi}{2x_f \cosh\xi} - G\right) \tag{7-10}$$

定义拟压力函数为

$$m(P) = \frac{k_i}{\mu}\exp\left[\alpha_k(P - P_i)\right] \tag{7-11}$$

将式(7-11)代入式(7-10)得

$$\frac{\mathrm{d}m}{\mathrm{d}\xi} - \frac{2\alpha_k x_f G}{\pi}(\cosh\xi)m = \frac{\alpha_k q}{2\pi h} \tag{7-12}$$

求解一阶非齐次线性微分方程式(7-12)，得到油藏—裂缝的稳态渗流压力分布方程为

$$m(P) = m(P_i)\exp\left[\frac{2\alpha_k x_f G}{\pi}(\sinh\xi - \sinh\xi_i)\right] + \frac{\alpha_k q}{2\pi h}\int_{\xi_i}^{\xi}\exp\left[\frac{2\alpha_k x_f G}{\pi}(\sinh\xi - \sinh u)\right]\mathrm{d}u$$

$$\tag{7-13}$$

将式(7-11)代入式(7-13)得

$$P = P_i + \frac{1}{\alpha_k}\ln\left\{\exp\left[\frac{2\alpha_k x_f G}{\pi}(\sinh\xi - \sinh\xi_i)\right] + \frac{\alpha_k q\mu}{2\pi h k_i}\int_{\xi_i}^{\xi}\exp\left[\frac{2\alpha_k x_f G}{\pi}(\sinh\xi - \sinh u)\right]\mathrm{d}u\right\}$$

$$(7\text{-}14)$$

2. 非稳态渗流方程

由式(7-4)得到

$$\cosh\xi = (\mathrm{e}^\xi + \mathrm{e}^{-\xi})/2 = a/x_f \tag{7-15}$$

则

$$\xi = \ln\left[(a + \sqrt{a^2 - x_f^2})/x_f\right] \tag{7-16}$$

其中，椭圆长半轴 a 与基质泄油半径 $r_e(t)$ 存在一定的关系(图 7-7)，即

$$a = x_f + r_e(t) \tag{7-17}$$

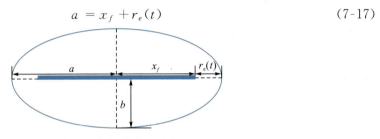

图 7-7　椭圆渗流区示意

基质的泄油半径 $r_e(t)$ 是一个非稳态的值，随着时间的推移逐渐增大。因此，ξ 也是一个时间函数，即 $\xi = \xi(t)$。

下面先由物质平衡方程来确定基质泄油半径 $r_e(t)$。

物质平衡方程为单位时间内采出的液量等于同一时间间隔内地层激动区内液体弹性储量的改变量，即

$$q = C_t \frac{\mathrm{d}}{\mathrm{d}t}\left[V(t)\Delta\bar{P}\right] \tag{7-18}$$

考虑启动压力梯度的低渗透气藏的不稳定渗流方程为

$$\frac{1}{r}\left\{\frac{\partial}{\partial r}\left[r\left(\frac{\partial P}{\partial r} - G\right)\right]\right\} = \frac{1}{\eta}\frac{\partial P}{\partial t} \tag{7-19}$$

初始和边界条件为

$$\begin{cases} P(r,0) = P_i; \\ \left(\dfrac{\partial P}{\partial r} - G\right)\Big|_{r=r_w} = \dfrac{q\mu}{2\pi k h r_w}; \\ \left(\dfrac{\partial P}{\partial r} - G\right)\Big|_{r=r_e(t)} = 0; \\ P = P_i, r \geqslant r_r(t) \end{cases} \tag{7-20}$$

由积分法求得非稳态渗流的近似解为

$$P = a_0\ln\frac{r}{r_0(t)} + a_1 + a_2\ln\frac{r}{r_e(t)} + \cdots + a_{n+1}(t)\ln\frac{r^n}{r_e^n(t)} \tag{7-21}$$

考虑到计算的复杂性，忽略高次项，取式(7-21)右方的前三项，则

$$P = a_0 \ln \frac{r}{r_0(t)} + a_1 + a_2 \ln \frac{r}{r_e(t)}, r_w \leqslant r \leqslant r_e(t) \tag{7-22}$$

将式(7-20)代入方程组(7-22)中，解出式(7-22)中的系数 a_0、a_1、a_2，即可得出地层压力分布方程为

$$P = p_i + \frac{q\mu}{2\pi kh}\left[\ln \frac{r}{r_e(t)} + 1 - \frac{r}{r_e(t)}\right] - G\left[r_e(t) - r\right] \tag{7-23}$$

由式(7-23)可得到地层加权平均压力：

$$\bar{P} = \frac{1}{V(t)}\int_{V(t)} P(r,t)\mathrm{d}V(t) = P_i - \frac{q\mu}{12\pi kh} - \frac{1}{3}r_e(t)G \tag{7-24}$$

将式(7-24)代入式(7-19)中，即可求得 $r_e(t)$ 的表达式，即

$$\frac{12\left[k_i \mathrm{e}^{-\alpha_k(P_i-\bar{P})}\right]}{\varphi\mu C_t} = \left[r_e^2(t) - r_w^2\right]\left[1 + \frac{4\pi(k_i \mathrm{e}^{-\alpha_k(P_i-\bar{P})})hr_e(t)G}{q\mu}\right] \tag{7-25}$$

联立式(7-16)、式(7-17)和式(7-21)可以得到 $\xi-t$ 的关系，将其代入式(7-14)中，即可求出任意时刻地层中的压力分布。

假设椭圆渗流区的流量为 q_1，地层与裂缝边缘交界面处的压力为 p_{f1}，即为裂缝尖端处的压力，且其对应的 ξ 为 ξ_n，则油藏—裂缝的产量公式为

$$P_{f1} = P_i + \frac{1}{\alpha_k}\ln\left\{\begin{array}{l}\exp\left[\dfrac{2\alpha_k x_f G}{\pi}(\sinh\xi_n - \sinh\xi_i)\right] + \\[2mm] \dfrac{\alpha_k q\mu}{2\pi hk_i}\displaystyle\int_{\xi_i}^{\xi_n}\exp\left[\dfrac{2\alpha_k x_f G}{\pi}(\sinh\xi_{f1} - \sinh u)\right]\mathrm{d}u\end{array}\right\} \tag{7-26}$$

其中，在裂缝尖端处 $\xi_n = 0$，则

$$P_{f1} = P_i + \frac{1}{\alpha_k}\ln\left\{\begin{array}{l}\exp\left[\dfrac{2\alpha_k x_f G}{\pi}(-\sinh\xi_i)\right] + \\[2mm] \dfrac{\alpha_k q\mu}{2\pi hk_i}\displaystyle\int_{\xi_i}^{0}\exp\left[\dfrac{2\alpha_k x_f G}{\pi}(-\sinh u)\right]\mathrm{d}u\end{array}\right\} \tag{7-27}$$

(三)裂缝—井筒渗流模型

流体在水平井横向压裂缝内的流动与在有限导流垂直井压裂裂缝内的流动相比(图7-8、图7-9)，由于裂缝的横截面积远远大于水平井筒横截面积，所以裂缝内的流体从裂缝边缘向井筒周围聚集，在井筒附近(半径为 $h/2$)因径向流动而产生附加压力降，这一现象称为径向聚流效应。

裂缝—井筒渗流中，流动介质为压裂裂缝。流体在裂缝系统内的流动包含近井筒附近的径向流动和裂缝内远离井筒的线性流动，均服从 Darcy 定律。

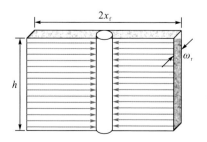

图7-8　垂直井压裂裂缝内渗流示意图

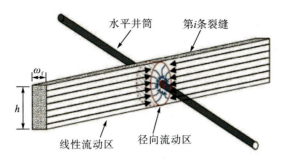

图 7-9　水平井压裂裂缝内渗流示意

1. 线性流动区

假设裂缝内线性流动区的流量为 q_2，裂缝内线性流动区与径向流动区（半径为 $h/2$）的交界面处的压力为 p_{f2}，则线性流的流速为

$$v = \frac{q_2}{2w_f h x_f} \frac{x}{x_f} = \frac{k_f}{\mu} \frac{\mathrm{d}P}{\mathrm{d}x} \tag{7-28}$$

对式(7-28)进行分离变量积分，得到线性流动区的产量公式：

$$P_{f1} - P_{f2} = \frac{\mu x_f}{4W_f h k_f} q_2 \tag{7-29}$$

2. 径向流动区

假设裂缝内径向流动区的流量为 q_3，则其流速为

$$v = \frac{q_3}{2\pi r W_f} = \frac{k}{\mu} \frac{\mathrm{d}P}{\mathrm{d}r} \tag{7-30}$$

在径向流动区，相当于井径为 r_w 的油井在圆形供给半径为 $h/2$、地层厚度为 w_f 的地层中心生产。

对式(7-30)进行分离变量积分，得到径向流动区的产量公式：

$$P_{f2} - P_w = \frac{\mu q_3}{2\pi W_f k_f} \ln \frac{h/2}{r_w} \tag{7-31}$$

(四)压裂水平井单条裂缝的产能

整个压裂水平井的渗流场可以分为外部流场（油藏—裂缝）和内部流场（裂缝—井筒），内部流场和外部流场串联供油，此时 $q_1 = q_2 = q_3 = q$，且交界面处压力相等。

联立式(7-27)、式(7-29)和式(7-31)，得到考虑启动压力梯度和压敏效应下的压裂水平井单条裂缝的产能公式：

$$P_i - P_w = -\frac{1}{\alpha_k} \ln \left\{ \begin{array}{l} \exp\left[\dfrac{2\alpha_k x_f G}{\pi}(-\sinh\xi_R)\right] + \\[2mm] \dfrac{\alpha_k q \mu}{2\pi h k_i} \displaystyle\int_{\xi_R}^{0} \exp\left[\dfrac{2\alpha_k x_f G}{\pi}(-\sinh u)\right]\mathrm{d}u \end{array} \right\} + q\left(\frac{\mu x_f}{4h W_f k_f} + \frac{\mu}{2\pi W_f k_f} \ln \frac{h/2}{r_w}\right)$$

$$\tag{7-32}$$

（五）当量井径模型

分别对同一复杂条件下的 1 口水平井和 1 口普通直井求解得到相应的产量公式，若令其产量和压差相等，所得到的等效井筒半径即为当量井径 r_{equ}。

由广义 Darcy 公式和应力敏感方程得到考虑启动压力梯度和应力敏感下的普通直井压力分布公式：

$$P_i - P = -Gr - \frac{1}{\alpha_k}\ln\left\{\exp(-\alpha_k Gr_w) + \frac{\alpha_k q\mu}{2\pi hk_i}\left[\ln\frac{r_{equ}}{r_e} + \alpha_k G(r_e - r)\right]\right\} \quad (7\text{-}33)$$

普通直井的产量公式为

$$P_i - P = -Gr_{equ} - \frac{1}{\alpha_k}\ln\left\{\exp(-\alpha_k Gr_w) + \frac{\alpha_k q\mu}{2\pi hk_i}\left[\ln\frac{r_{equ}}{r_e} + \alpha_k G(r_e - r_{equ})\right]\right\}$$

$$(7\text{-}34)$$

联立式(7-32)与式(7-34)，可以得到横向压裂水平井单条裂缝的当量井径 r_{equ}。

（六）压裂水平井产能

对于一口压裂 n 条横向裂缝的压裂水平井，各条裂缝之间存在着相互干扰，且不同位置的裂缝影响各不相同。

根据压降叠加原理，利用当量井径模型，将水平井带有的多条横向裂缝用等效的多口直井代替，即可将带有多条横向裂缝的水平井的渗流问题转化为多口井的叠加问题。由 i 条裂缝在第 j 条裂缝处产生的压力降落的叠加，得到方程组：

$$\begin{cases} P_i - P_{w1} = \Delta P_{11}(q_{f1}) + \Delta P_{21}(q_{f2}) + \cdots + \Delta P_{n1}(q_{fn}) \\ P_i - P_{w2} = \Delta P_{12}(q_{f1}) + \Delta P_{22}(q_{f2}) + \cdots + \Delta P_{n2}(q_{fn}) \\ P_i - P_{w3} = \Delta P_{13}(q_{f1}) + \Delta P_{23}(q_{f2}) + \cdots + \Delta P_{n3}(q_{fn}) \\ \vdots \\ P_i - P_{wn} = \Delta P_{1n}(q_{f1}) + \Delta P_{2n}(q_{f2}) + \cdots + \Delta P_{nn}(q_{fn}) \end{cases} \quad (7\text{-}35)$$

由于未考虑水平井筒压降对产能的影响，则

$$P_{w1} = P_{w2} = P_{w3} = \cdots = P_{wn} \quad (7\text{-}36)$$

压裂水平井产量为

$$Q = \sum_{i=1}^{n} q_{fi} \quad (7\text{-}37)$$

二、分段体积压裂射孔簇数与加砂规模优化

页岩水平井体积压裂后，以每簇射孔段为中心形成缝网系统(图 7-10)，缝网是油气渗流的主要通道，缝网体积和渗透率是影响压后产能的关键因素[26,27]。根据等效渗流理论，将缝网等效为一个高渗透带(图 7-11)，用高渗透带的数量体积和渗透率表征缝网特征[28]。

根据等效渗流理论[29,30]，将缝网等效为一个高渗透带，用高渗透带的数量、体积和渗透率表征缝网特征。

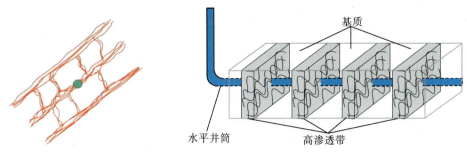

图 7-10　页岩储层压裂后形成的网状裂缝　　图 7-11　与缝网系统等效的高渗带示意图

高渗透带系统的渗流能力无限大于储层基质的渗流能力[17]，忽略储层基质向井筒中的渗流，取一高渗透带单元作如下假设：①缝网空间完全由支撑剂充填；②高渗透带向井筒中的渗流等效为高渗透带的基质渗流和裂缝渗流；③高渗透带的渗流符合 Darcy 定律，近似为线性渗流。

高渗透带基质流向井筒中的流量，由 Darcy 定律得

$$q_m = \frac{K_m A_m (P_e - P_w)}{\mu L_m} = \frac{K_m V_m (P_e - P_w)}{\mu L_m^2} \tag{7-38}$$

同理，高渗透带裂缝流向井筒中的流量：

$$q_f = \frac{K_f A_f (P_e - P_w)}{\mu L_f} = \frac{K_f V_f (P_e - P_w)}{\mu L_f^2} \tag{7-39}$$

高渗透带系统的流量为

$$q = \frac{\bar{K} A (P_e - P_w)}{\mu L} = \frac{\bar{K} V (P_e - P_w)}{\mu L^2} \tag{7-40}$$

由等效渗流原理知

$$q = q_m + q_f \tag{7-41}$$

假设 $L = L_m = L_f$，由式(7-38)~式(7-41)可得

$$\bar{K} = K_m \frac{V_m}{V_m + V_f} + K_f \frac{V_f}{V_m + V_f} = K_m \frac{V - V_f}{V} + K_f \frac{V_f}{V} \tag{7-42}$$

以上各式中，q_m，q_f、q——分别为高渗透带基质的流量、裂缝的流量、高渗透带系统的流量，m^3/d；

K_m、K_f、$\bar{K}$——分别为基质渗透率、支撑裂缝渗透率、高渗透带平均渗透率，$10^{-3} \mu m$；

A_m、A_f、A——分别为基质渗流截面积、支撑裂缝渗流截面积、高渗透带渗流截面积，m^2；

L_m、L_f、L——分别为基质体长度、支撑裂缝长度、高渗透带长度，m；

V_m、V_f、V——分别为基质体积、支撑裂缝体积(砂量)、高渗透带体积，m^3；

μ——原油黏度，$mPa \cdot s$；

P_e——泄油边界压力，MPa；

P_w——井底流动压力，MPa。

分段多簇射孔实施应力干扰是实现体积压裂的关键技术。页岩储层改造后以每簇射孔段为中心形成高渗透带，因此，优选的高渗透带数量即为射孔簇数。

根据式(7-42)优化加砂量。其中，高渗透带体积采用数值模拟方法优化求得；考虑支撑裂缝伤害等因素后，取室内导流实验测得支撑裂缝渗透率的 50% 作为地层支撑裂缝渗透率[31]。根据式(7-42)计算单簇高渗透带不同砂量下的高渗透带渗透率，并数值模拟对应的累积产量和采出程度，结合优化的高渗透带渗透率确定每个高渗透单元的加砂量，进一步确定每段加砂规模和整个水平井的加砂规模。

三、改造体积计算方法

对于改造体积(SRV)的计算方法有很多种，总结国内外学者对体积压裂后 SRV 的计算方法，见表 7-2。

表 7-2　SRV 计算方法

计算方法		示意图
Fisher 等学者	用"通道长度"和"通道宽度"来表征裂缝扩展的长度和宽度	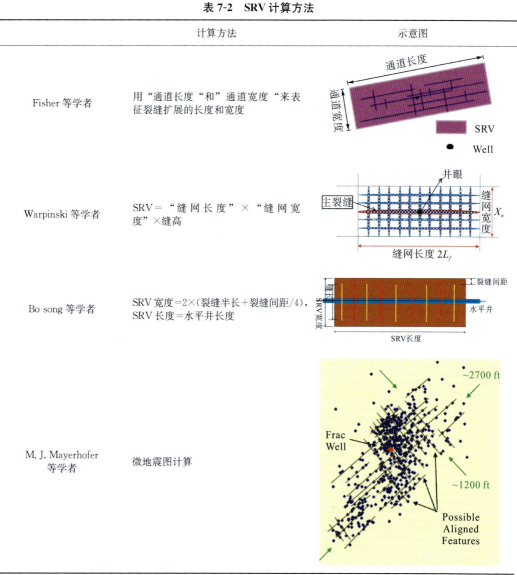
Warpinski 等学者	SRV = "缝网长度" × "缝网宽度" × 缝高	
Bo song 等学者	SRV 宽度=2×(裂缝半长+裂缝间距/4)，SRV 长度=水平井长度	
M. J. Mayerhofer 等学者	微地震图计算	

第五节　微地震监测技术

一、微地震监测的概念

微地震监测技术是通过观测、分析由压裂、注水等石油工程作业时导致岩石破裂或错断所产生的微地震信号，监测地下岩石破裂、裂缝空间展布的地球物理技术。微地震监测技术能够实时监测压裂裂缝的长度、高度、宽度、方位、倾角、储层改造体积等，是目前比较有效、可靠性最高的一种压裂裂缝监测技术[32]。

微地震监测是一种用于油气田开发的新地震方法，该方法优于利用测井方法监测压裂裂缝效果，在压裂施工中，可在邻井（或在增产压裂措施井中）布置井下地震检波器，也可在地面布设常规地震检波器，监测压裂过程中地下岩石破裂所产生的微地震事件，记录在压裂期间由岩石剪切造成的微地震或声波传播情况，通过处理微地震数据确定压裂效果，实时提供压裂施工过程中所产生的裂缝位置、裂缝方位、裂缝大小（长度、宽度和高度）、裂缝复杂程度，评价增产方案的有效性，并优化页岩气藏多级改造的方案。图7-12、图7-13以直井为列展示了微地震监测压裂裂缝的微地震事件。从图7-13中可以看出微地震活动性表征的复杂裂缝系统显示，裂缝模式随时间推移而扩展[33]。

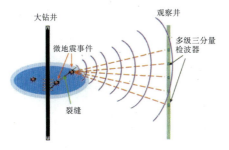
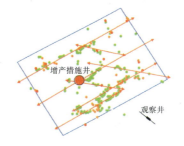

图 7-12　微地震监测示意图　　　　图 7-13　微地震监测压裂裂缝的微地震事件图

（据 Weatherford 公司）

微地震监测技术能够对压裂裂缝方位、倾角、长度、高度、宽度、储层改造体积进行定量计算，近年来被大规模应用于非常规油气储层改造压裂监测。主要有以下作用[32]：①与压裂作业同步，快速监测压裂裂缝的产生，方便现场应用；②实时确定微地震事件发生的位置；③确定裂缝的高度、长度、倾角及方位；④直接鉴别超出储层、产层的裂缝过度扩展造成的裂缝网络；⑤监测压裂裂缝网络的覆盖范围；⑥实时动态显示裂缝的三维空间展布；⑦计算储层改造体积；⑧评价压裂作业效果；⑨优化压裂方案。

二、微地震检测的机理

1.压裂诱发微地震机理

微地震事件通常发生在裂隙之类的断面上。地层内地应力呈各向异性分布，剪切应力自然聚集在断面上[34]。常态情况下，断面是稳定的。然而，当原有应力状态受到生产活动(如水力压裂)干扰时，岩石中原来存在或新产生的裂缝附近就会出现应力集中、应变能增高。根据断裂力学理论，当外力增加到一定程度，地层应力强度因子大于地层断裂韧性时，原有裂缝的缺陷地区就会发生微观屈服或变形、裂缝扩展，从而使应力松弛，储集能量的一部分随之以弹性波(声波)的形式释放，即产生微地震事件[35,36]。

根据摩尔-库伦准则，岩石破裂的条件可以写为[37]

$$\tau \geqslant \tau_0 + \frac{1}{2} \left[\mu(S_1 + S_2 - 2P_0) + \mu(S_1 - S_2)\cos(2\varphi) \right] \tag{7-43}$$

$$\tau = \frac{1}{2} \left[(S_1 - S_2)\sin(2\varphi) \right] \tag{7-44}$$

式中，τ 为作用在裂缝面上的剪应力，MPa；

τ_0——岩石固有的抗剪断强度，数值从几兆帕到几十兆帕，若沿已有断裂面错段，其数值为零；

S_1、S_2——分别为最大、最小主应力，MPa；

P_0——地层压力，MPa；

φ——最大主应力与裂缝面法相的夹角，(°)；

μ——岩石的内摩擦系数。

式(7-43)表明微地震易沿已有断裂面发生。τ_0 为零时，式(7-43)左端大于右端，这时会发生微地震；P_0 增大，左端也会大于右端。这两种因素都会诱发微地震，且微地震优先发生在已有断裂面上。试验结果表明，压裂作业的压力达到一定的值后，在井周围就会发生微地震事件，通过确定微地震事件出现地位置可以检测裂缝的分布范围。

由断裂力学理论可知，当地层应力强度因子大于地层中断裂韧性时，已有的裂缝产生扩展，当公式成立时，裂缝发生扩展现象[38]，即满足下式：

$$(P_d - s_n)Y / (\pi l)^{1/2} \int_0^1 \left[(1+x) / (1-x)^{1/2} \right] dx \geqslant k_{ic} \tag{7-45}$$

式中，左侧是地层应力强度因子；

k_{ic}——断裂韧性；

P_d——井底注入压力；

s_n——裂缝面上的法向应力；

Y——裂缝形状因子；

l——裂缝长度；

x——自裂缝端点沿裂缝面走向的坐标。

由式(7-45)可知，在压裂过程中，p_d 增大到一定的值，就要造成地层破裂，从而诱发微地震事件，这就是微地震监测方法的理论依据[39]。

2. 微地震震源定位原理

微地震震源定位是微震监测的核心和目的，其依据就是在地层压裂造缝过程中，由于压力增大造成岩石开裂，类似于沿断层发生的微地震。这些微地震事件产生的地震波动信息被附近监测井的地震检波器接收，同时采集系统对接收到的微震信号进行严格判别，保证每个接收到的微震信号的真实性，避免伪信号的进入。通过数据分析处理，可得到震源的信息。在压裂过程中，裂缝延伸所产生的微震能量以弹性波的方式向前传播，随着微地震事件在时间和空间上的产生，微地震定位结果便连续不断更新，形成一个裂缝延伸的动态图。通过求解这一系列微震源点，便可直观得到裂缝方位、长度、宽度、顶底深度以及两翼长度[39]。

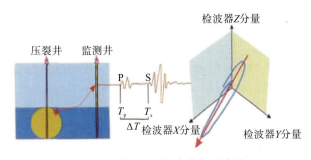

图 7-14　微地震震源定位的示意图

图 7-14 是根据一个三分量检波器记录到的波列进行微地震震源定位的示意图。如图所示，检波器布置在监测井中，记录压裂井中因压裂改造形成的纵波 P 波和横波 S 波微地震信号。在已知地层的纵、横波速度的条件下，监测井中的检波器记录到的微地震信号中，因纵波速度快，最先到的是纵波 P，质点振动方向平行于波的传播方向，即平行于震源到观测点的径向矢量 L。随后是横波 S，其质点振动矢量垂直于径向矢量 L，并位于垂直于 L 的平面内[40,41]。通过拾取纵、横波波至时间 T_P 与 T_S，根据已知的地层纵、横波速度 v_P 及 v_S，可得到震源距离检波器的距离 L。

震源定位过程采用矩阵分析理论判别微地震震源坐标，设 $Q_k(X_{qk}, Y_{qk}, Z_{qk})$ 点为第 k 次破裂时的破裂源，$p_i(X_{pi}, Y_{pi}, Z_{pi})$ 为第 i 个测点，L_{ki} 为两点间的距离，则有

$$L_{ki} = \left[(X_{pi} - X_{qk})^2 + (Y_{pi} - Y_{qk})^2 + (Z_{pi} - Z_{qk})^2 \right]^{1/2} \tag{7-46}$$

设介质内的平均速度为已知，且在点记录信号可以确定 S 波和 P 波的到达时间之差，则有

$$\Delta T_{ki} = L_{ki}/v_S - L_{ki}/v_P \tag{7-47}$$

整理可得

$$\left[(X_{pi} - X_{qk})^2 + (Y_{pi} - Y_{qk})^2 + (Z_{pi} - Z_{qk})^2 \right]^{1/2} = \Delta T_{ki} v_P v_S / (v_P - v_S) \tag{7-48}$$

测点的坐标是已知的，式中仅含有 3 个未知量，即破裂源坐标。当测点的个数 $i \geqslant 3$ 时，由其中的任意三个方程都可以解出一组来，所以该式是求解点坐标的基本方程组。通过求解方程组可以得到微地震震源坐标。

三、微地震裂缝监测技术

(一)地面微地震裂缝监测技术

根据摩尔-库仑准则，水力压裂裂缝扩展时，必将沿裂缝面形成一系列微地震。记录这些微地震，并进行微地震震源定位，由微地震震源的空间分布可以描写人工裂缝的轮廓。微地震震源的空间分布在柱坐标系的三个坐标面上的投影，可以给出裂缝的三视图，

分别描述裂缝的长度、方位、产状及参考性高度[42]。

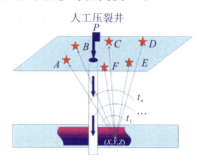

图 7-15　地面微地震裂缝监测技术示意图

整个监测工程分三步：收集相关资料，现场监测，以及数据分析处理，获得完整的解释报告。该项技术操作简单、成本低，国内普遍应用，压裂过程中在压裂井周围地面环状布置一组检波器(图 7-15)。该项技术采用 3～6 只检波器，可安装在套管上，也可埋在距地表 30 cm 处，主要以接收 P 波为主；主要解释的参数为裂缝方位和裂缝动态缝长。

(二)微破裂影像裂缝监测技术

微地震地下影像技术是近年来出现的用于油气田勘探开发中的新技术，该技术属于油藏地球物理的范畴，是运用无源地震的微地震三分量数据，进行多波(纵波和横波)振幅属性分析，并采用相关体数据计算处理方法，得出监测期内各时间域三维空间体地下地层岩石破裂和高压流体活动释放的能量分布情况[42]。

微破裂四维影像裂缝监测技术是通过在监测区近地表布置 12 套数据采集站系统形成采集站仪器阵列，共同接收地下油层液体流动压力引起的岩石微破裂所产生全体体波——纵波(P 波)和横波(S 波)；利用多波属性分析、相干振幅体向量叠加扫描、三维可视化技术，描述裂缝三维形态，解释出裂缝方位、裂缝动态缝长、裂缝动态缝高。

该项技术主要包括数据采集、震源成像和精细反演等几个关键步骤，具有三分量监测、先进的去噪技术、可实现震级描述和 4D 输出优点，但解释过程复杂，需 3～4 d 的时间。

(三)井下微地震裂缝监测技术

井下微地震裂缝监测技术是美国 Pinnacle 公司开发的监测压裂过程中人工裂缝的技术，是目前判断压裂裂缝最准确的方法之一，水力压裂产生的微地震释放弹性波，频率大概在声音频率的范围内。压裂时，震源信号被位于压裂井旁的井中检波器所接收，将接收到的信号进行资料处理，反推出震源的空间位置[43,44]，用震源分布图就可以解释水力裂缝的方位、深度、延伸范围、长度、高度和裂缝发生顺序[42]。

该项技术在精度、可靠性、处理速度、设备布放等四个方面都十分成熟。对井的要求如下：①被监测井对应至少一口监测井；②井距小于 400 m，两口井井口位置最好不在同一井场；③监测井最大井斜小于 30°，狗腿度小于 3°/30m[42]。

(四)阵列式地面微地震裂缝监测技术

该技术为美国 MSI 公司的专利技术，采用类似勘探检波器阵排列，使用多条测线、上千个接收道，在地表监测微地震信号；使用被动地震发射层析成像技术对压裂过程中微地震事件活动结果成像。多种数据采集方法包括：地面阵列、埋置阵列、井下阵列、组合阵列，根据检波器信号特征识别纵向破碎、横向破碎滑动、斜向破碎三种破裂形态[43]。

　　阵列式微地震裂缝监测技术，克服了井下微地震裂缝监测系统监测范围有限、环境条件要求严、方向偏差、需观测井的缺陷；监测范围广，数据采集量大，数据处理解释精度高；能够提供满足压裂裂缝展布情况、射孔优化、压裂设计优化、开发井网部署和和油藏动态监测等多种信息功能。该项技术为一项新技术，目前认为精度较高，在国内还没有应用，主要是由于解释技术属于美国，井的成本费用很高，且推广难度大[44]。

　　上述几种微地震裂缝监测技术是目前国内外常用的微地震裂缝测试技术，这些方法都有各自的特点和局限性[45]，也有各自的技术适应性（表7-3）。

表 7-3　几种微地震技术能力与特点对比[42]

测试方法	缝长	缝高	对称性	缝宽	方位	倾角	容积	特点
地面微地震	Y	Y/N	Y	N	Y	Y/N	N	费用低，操作简单，精度差，易受地面设备造成的微地震影响
井下微地震	Y	Y	Y	N	Y	Y/N	N	费用昂贵，对监测井要求高，条件较严苛
地面微破裂影像	Y	Y	Y	N	Y	Y/N	N	解释过程复杂，需3~4天
阵列式地面微地震	Y	Y	Y	N	Y	N	N	费用昂贵，精度较高

四、地面微地震监测实例

（一）巴尼特页岩气井微地震监测

　　在巴尼特页岩 19 口有井下微地震监测资料的井，改造后的体积与压后 6 个月和 3a 累计产量的比较曲线见图 7-16。由图 7-16 可见：19 口井的压裂改造体积在 $5.3 \times 10^6 \sim 52.7 \times 10^6 \mathrm{m}^3$，且压后 4 个月的累计产量随着改造体积的增加而增加，压后 3a 增加的幅度更大，这充分说明改造体积对页岩气压后产量的重要作用。

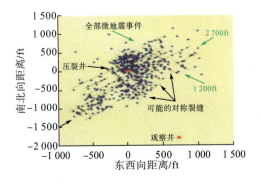

图 7-16　直井与水平井井下微地震波裂缝监测结果图

（二）威远区块页岩气井微地震监测[37]

1. 项目概况

　　威远构造属于川中隆起的川西南低陡褶皱带，东及东北与安岳南江低褶皱带相邻，南界新店子向斜接自流井凹陷构造群，北西界金河向斜与龙泉山构造带相望，西南与寿保场构造鞍部相接，是四川盆地南部主要的页岩气富集区之一。H井为水平井，目的层为志留系龙马溪组，水平段长约 1 000 m，水平段垂深约 3 500 m。由于页岩气藏本身具有低孔、低渗的特征，须对该井进行水力压裂作业，旨在扩大裂缝网络，提高最终采收率。压裂作业采用复合桥塞＋多簇射孔方式，设计压裂 12 段，由于可能存在天然断层，第 4 段跳过，实际压裂 11 段。此次地面微地震实际监测的主要任务是现场实时展示微地震事件结果，确定裂缝方位、高度、长度等空间展布特征及复杂程度，后期处理解释对压裂效果予以评价。

2. 数据采集

　　地面微地震监测采用的是基于波形叠加的偏移类定位方法。为了提高成像精度，在观测系统设计时充分考虑了聚焦"光圈"（成像孔径）的大小和穿过"光圈"的光线数量（接收点密度）。常见的地面监测观测系统有矩形观测系统和星型观测系统。该项目野外数据采集采用星型观测系统，即以压裂井口为中心，在其四周呈放射状布设测线。实际监测排列包括 10 条测线共计 1300 余道接收站，每站 6 只检波器，覆盖地表面积约 69 km²，采样间隔 2 ms。

　　通常地面监测相比井中监测距离更远，监测到的事件数更少，事件信号强度更弱。因此，弱事件的识别是地面监测成功与否的关键。从实际监测记录中发现，地面噪声主要以人文干扰为主，经过滤波、静校正等一系列技术处理之后，微地震事件识别度明显提高。

3. 数据处理

　　微地震事件定位的方法通常分为 3 类：①基于直达波质点位移的矢端技术；②基于直达波到时的三角定位法；③基于波形叠加的相干能量法。原则上 3 种定位方法都可用于地面监测成像，但前两种定位方法通常对信号采用离散识别方法，对地面监测的弱信号效果甚微。因此，先进国内外大多数地面监测定位方法都倾向于基于波形叠加的相干能量法。

　　该项目中数据处理工作大致包括数据解编，去假频，静校正，噪音抑制滤波，带通滤波，四维能量聚焦定位法。检波器方位校正采用燃爆索信号。初始速度模型参考了 H 井的声波测井曲线，通过对射孔信号定位调整速度模型，同时兼顾定位精度与时间，最终速度模型确定为恒定速度模型，5000 m/s。工区位于山区，地表起伏较大，利用强能量微地震时间计算静校正速度，静校正速度确定为 3000 m/s[7]，校正后事件初至平滑，效果较好。干扰主要来自周围机械作业、人文活动，汽车和飞机通过检波器周围空间时也会产生异常波形，通过特定去单频干扰和 10～90 Hz 带通滤波可以达到去除干扰的目的。随着压裂逐段推进，速度模型在先前模型基础上调整。总体上，各段射孔水平定位误差小于 15 m，垂向定位误差小于 20 m，以此可估算事件定位误差[8]。

四维能量聚焦定位法的基本思想是：根据工区情况采用指定大小的网格将地下模型网格化。针对一个指定网格，计算该网格作为震源的微震信号到达各监测站的到时，将与微震信号到达各个监测站的到时对应的有效波振幅相加，从而获得叠加能量。获得不同到时下的叠加能量，并将叠加能量中的最大值归位到指定网格中；遍历所有网格，重复之前的步骤获得所有网格的最终能量谱；根据预先设置的阈值对最终能量谱的能量值过滤，从而将能量值大于阈值的网格定位为微震有效事件点。

4. 监测结果

此次地面监测共计识别、定位事件 2245 个（图 7-17、图 7-18），各段裂缝长度从1480m 到 1800m 不等，平均缝长 1730m，裂缝高度从 90m 到 200m 不等，平均缝高170m。微地震事件主体发生在两个线性构造内：第一个位于井筒西侧大约距出靶点100m 处，宽约 200m，高约 170m。第二个位于第 7、8 压裂段附近，宽约 100m，高约110m。所有事件集分布呈现近似南北走向，垂深范围从 3420m 到 3620m。排除孤立的事件点，估算的累计压裂改造体积 M-SRV 为 $34.9 \times 10^6 \, \mathrm{m}^3$，各段压裂改造体积之和为$87 \times 10^6 \, \mathrm{m}^3$，重叠率约为 60%。为单井预期产气量的计算提供了基础资料。

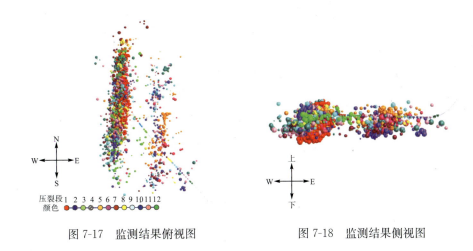

图 7-17　监测结果俯视图　　　　　图 7-18　监测结果侧视图

第六节　页岩气藏体积压裂应用实例

一、页岩气藏体积压裂模拟软件介绍

（一）FracproPT 软件简介

FracproPT 系统被特别地设计为工程师用于水力压裂设计及分析的最综合的工具。

比其他的水力压裂模型更多的功能是：有实效的使用现场施工数据是 FracproPT 的重要主题。这一点使 FracproPT 不同于有关的同类软件产品。实时数据的使用为工程师提供了对施工井响应的更深刻、更合理的理解，这些响应反映了在压裂施工之前、之中和之后，储藏中所发生的物理过程的真实性。

FracproPT 是作为美国天然气研究所的天然气供应规划的项目被开发的。FracproPT 在全世界的天然气、石油和地热的储藏领域中，有很多的商业应用。集总参数的三维压裂裂缝模型（它不应该与所谓的拟三维模型相混淆）充分地表现出了水力压裂物理过程的复杂性和实际状况。

FracproPT 主要有四个功能模块：压裂设计模块、压裂分析模块、产能分析模块、经济优化模块。

压裂设计模块：这个模块生成设计的施工泵序一览表。用户输入要求的无因次导流能力并评价经济最适合的裂缝半长。FracproPT 帮助用户选择支撑剂和压裂液体并生成满足要求的缝长和导流能力的推荐的施工泵序一览表。

压裂分析模块：使用本方式可以进行详细的预压裂设计、实时数据分析和净压力历史拟合。实时数据分析可以是实时的，或使用先前获取的数据进行压裂后的分析。这个方式可以用测试压裂分析估算所形成的裂缝几何尺寸，确定裂缝闭合应力以及分析近井筒扭曲来确定早期脱砂的潜在可能性。

产能分析模块：该模块被用来预测或者历史拟合压裂井或非压裂井的生产状态。在本模块中，FracproPT 把由压裂裂缝扩展和支撑剂运移模型确定的支撑剂浓度剖面传输给产能分析软件，之后产能分析软件模拟支撑剂浓度剖面对生产井生产的影响。这对评估压裂井的经济效果以及后续施工井的经济预测是必不可缺的。

经济优化模块：该模块在施工规模的优化循环中，把 FracproPT 的压裂裂缝模型连接在储藏模型上。该模块首先应用于粗略的范围，然后再精确地确定经济上最优化的压裂施工规模。

（二）Meyer 软件简介

Meyer 软件是 Meyer&Associates 公司开发的水力措施模拟软件，可进行压裂、酸化、酸压、泡沫压裂/酸化、压裂充填、端部脱砂、注水井注水、体积压裂等模拟和分析。该软件从 1983 年开始研制，1985 年投入使用。目前该软件在世界范围内拥有上百个客户，包括石油公司、服务公司、研究所和大学院校等。

Meyer 软件是一套在水力措施设计方面应用非常广泛的模拟工具。软件可提供英语和俄语两种语言版本。Meyer 软件模块清单如表 7-4 所示。

表 7-4 Meyer 软件模块清单

模块名称	功能中文描述
MFrac	常规水力措施模拟与分析
MPwri	注水井的模拟和分析
MView	数据显示与处理
MinFrac	小型压裂数据分析

模块名称	功能中文描述
MProd	产能分析
MNpv	经济优化
MFrac-Lite	MFrac 简化模拟器
MWell	井筒水力 3D 模拟
MFast	2D 裂缝模拟
MShale	缝网压裂设计与分析(非常规油气藏如页岩、煤层)

1. MFrac 常规水力措施模拟与分析模块

MFrac 是一个综合模拟设计与评价模块，含有三维裂缝几何形状模拟和综合酸化压裂解决方案等众多功能。该软件拥有灵活的用户界面和面向对象的开发环境，结合压裂支撑剂传输与热传递的过程分析，它可以进行压裂、酸化、酸压、压裂充填、端部脱砂、泡沫压裂等模拟。MFrac 还可以针对实时和回放数据进行模拟，当进行实时数据模拟时，MFrac 与 MView 数据显示与处理连接在一起来进行分析。

模块性能：

(1)根据预期的结果(裂缝长度和导流能力)自动设计泵注程序；

(2)不同裂缝参数与多方案优选；

(3)压裂、酸化和泡沫压裂/酸化、端部脱砂和压裂充填 FRAC-PACK 模拟和设计优化；

(4)根据实时数据和回放数据进行施工曲线拟合及模型校准；

(5)预期压裂动态分析(例如裂缝延伸、效率、压力衰减等)；

(6)综合应用 MFrac、MProd 和 MNpv 开展压裂优化设计研究。

模块主要功能：压裂数据的实时显示和回放；井筒和裂缝中热传递模拟；酸化压裂设计；精确的斜井井筒模型(包括水平井)设计；支撑剂传输设计；(射孔)孔眼磨蚀计算；可压缩流体设计(泡沫作业时)；近井筒压力影响分析(扭曲效应)；多层压裂(限流法)；综合的支撑剂、压裂液、酸液、油套管和岩石数据库；多级压裂裂缝模拟(平行或者多枝状的)；2D 和水平裂缝设计；先进的裂缝端部效果分析(包括临界压力)；根据时间和泵注阶段统计漏失量；3D 绘图；端部脱砂和压裂充填 FRAC-PACK 高传导性裂缝的模拟。

与其他模块的联合应用：①MFrac 进行回放数据和实时数据模拟分析时，数据要从 MView 模块导入，数据包括随时间变化的排量、井底压力、井口压力、支撑剂浓度、氮气或二氧化碳注入量等。②MinFrac 模块中小型压裂分析结果也可直接应用到 MFrac 中，在实施主压裂作业之前对地应力、裂缝模型、裂缝效率、前置液体积等进行校正。

2. MShale 裂缝网络压裂设计与分析

Mshale 是一个离散缝网模拟器，用来预测裂缝和孔洞双孔介质储层中措施裂缝的形态。该三维数值模拟器用来模拟非常规油气藏层页岩气和煤层气等措施形成的多裂缝、丛式/复杂/簇、离散缝网特征。

这个多维的 DFN 方法基于裂缝网络网格化系统,可以选择连续介质理论和非连续介质理论(网格)算法。程序提供用户自定义 DFN 特征参数,包括输入裂缝网络间隔、孔径、长宽比等,以及确定性 DFN 特征参数,如定义应力差(如 $\sigma_2 - \sigma_3$ 和 $\sigma_1 - \sigma_3$)和裂缝网络参数。然后,系统就会计算出 X、Y、Z 方向上(如 $x-z$、$y-z$ 和 $x-y$ 平面)的裂缝特征参数、孔径和扩展范围等。

裂缝间的相互干扰可以由用户自定义,也可以根据经验基于所生成的网络裂缝及其间隔计算出来。支撑剂的运移和分布总是沿着主裂缝方向,或者根据用户指定某裂缝面支撑剂分布最小的条件下计算出支撑剂的运移和分布结果。

二、页岩气藏体积压裂模拟应用实例

(一)体积压裂模拟应用实例

1. 设计理念

随着储集层改造技术的不断发展,旨在增大页岩气储集层改造体积的水平井分段压裂设计理念也随之发生变化,概念更加清晰,方法更加明确。关键的设计理念有以下几个方面:优化缝间距,利用缝间干扰,形成复杂裂缝。缝间距的优化即为簇间距优化。在具体的优化设计中,需通过数值模拟首先确定簇间距,然后根据簇间距确定分簇数,再根据分簇数确定每次压裂段的长度,进而根据水平段的长度来确定每口井压裂段数。

2. 目的井地质情况简述

X 井自上至下钻遇地层为下三叠统嘉陵江组、飞仙关组,二叠系上统长兴组、龙潭组,下统茅口组、栖霞组、梁山组,石炭系中统黄龙祖,志留系中统韩家店组,下统小河坝组、龙马溪组,地层层序正常。全井段未钻遇断层,各段地层厚度正常。

志留系:下统龙马溪组(S1l):钻厚(斜厚)1987.0m(未穿),垂厚 300.27m,上部以深灰色泥岩为主;中部灰—灰黑色泥质粉砂岩、粉砂岩互层;下部以大套灰黑色页岩、碳质页岩及灰黑色泥岩、碳质泥岩为主。

志留系水平段(2622~4152m):本井自井深 2622m(斜深)进入水平段,水平段总长1500m。水平段岩性相对较为单一,主要为灰黑色碳质泥岩。与邻井相比,X 井水平段2622(垂深 2378.29m)~4152m(垂深 2383.99m)井段相当于邻井富有机质泥 2377.5~2415.5m/38m 层段中的 2405.0~2413.0m/8m 井段。

3. 分段压裂总体思路

X 井进行分段压裂设计的总体思路如下:

(1)按照井组试验方案部署,该井通过开展支撑剂类型优选试验,评价不同支撑剂类型对产能的影响。设计分 21 段压裂,每段 3 簇,每簇射孔长度为 1.0m。

(2)考虑 X 井整体水平段靠底板,轨迹基本上在五峰组—龙马溪组界面附近穿行,裂缝以向上扩展为主，整体降低加砂规模。针对五峰组—龙马溪组储层岩性、物性上的差异，五峰组（第1~2段、8~18段、21段）增加单段酸量及防膨剂加量，适当降低砂比及加砂规模；第3~7段和19、20段均为龙马溪组中下部，裂缝可上下扩展，加砂相对容易，提高砂比。

（3）参照已施工井的布缝模式，采用"W"型裂缝布局。

（4）采用组合加砂、混合压裂模式，提高裂缝导流能力和连通性，增加有效改造体积。支撑剂选用低密度陶粒，采用100目粉陶＋40/70目低密度陶粒＋30/50目低密度陶粒支撑剂组合。

（5）经过可压性评价，水平应力差异系数大，但脆性较好，经过X井压裂后分析，主要以复杂裂缝形成为主；储层层理发育，纵向延伸难度大，增加排量，提高净压力，使缝高在储层中延伸，打开页理层理，增大裂缝的复杂程度。

（6）根据储层物性、脆性矿物含量、气测显示以及固井质量等参数，优选分段级数、射孔位置和桥塞位置。

（7）采用前置盐酸处理，降低破裂压力；活性胶液平衡顶替，保持近井带导流能力。

4. 分段压裂工具选择

本井为套管完井，分段压裂工具选用球笼式可钻式复合压裂桥塞，桥塞具体性能参数及结构见图7-19和表7-5。桥塞下入方式为水力泵送。防喷管耐压105MPa。

图 7-19　可钻桥塞结构示意图

表 7-5　X井分段改造桥塞作业工具数量及技术参数

序号	名称	尺寸			工作压力/MPa	工作温度/℃	数量
		长度/m	外径/mm	内径/mm			
1	可钻桥塞	0.438	109.2	N/A	70	149	20套

5. 分段优化设计

本方案以水平段地层岩性特征、岩石矿物组成、油气显示、电性特征（GR、电阻率和三孔隙度测井）为基础，结合岩石力学参数、固井质量，同时参照X井压裂分段坐标情况，对X井水平段进行划分；综合考虑各单因素压裂分段设计结果，重点参考层段物性、岩性、电性特征及固井质量四项因素进行综合压裂分段设计，共分为21段。具体分段情况及桥塞位置见表7-6。

表 7-6 水平井分段设计表

分段序号	起始井深/m	终止井深/m	段长/m	桥塞位置/m
21	2622	2698	76	2698
20	2698	2774	76	2774
19	2774	2852	78	2852
18	2852	2926	74	2926
17	2926	2991	65	2991
16	2991	3057	66	3057
15	3057	3132	75	3132
14	3132	3209	77	3209
13	3209	3285	76	3285
12	3285	3351	66	3351
11	3351	3428	77	3428
10	3428	3494	66	3494
9	3494	3569	75	3569
8	3569	3634	65	3634
7	3634	3698	64	3698
6	3698	3774	76	3774
5	3774	3849	75	3849
4	3849	3914	65	3914
3	3914	3978	64	3978
2	3978	4052	74	4052
1	4052	4121	69	—

6. 压裂材料优选

本井借鉴压裂液经验采用混合压裂液体系压裂，即减阻水＋胶液体系。减阻水压裂液体系采用的 JC-J10 减阻水体系，胶液体系采用 SRLG-2 胶液体系。

1) 减阻水体系

JC-J10 减阻水体系：减阻剂为固体粉末，其他为液体。

(1) 五峰组(第 1～2 段、8～18 段、21 段)：0.1％减阻剂 JC-J10＋0.4％防膨剂 JC-FC03＋0.1％增效剂 JC-Z01＋0.02％消泡剂

(2) 龙马溪组(第 3～7 段、19、20 段)：0.1％减阻剂 JC-J10＋0.3％防膨剂 JC-FC03＋0.1％增效剂 JC-Z01＋0.02％消泡剂

减阻水压裂液体系性能指标见表 7-7，完全能够满足页岩气藏水平井多级压裂的需要。

JC-J10 减阻水体系，在广义雷诺数 3000～72000 范围内，减阻率可达 75％以上，室内测试具有良好的减阻效果。

表 7-7　减阻水压裂液体系性能对比表

项目	JC-J10 减阻水体系
减阻率/%	80.9
表面张力/(mN·m^{-1})	26.48
界面张力/(mN·m^{-1})	2.83
25℃、170s-1 黏度/(mPa·s)	5-8
防膨率/%	87.5

2)胶液体系

0.3%低分子稠化剂 SRFR-CH3＋0.3%流变助剂 SRLB-2＋0.15%复合增效剂 SRSR-3＋0.05%黏度调节剂 SRVC-2＋0.02%消泡剂。

胶液水化性好，基本无残渣，悬砂好，裂缝有效支撑好，返排效果好(低伤害、长悬砂、好水化，易返排)。从室内实验结果来看，加入流变助剂后液体体系黏度可增加 12～18mPa·s。

该体系在 X 井现场施工最大携砂砂比为 22%～27%，性能稳定。

3)破胶剂

根据井底温度预测结果，以压后同步破胶为目标，确定每段破胶剂(黏度调节剂)加量如表 7-8 所示。

表 7-8　不同压裂段数黏度调节剂加量

段数	黏度调节剂加量/t	黏度调节剂 SRVC-2 含量/%
第 1 段	0.1	0.025
第 2 段	0.1	0.025
第 3 段	0.125	0.031
第 4 段	0.125	0.031
第 5 段	0.15	0.038
第 6 段	0.15	0.038
第 7 段	0.175	0.044
第 8 段	0.175	0.044
第 9 段	0.2	0.05
第 10 段	0.2	0.05
第 11 段	0.225	0.056
第 12 段	0.225	0.056
第 13 段	0.25	0.063
第 14 段	0.25	0.063
第 15 段	0.275	0.069
第 16 段	0.275	0.069
第 17 段	0.3	0.075

续表

段数	黏度调节剂加量/t	黏度调节剂 SRVC-2 含量/%
第 18 段	0.3	0.075
第 19 段	0.325	0.081
第 20 段	0.325	0.081
第 21 段	—	—

4)酸液优选

预处理酸液：单段盐酸酸液用量为 $10\sim15m^3$，有效降低破裂压力。

预处理酸配方：15%HCl+2.0%缓蚀剂+1.5%助排剂+2.0%黏土稳定剂+1.5%铁离子稳定剂。

5)其他液体

按照平均每段泵送桥塞液体用量 $45m^3$ 设计，共需 $1000m^3$ 活性水。

泵送桥塞用活性水配方为：0.3%防膨剂 JC-FC03+清水。

钻塞液选用高黏 CMC，要求黏度大于 $40mPa\cdot s$，用量为 $200m^3$。

6)支撑剂

页岩储层压裂通常选择 100 目支撑剂在前置液阶段做段塞，打磨降低近井摩阻，中后期选择 40/70 目+30/50 目支撑剂组合增加裂缝导流能力，降低砂堵风险。

本井开展支撑剂类型试验，采用的低密度陶粒在低密度、高强度、高导流能力等性能方面更具优势，可满足施工要求(表 7-9)。

表 7-9　不同类型低密度陶粒性能测试

序号	检验项目	标准 要求	试验结果		
			20/40	30/50	40/70
1	酸溶解度/%	≤7.0	3.2	5.2	4.2
2	(69MPa)破碎率/%	≤10.0	12.2	8.3	7.4
3	浊度/NTU	≤100	28.3	55.9	47.8
4	视密度/$(g\cdot cm^{-3})$	—	2.78	2.78	2.78
5	体积密度/$(g\cdot cm^{-3})$	—	1.48	1.5	1.5
6	圆度	≥0.8	0.85	0.85	0.84
7	球度	≥0.8	0.86	0.85	0.85

考虑支撑剂耐压性、支撑剂嵌入情况等因素，X 井采用 100 目粉陶+40/70 目低密度陶粒+30/50 目低密度陶粒。

7. 施工参数优化设计

1)规模设计

参照 X 井裂缝布局模式，X 井钻井轨迹穿行在五峰组下部，采用"W"型裂缝布局(图 7-20)。

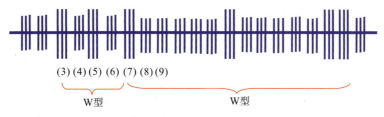

图 7-20　各层段裂缝布局及施工规模设计示意图

针对不同层段不同簇数条件下，不同压裂液规模进行模拟分析。

以三簇进行模拟，选取如下压裂液用量：$1200m^3$、$1300m^3$、$1400m^3$ 和 $1500m^3$，支撑剂用量为 $50m^3$、$60m^3$、$70m^3$、$80m^3$，则不同参数对裂缝半长的影响如图 7-21 所示，支撑半长为 $170\sim270m$，裂缝波及半长为 $300\sim380m$。

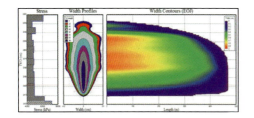

(a)$1200m^3$ 液体，$50m^3$ 砂，达到支撑裂缝半长为 170m

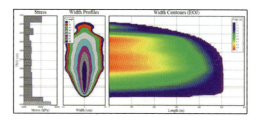

(b)$1300m^3$ 液体，$60m^3$ 砂，达到支撑裂缝半长为 200m

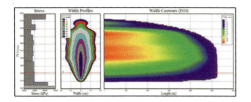

(c)$1400m^3$ 液体，$70m^3$ 砂，达到支撑裂缝半长为 240m

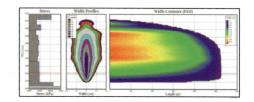

(d)$1500m^3$ 液体，$80m^3$ 砂，达到支撑裂缝半长为 270m

图 7-21　不同液量对应支撑半缝长(三簇)

根据 X 井水平段测井解释结果，同时考虑"W"型缝长布局模式，设计不同层段主压裂施工规模，该井 21 段压裂施工参数及裂缝参数见表 7-10。

表 7-10　压裂施工参数及裂缝参数设计表

层位	段数	段长/m	单段簇数	液量/m^3	砂量/m^3	波及缝长/m	支撑缝长/m
五峰组	1	76	3	1300	55	330	190
	2	76	3	1300	55	330	190
龙马溪组	3	78	3	1460	80	360	270
	4	74	3	1370	70	350	240
	5	65	3	1460	80	360	270
	6	66	3	1370	70	350	240
	7	75	3	1460	80	360	270

续表

层位	段数	段长/m	单段簇数	液量/m³	砂量/m³	波及缝长/m	支撑缝长/m
五峰组	8	77	3	1300	55	330	190
	9	76	3	1300	55	330	190
	10	66	3	1300	55	330	190
	11	77	3	1300	55	330	190
	12	66	3	1300	55	330	190
	13	75	3	1500	70	380	240
	14	65	3	1300	55	330	190
	15	64	3	1300	55	330	190
	16	76	3	1300	55	330	190
	17	75	3	1300	55	330	190
	18	65	3	1300	55	330	190
龙马溪组	19	64	3	1460	80	360	270
	20	74	3	1460	80	360	270
五峰组	21	69	3	1300	55	330	190

2）注入方式及压力预测

为满足工艺要求，本次施工采用套管注入工艺。对不同排量下的井口施工压力进行预测（表 7-11）。

表 7-11   施工压力预测表

延伸压力梯度/MPa	延伸压力/MPa	不同排量(m³/min)下的井口施工压力(MPa)							
		8	9	10	11	12	13	14	15
0.021	49.833	46.67	49.26	52.07	55.16	58.49	62.06	65.88	69.95
0.022	52.206	49.04	51.64	54.44	57.53	60.86	64.43	68.25	72.32
0.023	54.579	51.41	54.01	56.81	59.9	63.23	66.81	70.62	74.69
0.024	56.925	53.79	56.38	59.18	62.28	65.61	69.18	73	77.06
0.025	59.325	56.16	58.76	61.56	64.65	67.98	71.55	75.37	79.44
0.026	61.698	58.53	61.13	63.93	67.02	70.35	73.93	77.74	81.81
0.027	64.071	60.91	63.5	66.3	69.4	72.73	76.3	80.12	84.18
0.028	66.444	63.28	65.88	68.68	71.77	75.1	78.67	82.49	86.56
0.029	68.817	65.65	68.25	71.05	74.14	77.47	81.05	84.86	88.93
沿程摩阻/MPa		7.95	9.82	11.87	14.09	16.48	19.04	21.76	24.63
孔眼摩阻/MPa		2.62	3.34	4.09	4.96	5.9	6.92	8.02	9.21
总摩阻/MPa		20.57	23.16	25.96	29.05	32.38	35.96	39.78	43.84

考虑套管材质、施工安全限压、压力安全窗口影响，设计施工排量为 12～14m³/min，

预计施工压力为 65~75MPa。

3)测试压裂及主压裂泵注方案

X井井眼轨迹穿行位置比较特殊,考虑进一步对储层的认识,通过小型测试压裂可获取地层参数指导主压裂,泵注程序见表 7-12。本井第一段穿行位置与 X 井相近,均在五峰组,可视 X 井小压测试分析结果决定本井是否需要进行小型测试压裂。

表 7-12　测试压裂泵注程序

泵注类型	排量/(m³·min⁻¹)	净液体积/m³	阶段时间/min	液体类型	备注
升排量测试	1	2	2	减阻水	
	2	4	2	减阻水	
	4	8	2	减阻水	
	6	12	2	减阻水	
	8	16	2	减阻水	
	10	20	2	减阻水	
	12	24	2	减阻水	
诱导小型压裂	14	56	4	减阻水	
降排量测试	12	3.6	0.3	减阻水	根据实际情况可采用逐级降低泵车档位和逐台停车方式
	10	3	0.3	减阻水	
	8	2.4	0.3	减阻水	
	6	1.8	0.3	减阻水	
	4	1.2	0.3	减阻水	
	2	0.6	0.3	减阻水	
	1	0.3	0.3	减阻水	
停泵	0	0	30	停泵	
校正测试	12	48	4	减阻水	排量快速提至 12 m³/min
停泵	0	0	30	停泵	
合计		202.9	84.1		

X井主压裂施工设计要点:

(1)分 21 段压裂,每段 3 簇,每簇射孔长度为 1.0m。

(2)整体水平段靠底板,裂缝以向上扩展为主,整体降低加砂规模。

(3)第 1~2 段、8~18 段、21 段均为五峰层位,位置靠底板,脆性较好,但裂缝主要向上扩展,加砂相对较困难,砂比降低,总砂量降低。第 3~7 段和 19、20 段均为龙马溪层位,裂缝可上下扩展,加砂相对容易,提高砂比。

(4)五峰组黏土矿物含量相对较高,前置酸用量为 15m³ 防膨剂用量为 0.4%;龙马溪组前置酸用量为 10m³ 防膨剂用量为 0.3%。

(5)规模:单段 3 簇(21 段),液量 1300~1500m³,砂量 55~80m³。

(6)本井采用混合压裂液体系压裂,支撑剂采用低密度陶粒。

X 井 21 段压裂施工的泵注程序如下：

(1)针对五峰组压裂施工泵注的程序如表 7-13 所示，单段压裂材料参数如表 7-14 所示，模拟结果如图 7-22 所示。

表 7-13 压裂施工泵注程序

阶段	液体类型	排量/(m³·min⁻¹)	净液量/m³	累计净液量/m³	砂比/%	砂浓度/(kg·m⁻³)	阶段砂量/kg	阶段砂量/m³	累计砂量/kg	累计砂量/m³	备注
1	15%HCl	2	15								前处理酸
	减阻水	2-4—6-8	80	80							阶梯升
2	减阻水	10	40	120							
3	减阻水	12	35	155	2	36	1246	0.7	1246	0.7	100 目
4	减阻水	12	30	185							
5	减阻水	14	30	215	3	53	1602	0.9	2848	1.6	100 目
6	减阻水	14	30	245							
7	减阻水	14	40	285	4	71	2848	1.6	5696	3.2	100 目
8	减阻水	14	30	315							
9	减阻水	14	35	350	5	89	3115	1.8	8811	5	100 目
10	减阻水	14	30	380							
11	减阻水	14	35	415	2	30	1050	0.7	9861	5.7	100 目
12	减阻水	14	35	450							
13	减阻水	14	40	490	4	60	2400	1.6	12261	7.3	40/70 目
14	减阻水	14	35	525							
15	减阻水	14	40	565	6	90	3600	2.4	15861	9.7	40/70 目
16	减阻水	14	35	600							
17	减阻水	14	40	640	8	120	4800	3.2	20661	12.9	40/70 目
18	减阻水	14	43	683							
19	减阻水	14	40	723	9	135	5400	3.6	26061	16.5	40/70 目
20	减阻水	14	45	768							
21	减阻水	14	40	808	11	165	6600	4.4	32661	20.9	40/70 目
22	减阻水	14	45	853							
23	减阻水	14	40	893	13	195	7800	5.2	40461	26.1	40/70 目
24	减阻水	14	15	908							
25	胶液	14	40	948							
26	胶液	14	35	983	14	210	7350	4.9	47811	31	40/70 目
27	胶液	14	40	1023							
28	胶液	14	25	1048	15	225	5625	3.8	53436	34.7	40/70 目
29	胶液	14	20	1068	16	240	4800	3.2	58236	37.9	40/70 目
30	胶液	14	40	1108							

续表

阶段	液体类型	排量/(m³·min⁻¹)	净液量/m³	累计净液量/m³	砂比/%	砂浓度/(kg·m⁻³)	阶段砂量/kg	阶段砂量/m³	累计砂量/kg	累计砂量/m³	备注
31	胶液	14	20	1128	17	255	5100	3.4	63336	41.3	40/70 目
32	胶液	14	20	1148	18	270	5400	3.6	68736	44.9	40/70 目
33	胶液	14	45	1193							
34	胶液	14	25	1218	19	285	7125	4.8	75861	49.7	30/50 目
35	胶液	14	25	1243	21	315	7875	5.3	83736	54.9	30/50 目
36	胶液	14	15	1258							顶替
	减阻水	14	42	1300							

表 7-14　单段压裂规模

簇数/簇	3
预处理酸/m³	15
减阻水/m³	950
胶液/m³	350
压裂液总量/m³	1300
100 目粉陶/m³	5
40/70 目低密度陶粒/m³	40
30/50 目低密度陶粒/m³	10
支撑剂总量/m³	55

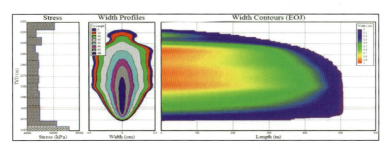

图 7-22　用 Mshale 压裂模拟结果

(二)体积压裂模拟应用实例二

　　根据电成像测井解释,对识别出的新页 HF-1 井天然缝进行了统计(表 7-15),共统计天然缝 9 条,全部为高导缝(图 7-23)。图中反映了裂缝的主要分布井段和产状。从图中可以看出须五段裂缝不发育,以低角度裂缝和斜交缝为主,裂缝倾角、走向变化较大。裂缝走向与最大主应力夹角小于 30°者,裂缝有效性较好,从裂缝倾角统计图看,须家河组须五段部分裂缝的有效性较好。

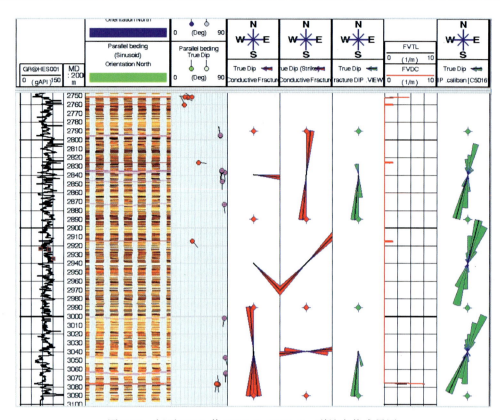

图 7-23　新页 HF-1 井 2750.0～3100.0m 裂缝产状成果图

表 7-15　新页 HF-1 井须五段裂缝统计表

序号	裂缝类型	深度/m	倾向/(°)	倾角/(°)
1	高导缝	2751.5744	302.67798	25.00158
2	高导缝	2751.6023	115.27986	15.34655
3	高导缝	2751.7446	275.26257	19.3821
4	高导缝	2760.1189	335.78708	14.97673
5	高导缝	2825.6052	98.2762	35.34286
6	高导缝	2914.9726	137.24692	26.04585
7	高导缝	3076.3058	186.02779	67.62254
8	高导缝	3076.4963	171.76707	69.93003
9	高导缝	3077.1719	357.36578	71.54213

　　新页 HF-1 井复杂裂缝系统影响因素主要有水平应力差异系数、脆性矿物含量、脆性指数、天然裂缝发育情况、净压力系数，见表 7-16。

表 7-16　新页 HF-1 井复杂裂缝系统影响因素分析汇总表

影响因素	本井数值	形成缝网有利条件	判断结果
水平应力差异系数	0.41	<0.25	不利于形成缝网
脆性矿物含量	53%～70%	>40%	利于形成缝网

续表

影响因素	本井数值	形成缝网有利条件	判断结果
脆性指数	50%	40%~60%	利于形成缝网
天然裂缝发育情况	部分井段发育	发育	部分井段利于形成缝网
净压力系数	0.75	≈2	不利于形成缝网

　　根据表 7-16 的复杂裂缝系统影响因素分析可知，在新页 HF-1 井能够形成局部复杂裂缝，但是由于水平主应力差过大，不利于形成大范围的网络裂缝，最终形成的裂缝形态应该是狭长的裂缝网络带，不易形成宽大的裂缝网络。

　　依据 HF-1 井井深结构剖面，根据测井数据解释得到的地层应力剖面以及杨氏模量、泊松比等力学参数，结合井筒数据以及地层参数，使用 Meyer 软件分别模拟了排量在 8m³/min、9m³/min、10m³/min、11m³/min、12m³/min、13m³/min，规模在 40m³、50m³、60m³ 时的压裂裂缝形态。

　　40m³ 时不同排量下模拟结果如图 7-24、图 7-25 所示。

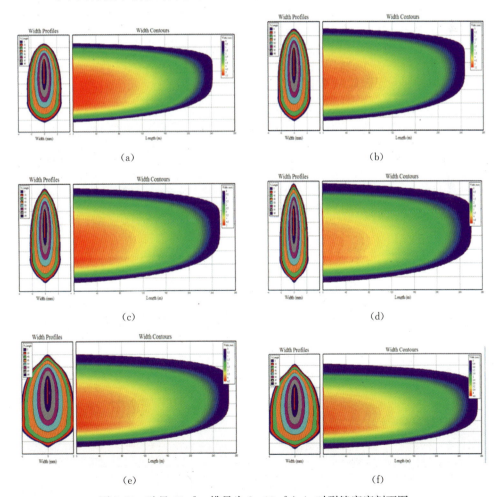

(a)　　　　　　　　　　　　　　　　(b)

(c)　　　　　　　　　　　　　　　　(d)

(e)　　　　　　　　　　　　　　　　(f)

图 7-24　砂量 40m³、排量为 8~13m³/min 时裂缝宽度剖面图

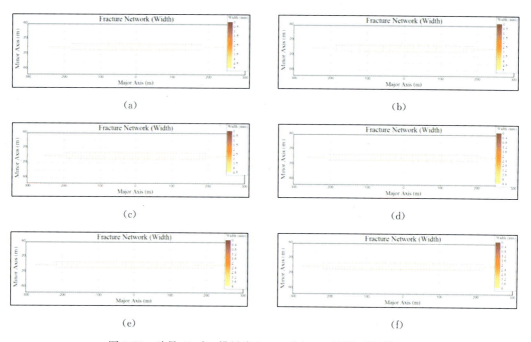

（a）　　　　　　　　　　　　　　　　　　　　　（b）

（c）　　　　　　　　　　　　　　　　　　　　　（d）

（e）　　　　　　　　　　　　　　　　　　　　　（f）

图 7-25　砂量 40m³、排量为 8～13m³/min 时网络裂缝模拟图

50m³ 时不同排量下模拟结果如图 7-26、图 7-27 所示。

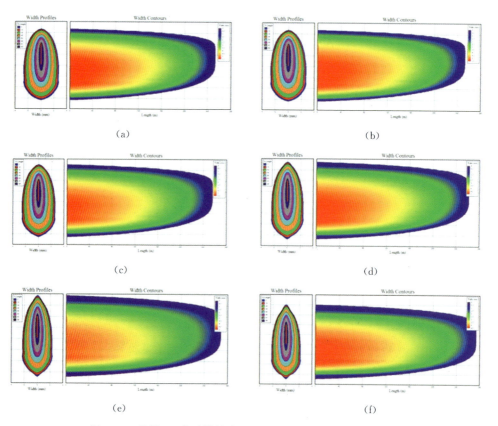

（a）　　　　　　　　　　　　　　　　　　　　　（b）

（c）　　　　　　　　　　　　　　　　　　　　　（d）

（e）　　　　　　　　　　　　　　　　　　　　　（f）

图 7-26　砂量 50m³ 时排量为 8～13m³/min 时裂缝宽度剖面图

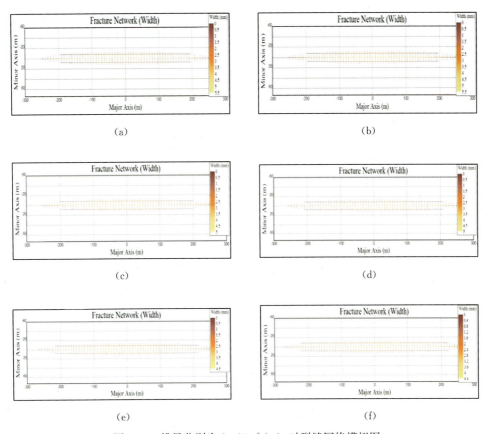

（a）　　　　　　　　　　　　　　　（b）

（c）　　　　　　　　　　　　　　　（d）

（e）　　　　　　　　　　　　　　　（f）

图 7-27　排量分别为 8～13m³/min 时裂缝网络模拟图

60m³ 时不同排量下模拟结果如图 7-28、图 7-29 所示。

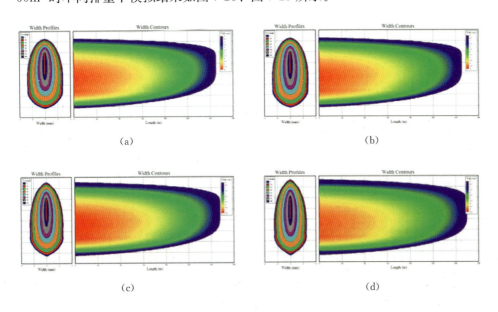

（a）　　　　　　　　　　　　　　　（b）

（c）　　　　　　　　　　　　　　　（d）

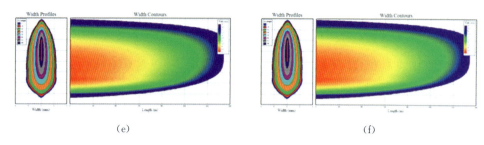

（e）　　　　　　　　　　　　　　　（f）

图 7-28　砂量 60m³、排量为 8~13m³/min 时裂缝宽度剖面图

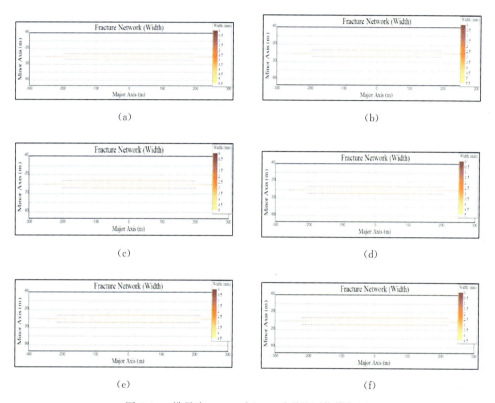

（a）　　　　　　　　　　　　　　　（b）

（c）　　　　　　　　　　　　　　　（d）

（e）　　　　　　　　　　　　　　　（f）

图 7-29　排量为 8~13m³/min 时裂缝网络模拟图

使用不同砂量、不同排量模拟出的网络裂缝参数及改造体积（SRV）如表 7-17 所示。

表 7-17　不同砂量、不同排量下网络裂缝参数模拟结果

砂量/m³	排量/(m³·min⁻¹)	DFN 长度/m	DFN 体积/m³	平均 DFN 宽度/mm	增产体积/m³	裂缝区宽度/m
40.00	8.00	29428.00	657.99	1.10	511110.00	25.20
	9.00	31226.00	660.00	1.02	553910.00	25.33
	10.00	33284.00	661.29	0.93	606380.00	25.62
	11.00	35198.00	663.57	0.86	658380.00	26.23
	12.00	37015.00	666.83	0.80	709480.00	26.84
	13.00	38709.00	671.07	0.76	758470.00	27.40

砂量/m³	排量/(m³·min⁻¹)	DFN 长度/m	DFN 体积/m³	平均 DFN 宽度/mm	增产体积/m³	裂缝区宽度/m
	8.00	30588.00	721.59	1.12	550660.00	24.22
	9.00	31109.00	734.69	1.11	563270.00	24.72
50.00	10.00	32498.00	739.19	1.06	595980.00	25.38
	11.00	34673.00	738.02	0.97	613900.00	26.06
	12.00	36510.00	739.73	0.91	701910.00	26.72
	13.00	38226.00	742.44	0.85	750430.00	27.32
	8.00	30432.00	736.00	1.15	545120.00	25.05
	9.00	30926.00	749.72	1.15	557330.00	25.20
60.00	10.00	32776.00	750.46	1.07	601470.00	25.63
	11.00	34190.00	754.53	1.02	637180.00	26.01
	12.00	36652.00	752.27	0.91	704840.00	26.84
	13.00	38103.00	756.00	0.87	745800.00	27.32

通过对 HF-1 井的压裂裂缝网络模拟认识到，HF-1 井形成的裂缝复杂程度有限，裂缝主要在缝长方向延伸，形成的网络裂缝宽度为 24.2~27.4m，在数值模拟分析中，可以将缝网宽度取值为 25m。

参 考 文 献

[1] 吴奇，胥云，王腾飞，等.增产改造理念的重大变革：体积改造技术概论 [J].天然气工业，2011，31(4)：7-12.

[2] 吴奇，胥云，刘玉章，等. 美国页岩气体积改造技术现状及对我国的启示 [J].石油钻采工艺，2011，33(2)：1-7.

[3] 吴奇，胥云，王晓泉，等.非常规油气藏体积改造技术—内涵、优化设计与实现 [J].石油勘探与开发，2012，03：352-358.

[4] Chong K K, Grieser B, Jaripatke O, et al. A completions roadmap to shale-play development：a review of successful approaches toward shale-play stimulation in the last two decades [R]. SPE130369, 2010.

[5] Cipolla C L, Warpinski N R, Mayerhofer M J, et al. The relationship between fracture complexity, reservoir properties, and fracture-treatment design [R]. SPE 115769, 2008.

[6] Hossain M M, Rahman M K, Rahman S S. Volumetric growth and hydraulic conductivity of naturally fractured reservoirs during hydraulic fracturing：a case study using Australian conditions [R]. SPE63173, 2000.

[7] 雷群，胥云，蒋廷学，等. 用于提高低—特低渗透油气藏改造效果的缝网压裂技术 [J].石油学报，2009，30(2)：237-241.

[8] 翁定为，雷群，胥云，等.缝网压裂技术及其现场应用 [J].石油学报，2011，32(2)：281-284.

[9] 吕玮，张建，董建国，等.水平井固井预置滑套多级分段压裂完井技术 [J].石油机械，2013，11：88-90.

[10] 陈作，等.水平井分段压裂工艺技术现状及展望 [J].天然气工业，2007，27(9)：78-80.

[11] 田守嶒，李根生，黄中伟，等.水力喷射压裂机理与技术研究进展 [J].石油钻采工艺，2008，01：58-62.

[12] 邓燕，等.重复压裂工艺技术研究及应用 [J].天然气工业，2005；25(6)：67-69.

[13] 唐颖，等.页岩气井水力压裂技术及其应用分析 [J].天然气工业，2010，30(10)：33-38.

[14] 陈守雨，杜林麟，贾碧霞，等.多井同步体积压裂技术研究 [J].石油钻采工艺，2011，06：59-65.

［15］ 马超群，黄磊，范虎，等.页岩气压裂技术及其效果评价［J］.吐哈油气，2011，03：243-246.

［16］ 王素兵.清水压裂工艺技术综述［J］.天然气勘探与开发，2005，04：39-42＋72.

［17］ 张怀文，杨玉梅，程维恒，等.页岩气藏压裂工艺技术［J］.新疆石油科技，2013，02：31-35＋45.

［18］ Meyer Y R，Bazan I W. A discrete fracture network model for hydraulically induced fractures：Theory，parametric and case studies［C］//paper 140514-MS presented at the SPE Hydraulic Fracturing Technology Conference and Exhibition，24-26 January 2011，the Woodlands，Texas，USA. New York：SPE，2011.

［19］ Meyer Y R，Bazan I W，Jacot R H，et al. Optimization of multiple transverse hydraulic fractures in horizontal wellbores［C］//paper 131732-MS presented at the SPE Unconventional Gas Conference，23-25 February 2010，Pittsburgh，Pennsylvania，USA. New York：SPE，2009.

［20］ 程远方，等.页岩气体积压裂缝网模型分析及应用［J］.天然气工业，2013，33(9)：53-59.

［21］ Xu W X，Thiercelin M，Uanuuly U. Wiremesh：a novel shale fracturing simulator［C］/paper 140514-MS presented at the CPS/SPE international oil & gas Conference and Exhibition，8-10 June 2010，Beijing，China. New York：SPE，2010.

［22］ Xu W X，Calvezji，Thiercei｝7N M. Characterization of hydraulically-induced fracture network using treatment and microseismic data in a tight gas sand formation：a geomechanical approach［C］/paper 125237-MS presented at the SPE Tight Gas Completions Conference，15-17June 2009，San Antonio，Texas，USA. New York：SPE，2009.

［23］ Xu W X，Thiercelin M，Walton I. Characterization of hydraulically-induced shale fracture network using an analytical/semi-analytical model［C］//paper 124697-MS presented at the SPE AnnualTechnical Conference and Exhibition，4-7 October 2009，New Orleans，Louisiana，USA. New York：SPE，2009.

［24］ Xu W X，Thiercelin M，Calvez J L，et al. Fracture network development and proppant placement during slickwater fracturing treatment of Barnett Shale laterals［C］//paper 135488-MS presented at the SPE Annual Technical Conference and Exhibition，19-22 September 2010，Florence，ltaly. New York：SPE，2010.

［25］ 魏漪，宋新民，冉启全，等.致密油藏压裂水平井非稳态产能预测模型［J］.新疆石油地质，2014，01：67-72.

［26］ Cipolla C L，Lolon E P，Dzubin B. Evaluating stimulation effectivenessin unconventional gas reservoirs［J］. SPE124843，2009.

［27］ 段永刚，魏明强，李建秋，等.页岩气藏渗流机理及压裂井产能评价［J］.重庆大学学报，2011，34(4)：62-66.

［28］ 苟波，郭建春.页岩水平井体积压裂设计的一种新方法［J］.现代地质，2013，01：217-222.

［29］ 何更生.油层物理［M］.北京：石油工业出版社，1994：40-41.

［30］ 张志伟，刘卫东，孙灵辉，等.等效裂缝渗流模型在天然裂缝储层产能预测中的应用［J］.科技导报，2010，28(14)：56-58.

［31］ 温庆志，张士诚，李林地.低渗透油藏支撑裂缝长期导流能力实验研究［J］.油气地质与采收率，2006，13(2)：97-99.

［32］ 刘振武，撒利明，巫芙蓉，等.中国石油集团非常规油气微地震监测技术现状及发展方向［J］.石油地球物理勘探，2013，48(5)：843-853.

［33］ 罗蓉等.页岩气测井评价及地震预测、监测技术探讨［J］.天然气工业，2011，31(4)：34-39.

［34］ 严永新，张永华，陈祥，等.微地震技术在裂缝监测中的应用研究［J］.地学前缘，2013，20(3)：270-274.

［35］ 刘建中，王春耘，刘继民，等.用微地震法监测油田生产动态［J］.石油勘探与开发，2004，31(2)：71-73.

［36］ 张景和，孙宗欣.地应力、裂缝测试技术在石油勘探开发中的应用［M］.北京：石油工业出版社，2001：38-62.

［37］ 钟尉，朱思宇.地面微地震监测技术在川南页岩气井压裂中的应用［J］.油气藏评价与开发，2014，06：71-74.

［38］ 张汀，张景和.微震裂缝监测技术在低渗透油田的应用［J］.资源环境与工程，2008，22(1)：45-52.

［39］ 严永新，张永华，陈祥，等.微地震技术在裂缝监测中的应用研究［J］.地学前缘，2013，03：270-274.

［40］ 彭通曙，刘强，何欣.立体裂缝实时监测技术在油藏水力压裂中的应用［J］.石油化工高等学校学报，2011，24(3)：47-51.

［41］ Jupe A，Cowles J，Jones K. Microrseismic monitoring：Listenand see the reservoir［J］. World Oil，1998，219(12)：171-174.

［42］李雪，赵志红，荣军委.水力压裂裂缝微地震监测测试技术与应用［J］.油气井测试，2012，03：43-45＋77.

［43］Warpinski N R，Sullivan R B，Uhl J E，et al. Improved Timining Measurements for Velosity Calibration ［C］. SPE84488.

［44］王治中，邓金根，赵振峰，等.井下微地震裂缝监测设计及压裂效果评价［J］.大庆石油地质与开发，2006，25（6）：76-78.

［45］王树军，张坚平，陈钢，等.水力压裂裂缝监测技术［J］.吐哈油气，2010，15(3)：270-273.

第八章　页岩气藏开发设计实例

第一节　区域基本特征

一、地层特征

页岩Ⅰ区块古生界奥陶系中生界三叠系自下而上主要发育：十字铺组、宝塔组、涧草沟组、五峰组、龙马溪组、小河坝组、韩家店组、黄龙组、梁山组、栖霞组、茅口组、龙潭组、长兴组、飞仙关组、嘉陵江组。根据目前勘探开发情况，将下志留统龙马溪组下部—上奥陶统五峰组约86m层段含气泥页岩段作为本区主要的目的层。

根据已钻井的资料信息，该区地层出露老，岩石硬度大，可钻性较差；浅表有溶洞、暗河发育，呈不规则分布；三叠系地层存在水层，二叠系长兴组、茅口组、栖霞组在局部地区存在浅层气，水层和浅气层均属于低压地层；志留系地层的坍塌压力与漏失压力之间的区间较小，目的层龙马溪组底部页岩气层，油气显示活跃，地层压力异常，气层压力系数为1.41~1.55，而目的层之上的地层压力系数较正常。该地区五峰—龙马溪组总体上分布稳定，尤其是目的含气层段在地震剖面和连井对比剖面上都有很好的响应。气层总厚度为83~90m，纵向上连续，中间无隔层。据现有钻井测井、录井以及岩芯特征，该地区目的含气页岩段从下到上可划分出三段、五个亚段，其中第1段(分1^1亚段和1^2亚段)为碳质硅质泥页岩，厚度分别约为33m和18m；第2段为含炭质粉砂质泥岩，厚度约17m；3^1亚段为含炭质灰云质泥页岩，厚度约13m；3^2亚段为含炭质粉砂质泥页岩，厚度约6m，通过现有资料发现，各亚段在全区分布基本稳定。

二、页岩储层特征

五峰—龙马溪组页岩储层段发育孔隙类型包括无机孔隙、有机质孔隙、微裂缝、构造缝4种储集空间类型，其中无机孔隙主要包括黏土矿物晶间孔、粒间孔以及粒内孔；有机孔隙属于有机质在后期热演化过程形成的孔隙，页理缝则主要发育于纹层发育段，在刚性矿物与塑性矿物间易于形成页理缝，根据岩心观察结果表明，构造缝多为直劈缝和高角度构造剪切缝，整体欠发育。储层脆性矿物为33.9%~80.3%，平均为56.5%。在纵向上，五峰—龙马溪组一段—亚段脆性矿物含量高，多大于50%；一段二亚段—三亚段下部脆性矿物含量降低，主要为40%~65%；三亚段上部脆性矿物含量普遍较低。储集空间以纳米级有机质孔、黏土矿物间微孔为主，并发育晶间孔、次生溶蚀孔等，孔径主要为中孔，页岩气层孔隙度分布在1.17%和8.61%之间，平均4.87%。稳态法测定水平渗透率主要为 0.001～355mD。其中基质渗透率普遍低于 1mD，最小值为 0.0015mD，最大值为 5.71mD，平均值为 0.25mD，而层间缝发育的样品稳态法测定渗透率显著增高，普遍高于 1mD，最高可达 355.2mD。

三、地化特征

根据岩心资料，有机碳含量最小为 0.55%，最大为 5.89%，平均为 2.55%/173 块，且具有自上而下有机碳含量逐渐增加的趋势。纵向上五峰组—龙马溪组一段一亚段处于深水陆棚亚相，有机碳含量主要为 3%～5.5%；一段二亚段—三亚段下部有机碳含量降低，主要为 1.5%～3%；三亚段上部由于水体明显变浅，有机碳含量普遍较低。该区块下志留统龙马溪组和上奥陶统五峰组有机质类型指数为 92.84 和 100，均为 I 型干酪根，镜质体反射率分别为 2.42% 和 2.8%，以生成干气为主。

四、储层含气特征

根据气层解释结果，储层含气量随着深度增加含气丰度逐渐增加。

从单井含气量实测结果来看目的层总含气量为 0.44～5.19m³/t，平均值为 1.97m³/t，主要以损失气与解吸气为主，残余气含量低。损失气含量为 0.11～3.9m³/t，平均值为 1.14m³/t；解吸气含量为 0.31～1.4m³/t，平均值为 0.79 m³/t；残余气含量为 0.01～0.07m³/t，平均值为 0.04 m³/t。含水饱和度测试结果表明该地区五峰—龙马溪组含气页岩段束缚水饱和度为 28.2%～40%，平均为 34.1%。

五、温度压力特征

根据已钻井的资料信息，该区地层出露老，岩石硬度大，可钻性较差；浅表有溶洞、暗河发育，呈不规则分布；三叠系地层存在水层，二叠系长兴组、茅口组、栖霞组在局部地区存在浅层气，水层和浅气层均属于低压地层；志留系地层的坍塌压力与漏失压力之间的区间较小，目的层龙马溪组底部页岩气层，油气显示活跃，地层压力异常，气层压力系数为 1.41～1.55，而目的层之上的地层压力系数较正常，地温梯度 2.80～2.84℃/100m，地层温度 87℃。

六、页岩脆性矿物特征和黏土矿物特征

页岩脆性矿物含量越高，其可压裂性越好，越易于在后期的储层改造中产生新的裂缝。储层脆性矿物为 33.9%～80.3%，平均为 56.5%。在纵向上，五峰组—龙马溪组一段一亚段脆性矿物含量高，多大于 50%；一段二亚段—三亚段下部脆性矿物含量降低，主要为 40%～65%；三亚段上部脆性矿物含量普遍较低。由此可知，该目的层的脆性矿物含量高，页岩储层适合进行压裂改造。

黏土矿物样品来自井下样品，其中龙马溪组 40 个，五峰组 3 个，共 43 个，分析结

果不含蒙脱石和高岭石，伊利石平均为 38.49%，伊蒙间层平均为 55.65%，绿泥石平均为 5.09%。

七、岩石力学特征

对该区块目的层岩芯开展岩石力学参数测试，测得杨氏模量 23～37GPa，泊松比 0.11～0.29，体积模量为 14～18GPa，剪切模量 10～14GPa，实测最大主应力为 61.50MPa，最小主应力为 52.39MPa，根据应力剖面图可以得到上下隔层应力差约 8MPa。YY1 井测井数据计算脆性系数为 59.9%；YY2 井测井数据计算脆性系数为 57.5%；YY3 井测井数据计算脆性系数为 53.1%；YY4 井测井数据计算脆性系数为 52.7%；YY5 井测井数据计算脆性系数为 55.3%。通过式(8-1)，计算出该目的层的应力差异系数 K_h 为 0.1739，小于 0.3，因而最大主应力与最小主应力差别不大，压裂利于形成缝网。

$$K_h = \frac{\sigma_H - \sigma_h}{\sigma_h} \tag{8-1}$$

式中，K_h——地层应力差异系数；

σ_h——最小水平主应力，MPa；

σ_H——最大水平主应力，MPa。

第二节　气藏模型基本参数

一、基质裂缝扩散系数

页岩中气体扩散是气体以分子形式进行的无规则运动，而浓度差的存在使气体由浓度高的区域向浓度低的区域进行运动，即所谓的扩散流动。

本区块的岩心测定的扩散系数如表 8-1 和表 8-2 所示，采用算术平均的处理方法估算出该区块的扩散系数。

表 8-1　岩心扩散系数测试表（YY1）

仪器名称	天然气扩散系数测定装置		烃类气体类型	甲烷
井号	YY1	岩性　刚性	饱和介质	氮气
直径	2.5cm	测试压力　4.0MPa	测试温度	60.0℃
长度	2.4cm	扩散	$9.503\times10^{-7}\mathrm{cm^2/s}$	

表 8-2　岩心扩散系数测试表（YY3）

仪器名称	天然气扩散系数测定装置		烃类气体类型	甲烷
井号	YY3	岩性　刚性	饱和介质	氮气
直径	2.50cm	测试压力　4.0MPa	测试温度	60.0℃
长度	2.41cm	扩散	$2.987\times10^{-7}\mathrm{cm^2/s}$	

二、流体高压物性参数

气体组分检测结果表明，目的层气体为以甲烷为主的优质天然气，含量高达 94.497%～97.35%，另含有少量的二氧化碳和硫化氢。从单井含气量实测结果来看目的层总含气量为 0.44～5.19m³/t，平均值为 1.97m³/t。经过 PVT 计算得到 PVT 参数（表 8-3、图 8-1）。

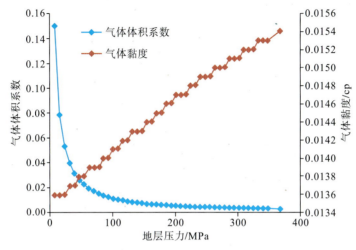

图 8-1　页岩气 PVT 性质

表 8-3　干气 PVT 表

压力/bar	体积系数	黏度/cp	压力/bar	体积系数	黏度/cp
8.7155	0.1498	0.0136	185.8615	0.0065	0.0146
16.4175	0.0789	0.0136	193.5635	0.0062	0.0146
24.1195	0.0533	0.0136	201.2655	0.0060	0.0147
31.8215	0.0401	0.0137	208.9675	0.0058	0.0147
39.5235	0.0321	0.0137	216.6695	0.0056	0.0147
47.2255	0.0267	0.0138	224.3715	0.0054	0.0148
54.9275	0.0228	0.0138	232.0735	0.0053	0.0148
62.6295	0.0199	0.0139	239.7755	0.0051	0.0149
70.3315	0.0176	0.0139	247.4775	0.0050	0.0149
78.0335	0.0158	0.0139	255.1795	0.0049	0.0149
85.7355	0.0143	0.0140	262.8815	0.0048	0.0150
93.4375	0.0131	0.0140	270.5835	0.0046	0.0150
101.1395	0.0120	0.0141	278.2855	0.0045	0.0150
108.8415	0.0111	0.0141	285.9875	0.0044	0.0151
116.5435	0.0104	0.0142	293.6895	0.0044	0.0151
124.2455	0.0097	0.0142	301.3915	0.0043	0.0151

压力/bar	体积系数	黏度/cp	压力/bar	体积系数	黏度/cp
131.9475	0.0091	0.0143	309.0935	0.0042	0.0152
139.6495	0.0086	0.0143	316.7955	0.0041	0.0152
147.3515	0.0082	0.0143	324.4975	0.0040	0.0152
155.0535	0.0077	0.0144	332.1995	0.0040	0.0153
162.7555	0.0074	0.0144	339.9015	0.0039	0.0153
170.4575	0.0071	0.0145	347.6035	0.0039	0.0153
178.1595	0.0068	0.0145	36.704	0.00327	0.0154

注：1bar=10^5Pa，1cp=10^{-3}Pa·s

三、页岩储层的应力敏感参数

通过储层敏感性分析，储层具有中等偏强应力敏感性。

应力敏感损害率评价：石油行业标准中，计算渗透率损害率[1]公式为

$$D_k = \frac{K_0 - K_{min}}{K_0} \tag{8-2}$$

式中，D_k——应力敏感程度，无因次；

K_0——初始应力点对应的岩样渗透率，mD；

K_{min}——最终应力后的岩样渗透率的最小值。

应力敏感评价标准：$D_k \leqslant 0.3$，弱；$0.3 < D_k < 0.5$，中等偏弱；$0.5 < D_k < 0.7$，中等偏强；$D_k \geqslant 0.7$，强。

依据以上应力敏感评价标准分析，页岩应力敏感损害率为$0.5 < D_k < 0.7$，将该页岩应力敏感损害率估算为0.6，假设页岩初始渗透率为0.25mD，开发过程中出现应力敏感后的最终渗透率为0.1mD。

四、气水两相相对渗透率

初始含水饱和度(S_{wi})是储油(气)层原始状态下的含水饱和度。束缚水饱和度是指存在储层岩石颗粒表面、孔缝的角隅以及微毛细管孔道中的不流动的水(即束缚水)所占孔隙体积与储层总孔隙体积之比。超低含水饱和度是指储层中初始含水饱和度(S_{wi})小于束缚水含水饱和度最大值(S_{wirr})，也就是与介质毛管压力相比处于欠水饱和度状态。一般认为常规油气储层中不存在超低含水饱和度现象，在致密富含气页岩储层中超低含水饱和度现象却普遍存在[2]。

该地区五峰—龙马溪组含水饱和度测试结果表明：含气页岩段束缚水饱和度为28.2%～40%，平均为34.1%，为超低含水饱和度，则其气水相对渗透率曲线参考图8-2。超低含水饱和度的存在增大了页岩储层游离气和吸附气的含量，储层油气现实储量将大幅度增加，同时，该现象的存在也大大提高了页岩储层的气相渗透率，有利于页岩气的开采。

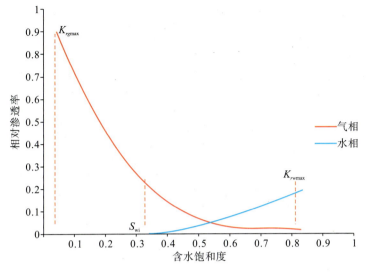

图 8-2　页岩储层气水相对渗透率

五、页岩吸附特征

运用等量吸附热原理对页岩吸附特征进行温度校正[3]。

已知温度 T_1 下页岩的等温吸附/解吸曲线以及吸附过程或者解吸过程中页岩的等量吸附热为 q_{st}，计算 T_2 温度下页岩的等温吸附/解吸曲线。

$$\ln P_1 = -q_{st}/RT_1 + c_1 \tag{8-3}$$

$$\ln P_2 = -q_{st}/RT_2 + c_2 \tag{8-4}$$

由以上两式得

$$\ln P_2 = \ln P_1 + q_{st}/RT_1 - q_{st}/RT_2 \tag{8-5}$$

$$q_{st} = a_1 n + b \tag{8-6}$$

两式结合得到 T_2 条件下，等温吸附量对应的压力 P_2

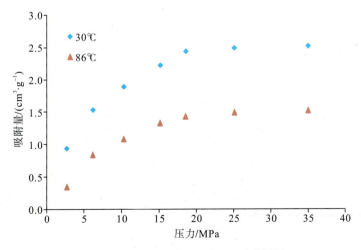

图 8-3　页岩 86℃ 等温吸附理论计算结果

$$P_2 = \exp\left(\ln P_1 + \frac{q_1 n + b}{RT_1} - \frac{a_1 n + b}{RT_2}\right) \tag{8-7}$$

运用等量吸附热原理，基于五峰—龙马溪页岩储层 30℃等温吸附测试结果理论计算出 86℃（页岩储层真实温度）等温吸附测试情况如图 8-3 所示。

第三节　地质模型建立

一、地质模型建立

运用 Petrel 软件建立三维地质模型，整理 YY1～YY5 井的相关数据，其包括井头、井轨迹、孔隙度数据、渗透率数据、含气丰度、含水饱和度数据、单井的微地震数据等，将五峰—龙马溪组页岩储层分为五层，从下到上，第 1、2 层分别为碳质硅质泥页岩，厚度分别约为 33m 和 18m；第 3 层为含炭质粉砂质泥岩，厚度约 17m；第 4 层为含炭质灰云质泥页岩，厚度约 13m；第 5 层为含炭质粉砂质泥岩，厚度约 6m。

运用 Petrel 中 Structural modeling 模块中的 Pillar gridding 创建出构造的 3D 骨架网格，同时分析 YY1～YY5 水平井的井轨迹数据，确定该研究区块的最小主应力方向大约为 SW45°，考虑到井网采用水力压裂人工造缝开采方式，数模网格能真实反映裂缝网格的流动情况，最终确定建立 45°倾角的构造网格的三维地质模型，地质模型为 81×95 网格，网格大小为 100m×100m（图 8-4）。

依据本研究区块地质资料分析，页岩目的层上下分为五层，依据每层的厚度，运用 Structural modeling 模块中的 Make horizons、Make zones 及 Layering 建立页岩储层分层构造模型（图 8-5）。

运用研究区块相应孔、渗、饱和度等储层属性数据，将 welltop 数据导入 Petrel 三维地质模型中，采用 Property modeling 模块中的 Petrophysical modeling 的 Sequential Gaussian simulation 差值法离散随机差值，生成非均质性的地层属性参数（图 8-6～图 8-11）。

图 8-4　骨架网格模型

图 8-5　构造分层模型

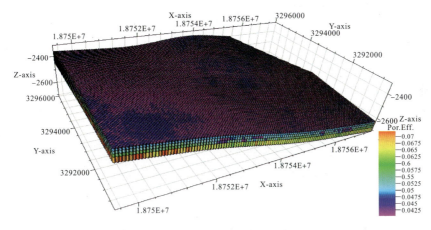

图 8-6　页岩储层孔隙度分布

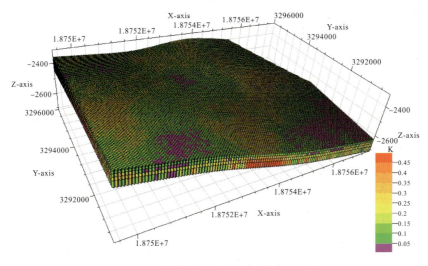

图 8-7　页岩储层渗透率分布（单位：mD）

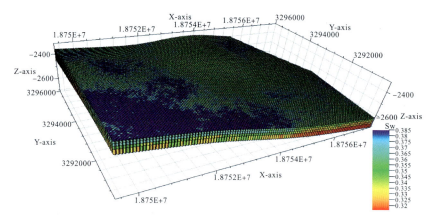

图 8-8　页岩储层含水饱和度分布

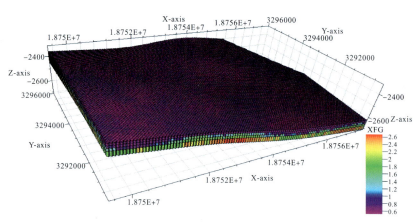

图 8-9　页岩储层吸附气分布(单位：m³/t)

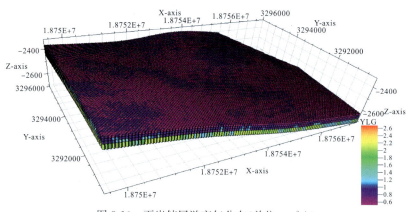

图 8-10　页岩储层游离气分布(单位：m³/t)

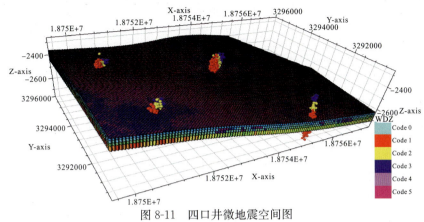

图 8-11　四口井微地震空间图

本气藏数值模型采用 Warrant-Root 双重介质模型，网格总数为 $81 \times 95 \times 10$，其中 $1 \sim 5$ 层网格代表页岩基质，1 层代表含炭质粉质泥页岩，2 层代表含炭质灰云质泥页岩，3 层代表含炭质粉质泥页岩，$4 \sim 5$ 层代表碳质硅质泥页岩；$6 \sim 10$ 层代表相应的页岩层天然裂缝。考虑到后期模拟人工压裂缝导流能力方面的优势，将网格方向设置为 SW45°(图 8-12)。

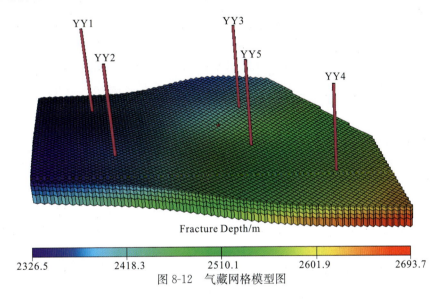

图 8-12　气藏网格模型图

二、地质储量计算

根据页岩气藏的自身特点，在理论上其地质储量计算有多种方法：勘探新区和开发初期，可以用蒙特卡洛法、丰度类比法和体积法；已经有一定时间实际生产的地区可以用物质平衡法、单井储量递减法等。本研究区块的地质储量采用静态体积法与容积法分别计算出吸附气地质储量和游离气地质储量[4]。

(一)吸附气地质储量计算方法

计算页岩层段中吸附在页岩黏土矿物和有机质表面的吸附气地质储量时，采用体积法：

$$G_x = 0.01 A_g h \rho_y C_x / Z_i \tag{8-8}$$

$$G_x = 0.01 A_g h \rho_y C_x / Z_i \qquad (8\text{-}9)$$

式中，C_x——页岩层段中吸附气的含气量(小数点后两位)，m^3/t；

G_x——页岩吸附气地质储量(小数点后两位)，$10^8\ m^3$；

A_g——含气面积(小数点后两位)，km^2；

h——页岩储层有效厚度(小数点后一位)，m；

ρ_y——页岩密度(小数点后两位)，t/m^3；

Z_i——原始气体偏差系数(小数点后三位)。

(二)游离气地质储量计算方法

$$G_y = 0.01 A_g h \varphi s_{gi} / B_{gi} \qquad (8\text{-}10)$$

式中，G_y——游离气地质储量(小数点后两位)，$10^8\ m^3$；

φ——有效孔隙度(小数点后三位)；

S_{gi}——原始含气饱和度(小数点后三位)；

B_{gi}——原始页岩气体体积系数(小数点后五位)，采用以下公式算得到

$$B_{gi} = P_{sc} Z_i T / P_i T_{sc} \qquad (8\text{-}11)$$

(三)溶解气地质储量计算方法

当页岩层段含有原油时，采用容积法计算溶解气地质储量，计算方法与常规油气相同，计算公式如下：

$$G_s = 10^{-4} N R_{si} \qquad (8\text{-}12)$$

式中，N——原油地质储量，$10^4\ t$；

R_{si}——原始溶解气油比，m^3/m^3。

(四)页岩气总地质储量计算方法

将上述计算的吸附气、游离气和溶解气地质储量相加，即为页岩气总地质储量。

根据 2015 年石油工程大赛所给资料整理相关参数，计算出该研究区块总页岩气地质储量为 $513.94 \times 10^8\ m^3$(其中页岩吸附气地质储量为 $179.04 \times 10^8\ m^3$，页岩游离气地质储量为 $334.90 \times 10^8\ m^3$)。

第四节　压　裂　模　拟

一、压裂模拟软件 Meyer

本压裂模拟软件采用 Meyer，Meyer 软件是 Meyer&Associates 公司开发的水力措施模拟软件，可进行压裂、酸化、酸压、泡沫压裂/酸化、压裂充填、端部脱砂、注水井、体积压裂等模拟和分析。该软件从 1983 年开始研制，1985 年投入使用。目前该软件在世界范围内拥有上百个客户，包括石油公司、服务公司、研究所和大学院校等。

Meyer 软件是一套在水力措施设计方面应用非常广泛的模拟工具。软件可提供英语和俄语两种语言版本，NFrac 是三维模拟系统的核心；MView 具有回放数据和实时数据处理和分析的功能；MinFrac 进行小型压裂分析；Mprod 和 MNpv 分别提供产能预测和经济优化；MWell 进行井筒水力计算。其模块如表 8-4 所示。

表 8-4　Meyer 软件模块清单

模块名称	功能中文描述
MFrac	常规水力措施模拟与分析
MPwri	注水井的模拟和分析
MView	数据显示与处理
MinFrac	小型压裂数据分析
MProd	产能分析
MNpv	经济优化
MFrac-Lite	MFrac 简化模拟器
MWell	井筒水力 3D 模拟
MFast	2D 裂缝模拟
MShale	缝网压裂设计与分析(非常规油气藏如页岩、煤层)

本次压裂模拟选用 Mshale 模块，Mshale 是一个离散缝网模拟器(DFN)，用来预测裂缝和孔洞双孔介质储层中措施裂缝的形态。该三维数值模拟器用来模拟非常规油气藏层页岩气和煤层气等措施形成的多裂、丛式/复杂/簇、离散缝网特征。

二、压裂液及支撑剂

压裂液选用滑溜水＋线性胶混合压裂液，压裂液滑溜水配方为：$0.1\%\sim0.2\%$ 高效减阻剂 SRFR-1＋$0.3\%\sim0.4\%$ 复合防膨剂 SRCS-2＋$0.1\%\sim0.2\%$ 高效助排剂 SRCS-2＋0.05% 杀菌剂 Magnicide575＋0.3% SRFR-CH$_3$＋0.3% 流变助剂＋0.15% 复合增效剂＋0.05% 黏度调节剂＋0.02% 消泡剂。线性胶配方为：0.3% SRFR-CH$_3$＋0.3% 流变助剂＋0.15% 复合增效剂＋0.05% 黏度调节剂＋0.02% 消泡剂；15% 浓盐酸＋0.1% 防腐蚀剂 CL-25＋0.1% 铁离子控制剂 Ferr0trol-300。

支撑剂选用 100 目的预固化树脂包层陶粒支撑剂＋40/70 目的预固化树脂包层陶粒支撑剂＋30/50 目的可固化树脂包层陶粒支撑剂。在进行压裂加砂作业时，可以在前期选用 100 目的预固化树脂包层陶粒支撑剂，打磨孔眼，暂堵降滤，促进裂缝延伸，产生狭长的裂缝；在中期使用 40/70 目的预固化树脂包层陶粒支撑剂起到支撑裂缝的作用；后期使用 30/50 目的可固化树脂包层陶粒支撑剂作为尾追支撑剂，限制支撑剂的返排，强化支撑效果。

三、注入方式与施工参数

泵注方式主要取决于页岩气井的地质情况和工程技术参数，选择的原则一般为：尽可能地增大进液管柱面积，以利于安全施工。由于选择混合压裂液体系，采用低砂比、大液量、大排量，为了增加裂缝延伸长度，需在设备允许的情况下尽量压裂规模和排量。排量的增加，无疑将使进液管柱摩阻增大，进而使施工压力增加，为了降低施工压力，可通过增大进液柱面积来降低摩阻。本次压裂液注入方式为套管注入方式，施工排量 $12m^3/min$，施工压力 83.59MPa，平均砂比 5.08%。

四、泵序及压裂施工

结合本区块页岩储层的基本特征参数，以水平井 A1 进行压裂模拟，在 Meyer 软件的 Mshale 模块输入储层压力与温度、支撑剂和压裂液性能、目的层的射孔情况、井身结构的情况等一些参数后，设计泵注程序，以裂缝半长 200m 为目的，优化泵注程序及施工表，满足页岩储层的压裂要求。本次模拟只针对 A1 井水平段 10 段压裂中第二段 2910~3010m 进行压裂，该段分为 3 簇射孔压裂，以此为例进行压裂，表 5.13 的泵注程序就是此次 A1 井第二段压裂模拟所输入的泵序，压裂体积 1390.5m³，100 目支撑剂使用量 $24.415×10^3$kg，40/70 目支撑剂使用量 $38.24×10^3$kg，30/50 目支撑剂使用量 $83.18×10^3$kg，支撑剂平均密度 1.6g/cm³，支撑剂体积 91.15m³。

五、压裂模拟与评价

根据 Mshale 模块进行 A1 井单段三簇压裂模拟，三维裂缝预测形态图如图 8-13 所示，缝长与缝宽剖面预测形态图如图 8-14 所示，缝宽垂直剖面预测形态图如图 8-15 所示。

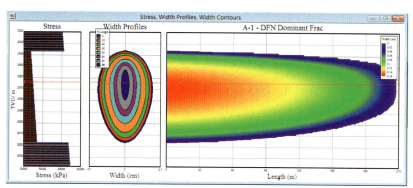

图 8-13　三维裂缝预测形态图

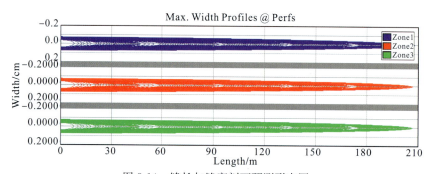

图 8-14　缝长与缝宽剖面预测形态图

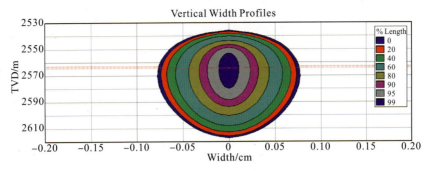

图 8-15　缝宽垂直剖面预测形态图

本次压裂模拟效果较好，A1 井第二段三簇压裂均正常，没有出现端部脱砂、充填和未压等非正常情况；三簇压裂半缝长分别为 207.8m，206.8m，206.5m，缝高 81.39m，缝宽 0.1525cm，压裂效率达到了 75.44%～75.48%，此次压裂模拟的结果能够满足半缝长 200m 的要求，并且此次压裂层位在页岩目的层中部，目的层的厚度 83～90m，缝高 81.39m，小于目的层厚度，说明压裂过程中未把上下隔层压破，也说明此次设计的压裂液和支撑剂，以及泵注程序都能够达到设计要求，因而可以使用。针对图 8-15 出现复杂缝网中部网格稀疏的情况，表明此处岩石已经粉碎性破裂，这是因为此处岩石位于压裂缝网的中部，岩石受到多次压裂后变成细小的碎块，从而出现此种情况。此情况利于页岩基块中的吸附气解吸，提高页岩气的产量。综合而言本次压裂设计达到了预定期望，可以进行施工。

第五节　微地震监测设计

微地震监测是以声发射学和地震学为基础，通过观测、分析生产活动中的微地震事件来监测生产活动的影响、效果和地下状态的地球物理技术。根据断裂力学理论，当外力增加到一定程度，地层应力强度因子大于地层断裂韧性时，原有裂缝的缺陷地区就会发生微观屈服或变形、裂缝扩展，从而使应力松弛，储集能量的一部分随之以弹性波（声波）的形式释放，即产生微地震事件[5]。

微地震监测设计的目的是现场实时展示微地震事件结果，确定裂缝方位、高度、长度等空间展布特征及复杂程度、后期处理解释对压裂效果予以评价。本次微地震监测采用地面检测方式，常见的地面监测观测系统有矩形观测系统和星型观测系统，本次设计采用星型观测系统，即以压裂井口为中心，在其四周呈放射状布设测线。本次需要监测水平井 A1 井和水平井 A2 压裂后形成的裂缝，该两口井采用改进拉链式压裂技术，监测排列包括 10 条测线共计 1300 余道接收站，每站 6 只检波器，覆盖地表面积约 69km²，采样间隔 2ms。对监测的数据进行处理，分析此次压裂形成的裂缝。

利用地质建模软件 Petrol 对水平井 YY1、YY2、YY3 和 YY4 压裂后的微地震监测数据进行分析，可以得到图 8-16，根据该图可知四口水平井以三段压裂方式进行压裂，单井水平段三种不同的颜色代表三簇；利用油藏数值模拟软件 CMG，将水平井 YY1 和 YY2 的微地震监测数据导入 CMG 软件中，对其进行模拟，得到图 8-17 和图 8-18。

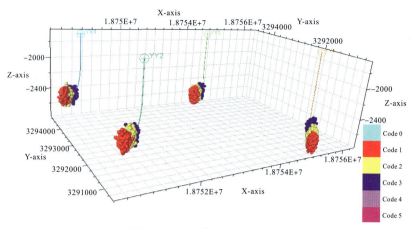

图 8-16　四口井微地震模拟图

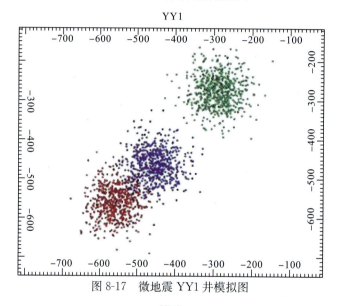

图 8-17　微地震 YY1 井模拟图

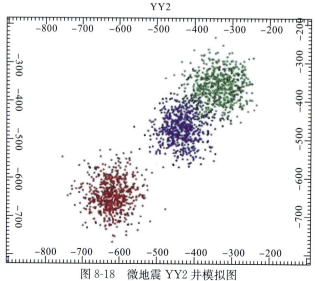

图 8-18　微地震 YY2 井模拟图

第六节　开发方案的设计

一、开发层系划分

合理划分开发层系将有利于充分发挥各类气层的作用，划分开发层系也是部署井网和规划生产设施的基础。采气工艺技术也要求划分层系，以利于进行井下作业和实行措施。划分开发层系也是充分发挥各层的潜力，高速开发气田的需要。

划分开发层系应遵循以下原则：

(1)把特性相近的层系组合在一起，以保证对井网、开发方式具有共同的适应性，减少层间矛盾；特性主要是沉积条件、渗透率、分布面积、非均质程度、构造形态、气水界面、压力系统级流体性质等接近。如果各产层性质差异大，而又具有足够的能量，可划分为两个以上的层系进行开采。另外，可根据岩石致密程度采用不同的工艺制度生产，例如，可将岩性致密层和岩性疏松层严格划分开来，采用不同的工艺制度生产。

(2)一套层系应具有一定的储量和产能，能满足一定采气速度的需要，并具有较长的稳产期，达到较好的经济指标。

(3)层系控制的气层井段不能太长，气层不能太多，使各个产层都可有效动用。

(4)层系间应有稳定分布的隔层，避免严重的层间干扰或窜流影响气层发挥作用。

(5)一套层系应控制一定的主力气层厚度，因主力气层是目前的主要贡献层。

(6)在开采工艺技术所能解决的范围内，开发层系不宜划分过细，以减小建设工作量，提高经济效益。

该区块目的层龙马溪组底部页岩气层，油气显示活跃，地层压力异常，气层压力系数为 1.41~1.55，压力系数接近，压力系数大体一致。气层总厚度为 83~90m，纵向上连续，中间无隔层。其地质条件优越，各亚段在全区分布基本稳定。因此，该气藏可以采用一套开发层系进行开发。

二、丛式井适应性分析

由于页岩气开采依赖水平井和大规模的体积压裂，致使页岩气开发成本高昂，如何降低页岩气的开发成本已经成为当今社会页岩气开发普遍追求。美国作为页岩气开发的领军者，已经从页岩气开发降低成本中获益良多，他们采用"井工厂"模式开采页岩气，降低了生产成本。所谓的"井工厂"模式就是集中打井，集中压裂，集中生产，就如同在一块平地上建一座工厂一样，因而要求页岩气区块最好在平原，以方便"井工厂"作业(图 8-19)。

丛式井技术的原则是利用最小的丛式化井场使钻井开发井网覆盖区域最大化，为后期批量化钻井作业、压裂施工奠定基础，同时使地面工程及生产管理也得到简化；多口井进行压裂及排采的统一维护，减少管理成本及地面重复建设费用；节约土地资源，有利于环境保护，大幅度降低了征地费。目前，涪陵页岩气田大力推行"丛式井"设计、"井工厂"模式施工、标准化场站设计等措施，最大限度减少征地面积。

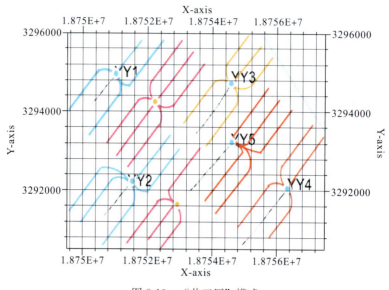

图 8-19 "井工厂"模式

本次页岩气藏的区块属于丘陵地带，限制了采用"井工厂"进行页岩气的开发，无疑增加了开发成本，为了节约成本，也为了方便施工处理，页岩气井设计采用四口丛式井组成一个小型的"井工厂"，虽然比不过美国的"井工厂"模式，但四口水平井只需一个作业井场，而且可以同时打井，同时压裂，可节约平整及搬迁井场的花费与时间，以及打井和压裂作业成本。而页岩气压裂本来就需要体积压裂，形成裂缝网络，几口井同层位进行拉链压裂或者同步压裂过程中，压裂泵入的流体将促使人工流体产生应力场的叠加和干扰。应力场的叠加和干扰一方面加剧缝内净压力增加，产生应力阴影；另一方面可促使裂缝在扩展过程中储层岩石的相互挤压、滑移和破碎，形成更为复杂的裂缝网络。综合以上可以分析出，此区块的页岩气丛式水平井组也可采用同步拉链式压裂，也就是在同一井场，固井完成后，一口井进行压裂，一口井进行电缆桥塞射孔联作，两项作业交替无缝链接，节约压裂成本及时间，使生产效益最大化。

三、裂缝参数优化设计

考虑机理模型为 200×100 网格，网格大小 $X \times Y$ 为 10m×10m，在机理模型基础上建立不同裂缝半长、裂缝间距及裂缝导流能力，通过模型动态模拟，模拟不同裂缝参数变化对应的产能变化。

（一）裂缝半长优化

设置裂缝半长分别为 50m、100m、150m、200m 和 250m 的模拟优化方案，通过模拟计算分析，随裂缝半长增加，产气量逐渐增加，但当裂缝半长超过 200m，产气量增长几乎没有变化。依据统计学正态分布原理，裂缝半长 200m 为水力压裂最优裂缝半长，该裂缝半长可最大化增加水平井的产气量。

(二)裂缝间距优化

　　设置裂缝间距分别为 40m、60m、80m、100m、150m 五种裂缝间距优化方案,通过模拟计算分析,裂缝间距由 40m 增大到 100m,产气量逐渐增加,当裂缝间距由 100m 增大到 150m,产气量出现一定程度的降低。说明压裂造缝过程中,压裂裂缝间距存在最优距离,否则如果裂缝间距过大,压裂形成的缝网未能充分沟通周围的天然裂缝及孔道,形成未波及区域,降低最终采收率,相反,如果压裂裂缝间距过小,会出现重复多次压裂区域,压裂施工未能经济有效,同时,重复的裂缝网络之间形成流动干扰,降低渗流效率。依据统计学正态分布原理,裂缝间距 100m 为水力压裂最优裂缝间距,该裂缝间距最大化增加水平井的产气量。

(三)裂缝导流能力优化

　　设置裂缝导流能力分别为 10mD·m、20mD·m、50mD·m、80mD·m 和 120mD·m,通过模拟计算分析,裂缝导流能力由 10mD·m 增大到 80mD·m,再到 120mD·m,产气量逐渐增加,说明裂缝导流能力对产气量有一定的敏感性。依据统计学正态分布原理,裂缝导流能力 120mD·m 为水力压裂最优裂缝导流能力,该裂缝导流能力可最大化增加水平井的产气量。

四、开发方案设计

　　对本区块地质特征进行研究,结合气藏工程相关评价方法,同时考虑到页岩压裂开发产量稳产气较短,产量递减快,以及地面工程处理设备的正常运行效率和整个区块开发的经济效益之后,确定部署以下开发方案。

(一)部署方案一

　　部署方案一:分批次衰竭开发,每批次开发主要以丛式水平井 5000×800m 井网开发为主,同时结合部分水平井的衰竭式开发,开发层位为五峰—龙马溪页岩层(表 8-5)。

表 8-5　部署方案一部署情况

	开发层系	五峰—龙马溪页岩储层
	开发方式	衰竭式开发
	井型	丛式水平井与水平井
	增产方式	水力压裂
第一批方案	井网	交错式井网,5000×800m
	井数	生产井 15 口
	生产要求	气藏单井废弃产量 522m³/d 废弃压力 3.149MPa
	开发年限	30a
	开发起始时间	2013 年 7 月

	开发层系	五峰—龙马溪页岩储层
	开发方式	衰竭式开发
	井型	丛式水平井与水平井
	增产方式	水力压裂
第二批方案	井网	交错式井网，5000×800m
	井数	生产井 16 口
	生产要求	气藏单井废弃产量 522m³/d 废弃压力 3.149MPa
	开发年限	30a
	开发起始时间	2017 年 12 月
	开发层系	五峰—龙马溪页岩储层
	开发方式	衰竭式开发
	井型	丛式水平井与水平井
	增产方式	水力压裂
第三批方案	井网	交错式井网，5000×800m
	井数	生产井 14 口
	生产要求	气藏单井废弃产量 522m³/d 废弃压力 3.149MPa
	开发年限	30a
	开发起始时间	2022 年 2 月

注：关于增产方式的说明，水力压裂造缝，裂缝半长为200m，裂缝间距100m，裂缝导流能力120mD·m；关于井型的说明，丛式水平井，水平段长度为1000m，靶前位移为1500m；关于井数说明，第一批方案生产井15口，丛式水平井10口、水平井5口（其中包括YY4、YY5）；第二批方案生产井16口，丛式水平井12口、水平井4口（其中包括YY3、YY2）；第三批方案生产井14口，丛式水平井10口、水平井4口（其中包括YY1）。

模拟计算三批开发井的典型井（A1、G1、M1 井）的开发指标，日产气量如图 8-20 所示。三口井产量变化与典型的页岩气开发产量特征相符，有一定的稳产期和递减期，且稳产时间较短，每口井 2～3a，稳产期过后产量递减较快，以较小的产量稳产多年。从图 8-20 中 A1 井的日产气量预测中可看出，初期稳产情况较好，日产气量稳产时间大约 3a，在经历短暂的产气高峰后，日产气量出现快速递减。因此认为该区块第一批衰竭开发方案的稳产时间约为 3a，其后考虑到地面工程处理容器的额定容量，确定第一批衰竭开发井产量衰竭一年半后作为第二批井开井生产的调整起始年限；从图中 G1 井的日产气预测中可看出，同样初期稳产情况较好，稳产时间大约 1.5a，稳产过后产量出现大幅度减少，产量衰减两年后作为第三批井开井生产的调整起始年限。

开发方案一预测总产气量为 144.22×10⁸m³，总产水量 206.29×10⁴m³，预测期末采出程度 28.06%。整个研究区块的日产气如图 8-21 所示。从整个区块的日产气中图可以看出，每一批井衰竭开发的初期都有较好的高产稳产期，稳产时间 2～3a，当每一批井衰竭开发至产量较低时，开始后面批井的开发，保证这个区块的产量稳步上升，维持在一个较高值，同样多批次开发保证地面工程各处理容器长时间高效运行。

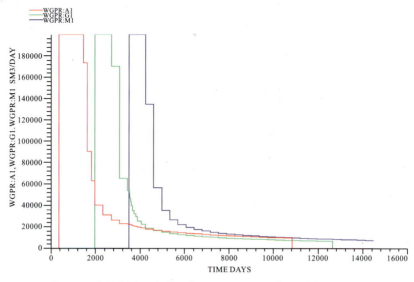

图 8-20　分批衰竭开发典型井（A1、G1、M1 井）日产气量预测图

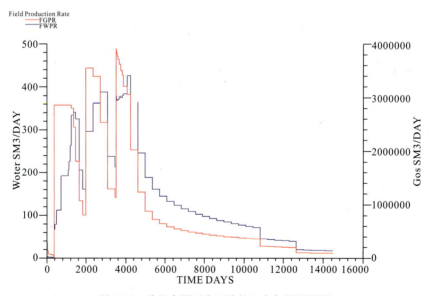

图 8-21　分批衰竭开发区块的日产气量预测图

（二）部署方案二

部署方案二：整体衰竭开发，开发以丛式水平井 5000×800m 井网开发为主，同时结合部分水平井的衰竭式开发，开发层位为五峰—龙马溪页岩层（表 8-6）。

表 8-6   部署方案二部署情况

	开发层系	五峰—龙马溪页岩储层
整体开发方案	开发方式	衰竭式开发
	井型	丛式水平井与水平井
	增产方式	水力压裂
	井网	交错式井网，5000×800m
	井数	生产井 45 口
	生产要求	气藏单井废弃产量 522m³/d 废弃压力 3.149MPa
	开发年限	30a
	开发起始时间	2013 年 7 月

注：关于增产方式的说明，水力压裂造缝，裂缝半长为 200m，裂缝间距 100m，裂缝导流能力 120mD·m；关于井型的说明，丛式水平井，水平段长度为 1000m，靶前位移为 1500m；关于井数说明，整体开发方案生产井 45 口，其中丛式水平井 32 口、水平井 13 口(其中包括 YY1、YY2、YY3、YY4、YY5)。

开发方案一预测总产气量为 $142.21×10^8 m^3$，总产水量 $194.12×10^4 m^3$，预测期末采出程度 27.67％。整个研究区块的日产气如图 8-22 所示。

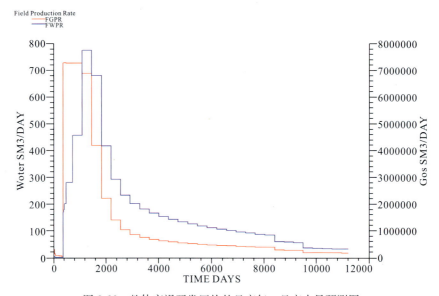

图 8-22   整体衰竭开发区块的日产气、日产水量预测图

五、采收率确定

(一)类比法

类比法即是对比相似地质条件和开发条件且已获得采收率的相似页岩气田，从而得到本气田的采收率的一种简单的方法。该方法简单易行，但要找到与本区块地质条件相似、开发方式相近的页岩气田仍具有较大的难度。表 8-7 是国外已开发的页岩气田的采

收率汇总情况。

表 8-7　国外已开发页岩气田采收率汇总

	Barnett	Fayetteville	Haynesville	Marcllus	Woodford
原始地质储量 /($\times 10^8 m^3$)	92541	14716	202911	424500	42450
估计可采页岩气/($\times 10^8 m^3$)	5377	1415	9622	23772	2830
采收率/%	5.8	10	4.7	5.6	6.6

由于常规的页岩储层渗透率一般为 10^{-3} mD 数量级，而该研究区块的平均渗透率达到 0.25mD，如类比常规的页岩气藏采收率误差会太大，故通过类比定容致密性气藏（$K<1$ mD）采收率为 30%～50%，确定该研究区块的采收率为 20%～30%。

（二）数值模拟法

气藏数值模拟法是依据页岩气产出机理，通过建立地质模型和数学模型，应用计算机来预测储层条件下页岩气井产能以及采收率。该方法比较适合于页岩气勘探程度较高的地区，其预测结果通常比较可靠，可以指导页岩气的勘探开发部署。通过建立本区块的地质模型，采用 Eclipse 数值模拟软件进行数值模拟，计算得本研究区域的最终采收率为 28%。

参 考 文 献

[1] 罗瑞兰，冯金德，唐明龙，等.低渗储层应力敏感评价方法探讨 [J].西南石油大学学报(自然科学版)，2008，30(5)：161-164.
[2] SY/T6276-2010 石油天然气工业健康、安全与环境管理体系.
[3] 郭为，熊伟，高树生，等.温度对页岩等温吸附/解吸特征影响 [J].石油勘探与开发，2013，40(4)：481-485.
[4] DZ/T0254-2014 页岩气资源/储量计算与评价技术规范.
[5] 王素兵，叶登胜，尹丛彬，等.非常规气藏增产改造与监测技术实践 [J].天然气工业，2013，32(7)：38-42.

索　引